U0873310

普通高等教育“十三五”应用型人才培养规划教材

单片机原理与应用系统设计

（第二版）

主　编　高　博　董海棠

副主编　张金敏　卫晓娟

西南交通大学出版社

·成　都·

图书在版编目（CIP）数据

单片机原理与应用系统设计 / 高博，董海棠主编.
—2 版. —成都：西南交通大学出版社，2017.2（2021.12 重印）
ISBN 978-7-5643-5286-8

Ⅰ. ①单… Ⅱ. ①高… ②董… Ⅲ. ①单片微型计算机 - 高等学校 - 教材 Ⅳ. ①TP368.1

中国版本图书馆 CIP 数据核字（2017）第 027674 号

单片机原理与应用系统设计
（第二版）

主　编　高　博　董海棠

责任编辑	穆　丰
封面设计	墨创文化
出版发行	西南交通大学出版社 （四川省成都市金牛区二环路北一段 111 号 西南交通大学创新大厦 21 楼）
发行部电话	028-87600564　028-87600533
邮政编码	610031
网　　址	http://www.xnjdcbs.com
印　　刷	成都勤德印务有限公司
成品尺寸	185 mm × 260 mm
印　　张	17.75
字　　数	443 千
版　　次	2017 年 2 月第 2 版
印　　次	2021 年 12 月第 6 次
书　　号	ISBN 978-7-5643-5286-8
定　　价	39.80 元

课件咨询电话：028-81435775
图书如有印装质量问题　本社负责退换
版权所有　盗版必究　举报电话：028-87600562

第二版前言

在第一版的基础上，融入近几年编者最新教学与科研方面的经验，经过反复修改、总结，精心编写并出版了《单片机原理与应用系统设计（第二版）》，改进了部分内容的叙述方式和部分例题的解题方法。在突出主要概念的同时，更加贴近实用，力求做到符合教学规律和认知特点，增强学生对所学知识的系统性、规律性的认识。该教材既可用作普通高等学校的自动化、电气工程及其自动化、计算机应用、电子信息工程、机械工程以及机电一体化等专业的教学用书，也可供院校师生和从事单片机应用与产品开发相关工作的工程技术人员参考用书。

全书共有 9 章内容。其中前 4 章内容是单片机基础知识部分，主要讲述了微型计算机基础、51 单片机芯片内部结构、汇编语言程序设计等。后 5 章内容为单片机系统的扩展与应用部分，主要讲述了单片机的存储器扩展、I/O 接口扩展、A/D、D/A 转换技术等。同时，讲述了单片机的 C 语言开发环境，并列举了作者近年来的科研项目实例及单片机在机车车辆上的应用技术实例等，较详细地介绍了单片机系统设计中应注意的关键问题。本书选材广泛、图文并茂，涉及的技术全面新颖，反映了现代微机技术发展的最新水平和趋势。

本书由高博、董海棠任主编，张金敏、卫晓娟任副主编。全书内容丰富，结构完整，其中第 2，7，9 章由高博编写（共 15 万字）；第 5，6，8 章由董海堂编写（共 11 万字）；张金敏编写了第 1，3 章（共 12 万字），卫晓娟编写了第 4 章及附录（共 5 万字）。全书由兰州交通大学自动化与电气工程学院王思明教授任主审，高博、张金敏负责整理和统稿。

本书（第二版）在编写过程中得到了兰州交通大学机电学院机电系全体老师的全力支持和帮助，在此表示衷心的感谢。同时特别感谢本书编辑的辛勤劳动。正是大家付出的艰辛与努力，终于使本书的第二版能与读者见面。

全书参考教学 32 ~ 64 学时，实验 6 ~ 10 学时。教学时可以根据实际情况，对各章讲授的内容进行适当取舍。

本书的出版工作得到了西南交通大学出版社的全额资金资助支持，在此表示衷心的感谢。

由于本书涉及的知识点较多，尽管在编写中做了许多努力，难免有不足和疏漏之处，欢迎广大读者提出宝贵意见和建议，以便进一步改进和提高，使之满足实际教学的需要。

编　者

2017 年 1 月

第一版前言

为适应单片机技术的迅速发展和教学改革形势的需要，在总结多年来教学和科研方面的经验，吸收国内外的许多先进技术及应用成果、许多优秀论著和教材的编写方法和应用实例的基础上，经过反复修改、总结、精心编写而出版了该教材。本书即可作为普通高等学校相关课程的教材，也可作为单片机原理及系统设计的自学读本。

在本教材的编写中，我们的指导思想主要体现在以下几点：

1. 注重内容的更新和有限篇幅之间的矛盾，在保留基本概念、基本原理和基本分析方法的前提下，突出了单片机课程的实践性。在讨论具体芯片应用时，突出构成该电路的思路、电路特点、实际应用方式等，并结合实例进行介绍。同时，还较大篇幅地对单片机的 C 语言开发环境等作了介绍，并融入了作者多年来科研项目的系统设计实例。

2. 在选材的编排上，力求做到：深入浅出、条理清楚、重点突出、便于自学。从实际出发，在讲解重点、难点内容时，精选例题，引导学生运用基本概念、基本原理和基本方法来分析问题，培养学生解决实际问题的能力。

3. 各章均附有"本章导读"和精选的习题，简单阐明各章的学习内容，以利于学生预习、复习和巩固所学的知识。

全书共有 9 章内容。其中前 6 章内容是单片机基础知识部分，主要讲述了微型计算机基础、51 单片机芯片内部结构、汇编语言程序设计、串行口工作方式等内容。后 3 章内容为单片机系统配置部分，主要讲述了单片机人-机接口技术、A/D、D/A 转换技术。同时讲述了单片机的 C 语言开发环境，并列举了作者近年来的科研项目实例及单片机在机车车辆上的应用技术实例等，较详细地介绍了单片机系统设计中应注意的关键问题。

本书的参编者都是相关课程的一线优秀教师，具有丰富的教学经验和科研经历。其中，张金敏副教授编写第 1，3，8 章（共 15 万字），董海棠副教授编写第 5，6，9 章及附录（共 14 万字），高博博士编写第 2，7 章（共 9.5 万字），卫晓娟副教授编写第 4 章（共 5.3 万字）。全书由兰州交通大学自动化与电气工程学院王思明教授任主审，由张金敏负责整理、统稿。

本书参考了国内外许多作者的论著、先进技术及应用成果，在此谨致谢意。

感谢测控技术与仪器教研室的全体老师对本书的支持和帮助，特别感谢系主任彭真瑞博士的大力支持和帮助，同时特别感谢本书的编辑。感谢卢衍伟、黄银花、孟萍、晏启恒、袁超等研究生所做的文字录入、校对和绘图工作。本书编写过程中我系祁文哲教授提出了很好的修改意见，在此一并表示感谢。正是大家付出的艰辛与努力，终于使本书能与读者见面。

本书的出版工作得到了西南交通大学出版社的全额资金资助支持，在此表示衷心的感谢。

由于编者的水平有限，书中难免有疏漏和不妥之处，`敬请读者批评指正。

编　者

2010 年 5 月

目　录

第 1 章　绪　论

【本章导读】

- 微型计算机的基本概念
- 单片机概述
- 单片机应用系统与开发系统
- 含 51 内核的常用单片机
- 单片机的发展趋势
- 数制与码制

1.1　微型计算机概述

1.1.1　微型计算机的基本概念

微型计算机（Microcomputer）是指由中央处理器 CPU、存储器、输入/输出接口电路和中断系统等集装在同一块或数块印刷电路板上所构成的计算机。它们不仅在科学计算、数据与信息处理方面有着卓越的应用，而且在实时控制、人工智能方面更有着广泛的用途。

1971 年，美国 Intel 公司研究并制造了 I4004 微处理器芯片。该芯片能同时处理 4 位二进制数，集成了 2300 个晶体管，每秒可进行 6 万次运算，成本约为 200 美元。它是世界上第一个微处理器芯片，以它为核心组成的 MCS-4 计算机，标志了世界第一台微型计算机的诞生。微型计算机是以大规模、超大规模构成的微处理器作为核心，配以存储器、输入/输出接口电路及系统总线所制造出的计算机。

1.1.2　微型计算机的分类

随着微型计算机的高速发展，单片微型计算机、单板微型计算机、微型计算机系统和微型计算机开发系统等机种不断涌现。为了学习掌握好单片机，从概念上弄清单片计算机和其他机种之间的异同是十分重要的。

从应用对象角度，微型计算机可分为：

（1）单片机：又称单片微控制器，它不是完成某一个逻辑功能的芯片，而是把一个计算机系统集成到一个芯片上。概括的讲，它主要是将微处理器、部分存储器、输入/输出接口电路都集成在一块集成电路芯片上，一块芯片就成为一台计算机。

单片机的形态只是一块芯片，但是它已具有微型计算机的组成结构和功能。由于单片机的结构特点，单片机主要用于控制。在实际应用中常常将它完全融入应用系统之中，所以又称为微控制器（Microcontroller Unit）或嵌入式控制器（Embedded Controller），如图 1-1 所示。

据统计，目前我国单片机的年产量已达 1 亿～3 亿片，且每年以大约 16% 的速度增长。单片机在民用和工业测控领域的应用最为广泛。彩电、冰箱、洗衣机、空调、录像机、VCD、遥控器、游戏机等，处处可见单片机发挥的巨大作用，单片机早已深深地融入我们每个人的生活之中。所以，在我国乃至全世界，单片机的应用有着广阔的发展空间。

图 1-1 单片机外形图

（2）单板机：将计算机的各个部分都组装在一块印制电路板上，包括微处理器、存储器、输入/输出接口（如七段发光二极管显示器、小键盘、插座）等。功能比单片机强大，适于进行生产过程的控制；也可以直接在实验板上操作，适用于教学与现场专用。

（3）PC 机（Personal Computer）：面向个人单独使用的一类微型计算机，实现各种计算、数据处理及信息管理等。

1.2 单片机概述

1.2.1 单片机的一般结构及特点

一般单片机有两种基本结构形式：一种是在通用微型计算机中广泛采用的将程序存储器和数据存储器合用一个存储空间的结构，称为普林斯顿（Princeton）结构或称冯·诺依曼结构；另一种是将程序存储器和数据存储器截然分开，分别寻址的结构，称为哈佛（Har-vard）结构。51 系列单片机采用的是哈佛结构。目前单片机以采用程序存储器和数据存储器截然分开的结构较多。

如图 1-2 所示，单片机的中央处理器（CPU）和通用微处理器基本相同，但单片机在结构、指令设置上有其独特之处，主要特点如下：

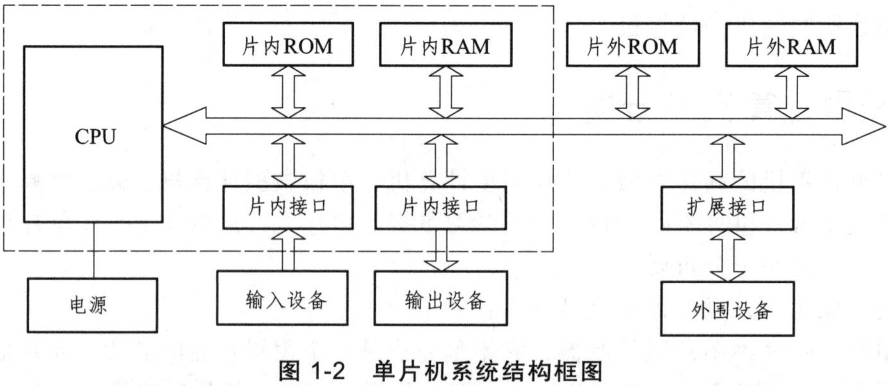

图 1-2 单片机系统结构框图

（1）单片机的存储器 ROM 和 RAM 是严格区分的。ROM 称为程序存储器，只存放程序、固定常数及数据表格。RAM 则为数据存储器，用作工作区及存放用户数据。

（2）采用面向控制的指令系统。为满足控制的需要，增设了“面向控制”的处理功能。使单片机具有很强的位逻辑处理能力。例如，位处理、查表、多种跳转、乘除法运算、状态检测、中断处理等功能，增强了控制的实用性和灵活性。

（3）单片机的 I/O 引脚通常是多功能的。由于单片机芯片上引脚数目有限，为了解决实际引脚数和需要的信号线的矛盾，采用了引脚功能复用的方法，引脚处于何种功能，由指令来设置或由机器状态来区分。

（4）单片机的外部扩展能力很强。在内部的各种功能部件不能满足应用需求时，均可在外部进行扩展（如扩展 ROM、RAM、I/O 接口、定时器/计数器、中断系统等），与许多通用的微机接口芯片兼容，给应用系统设计带来极大的方便。

1.2.2　单片机的分类

单片机按其用途可分为两大类：通用型单片机和专用型单片机。

通用型单片机内部资源比较丰富，性能全面，适应性强，能满足多种应用需求，而且它将可开发资源全部提供给使用者，使用者可以根据需要，通过进一步设计，组建成一个以通用型单片机芯片为核心，再配以其他外围电路的单片机应用系统。

专用型单片机其硬件结构和指令系统是按照某个特定的用途设计的，但是无论其在应用上有多么专业，其原理和结构却仍然是建立在通用单片机的基础之上的。

单片机按其基本操作处理的位数可分为：1 位单片机、4 位单片机、8 位单片机、16 位单片机、32 位单片机、64 位单片机。相对来说，8 位单片机目前仍为单片机应用系统设计中的主流系列，如图 1-3 所示。

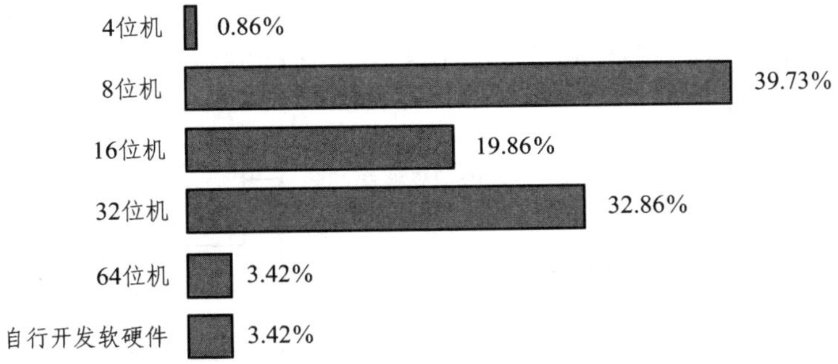

图 1-3　单片机选型市场调查

尽管各类单片机很多，但无论是从世界范围或是从全国范围来看，使用最为广泛的应属 51 系列单片机。MCS-51 单片机系列共有十几种芯片，如表 1-1 所示。

表 1-1　51 系列单片机分类表

子系统	片内 ROM 形式			片内 ROM 容量	片内 RAM 容量	寻址范围	I/O 特性			中断源
	无	ROM	EPROM				计数器	并行口	串行口	
51 子系统	8031	8051	8751	4 KB	128 B	2×64 KB	2×16	4×8	1	5
	80C31	80C51	87C51	4 KB	128 B	2×64 KB	2×16	4×8	1	5
52 子系统	8032	8052	8752	8 KB	256 B	2×64 KB	3×16	4×8	1	6
	80C32	80C52	87C52	8 KB	256 B	2×64 KB	3×16	4×8	1	6

1.3　单片机应用系统与开发系统

1.3.1　单片机应用系统

单片机与微型计算机的区别在于单片机通常是为应用系统而设计的，本身一般不具有自我开发和编程的能力，因此必须借助于开发工具来开发。单片机最突出的特点是其本身就是一个完整的应用系统，可以通过对单片机的选型和多个联用来满足不同要求。若无特殊需要，不必进行扩展（如 ROM、RAM、I/O、A/D 等扩展）。

1.3.2　单片机开发系统

单片机开发系统（见图 1-4）是单片机应用系统开发调试的工具。通常有两种开发方式：一种是对于复杂的单片机系统，可使用微机来进行应用开发，人们把能开发单片机的微机称为微型计算机开发系统 MDS（Microcomputer Development System）；另一种是有专门的单片机开发系统，称为在线仿真器 ICE（In Circuit Emulator），通过它可以进行单片机应用系统的软硬件开发和 EPROM 程序写入。

单片机应用系统的开发特点是：选用合适机型，开发实用软件。在该过程中，系统硬件设计是指设计电路原理图、设计印制电路板或用万用板直接焊出实验板；硬件、软件分模块调试是指测试、调整部分电路模块和程序模块；系统联调是指在独立测试各部分电路模块、程序模块正确后，将系统各电路模块全部连接起来，运行完整的系统程序，测试各个模块的配合情况以及系统整体性能。

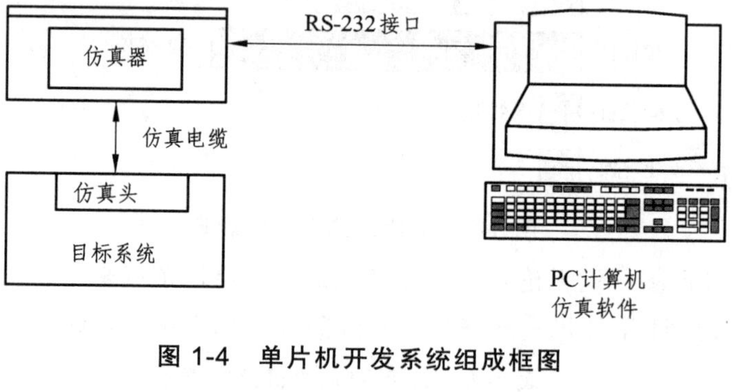

图 1-4　单片机开发系统组成框图

1.3.3　单片机的应用领域

单片机具有体积小、可靠性高、功能强、灵活方便等许多优点，故可以广泛应用于各种领域，对各行各业的技术改造和产品更新换代起到了重要的推动作用。单片机的应用范围很广，主要用于以下几个方面：

1．测试与控制系统

用单片机可以构成各种工业控制系统、自适应控制系统、数据采集系统等。例如，数控机床、水闸自动控制、电镀生产线自动控制、车辆检测系统、机器人处理器、电机控制、温度控制等。

2. 智能仪表

用单片机改造原有的测量和控制仪表，能促进仪表向数字化、智能化、多功能化、综合化、柔性化发展。如温度、压力、流量、浓度显示、控制等仪表仪器。通过采用单片机软件编程技术，使长期以来测量仪表中的误差修正、线性化处理等难题迎刃而解。

3. 机电一体化产品

单片机与传统的机械产品结合，使传统机械产品结构简化、控制智能化，从而构成新一代的机电一体化产品。例如，在电传打字机的设计中由于采用了单片机，从而取代了近千个机械部件；在数控机床简易控制机中，采用单片机可提高可靠性及增强功能，降低控制机床成本。还有自动取款机 ATM、自动售货机、电子收款机、电子秤等。

4. 计算机外部设备与智能接口

在较大型的工业测控系统中，经常采用单片机进行前端数据采集、信号处理，而系统主机承担数据处理、人机界面、数据库、网络通信等工作。单片机与系统主机通过串行通信传递数据，这样就大大提高了系统的运行速度。如图形终端机、传真机、复印机、打印机、绘图仪、智能终端机等。

5. 家用电器

家用电器中单片机的应用更多。如手机、电视机、空调、洗衣机、电冰箱、微波炉、录像机、饮水机、音响设备等。

1.4 含 51 内核的常用单片机

目前已投放市场与 51 兼容的单片机产品多达 70 多个系列，500 多个品种。这其中还不包括那些系统或整机厂商定制的专用单片机，及针对专门业务、专门市场的单片机品种。

1. ATMEL 单片机

ATMEL 公司的 8 位单片机有 AT89C、AT90 两个系列，AT89C 系列是 8 位 Flash 单片机，与 8051 系列单片机相兼容，静态时钟模式；AT90 系列单片机是增强 RISC 结构、全静态工作方式、内载在线可编程 Flash 的单片机，也叫 AVR 单片机。

2. PHILIPS 单片机

PHILIPS 公司的增强型 8 位 80C51 单片机系列提供了完整的产品类型，可满足各个应用领域的需求。其产品类型包括通用型、Flash 型、OTP 型和低成本经济型。其主要产品系列包括 P80、P87、P89、LPC76、LPC900 等，有 50 多种产品。

在同一时钟频率下这类单片机的运行速度是 8051 的 6 倍，应用编程（IAP）和在线编程（ICP）允许用户 EPROM 实现简单的串行代码编程，使得程序存储器可用于非易失性数据的存储，配有模拟比较器、WDT、复位电路等。

3．SST89 系列单片机

SST89 系列单片机为 MCS-51 标准系列单片机，包括 SST89E/V52RD2，SST89E/V54RD2，SST89E/V58RD2，SST89E/V554RC，SST89E/V564RD 等。

SST 单片机是在目前所有的 51 单片机产品中 IAP 技术最强的单片机，单片机内部 FLASH 扇区小（128 字节）、速度快、功耗低、稳定性高，为客户的在线升级和加密技术提供强有力的技术保障。

4．SM 系列单片机

SM 系列单片机是 SYNCMOS 半导体公司推出的与 MCS-51 系列产品兼容的 8 位单片机，SM 系列产品克服其他产品的不足，可替代 PHILIPS、WINBOND、ATMEL、HYNIX（HYUNDAI/LG）、ISSI、SST 单片机，性价比极高。同以上厂家 51 系列单片机不同的是不可解密，保护您的知识产品，让用户节省更多的空间与成本，成品更可靠，内带 Watchdog Timer 电路。如：SM8951A 替代 AT89C51，SM8952A 替代 AT89C52，SM8958A 替代 AT89C55 和 W78E58，SM89516A 替代 W78E516B 等。

1.5 数制与码制

迄今为止，所有计算机都是以二进制形式进行算术运算和逻辑运算的，微型计算机也不例外。因此，对于用户在键盘上输入的十进制数字和符号命令，微型计算机必须先把它们转换成二进制形式，然后才能进行识别、运算和处理，最后再把运算结果还原成十进制数字和符号通过输出终端显示出来。

虽然上述过程十分烦琐，但这些工作都是由微型计算机在后台完成的。为了使读者清楚地了解计算机的这一工作原理，下面首先对微型计算机中常用的数制、数制之间的转换以及编码进行介绍。

1.5.1 基本概念与常用术语

（1）位（bit）：位是计算机中构成信息的最小单位，表示二进制数中的某个数位“0”或“1”。Bit 是 Binary Digit 的缩写。

（2）字（Word）：字是 CPU 与输入/输出设备和存储器之间传送数据的单位，由若干位组成。它与数据总线的宽度（根数）一致。

（3）字节（Byte）：一个字节包含 8 位（Bit）二进制数，是计算机数据的基本存储单位。

1.5.2 计算机中常用的进制数

所谓数制是指数的制式，是人们利用符号表示数的一种科学方法。数制是人类在长期的社会实践中逐步形成的。数制有很多种，最常用的数制有二进制、八进制、十进制和十六进制等，如表 1-2 所示。

表 1-2 各种进制换算表

十进制（D）	二进制（B）	十进制（BCD）	十六进制（H）
0	0000	0000	0
1	0001	0001	1
2	0010	0010	2
3	0011	0011	3
4	0100	0100	4
5	0101	0101	5
6	0110	0110	6
7	0111	0111	7
8	1000	1000	8
9	1001	1001	9
10	1010	×	A
11	1011	×	B
12	1100	×	C
13	1101	×	D
14	1110	×	E
15	1111	×	F

1. 十进制数

十进制（Decimal）是大家很熟悉的进位计数制，它的主要特点有：

（1）它有 0 ~ 9 十个不同的数码，构成所有十进制数的基本符号。

（2）它的进位规则是“逢十进一”。在十进制数计数过程中，当某位计数满十时就要向它邻近高位进一，借位规则是“借一当十”。

2. 二进制表示法

二进制（Binary）是计算机技术中采用的数制。基数为 2 的计数制叫做二进制。它有以下两个主要特点：

（1）它共有 0 和 1 两个数码，任何二进制数都是由这两个数码组成的。

（2）它的基数为 2，进位规则是“逢二进一”，借位规则是“借一当二”。

3. 八进制表示法

八进制数有两个主要特点：

（1）它有 0，1，2，…，7 共 8 个数码，任何一个八进制数都是由其中的部分或全部数码构成。

（2）它的基数为 8，进位规则是“逢八进一”，借位规则是“借一当八”。

4．十六进制表示法

十六进制（Hexadecimal）是人们学习和研究计算机中二进制数的一种工具，十六进制数有两个主要特点：

（1）它有 0，1，2，…，9，A，B，C，D，E，F 共 16 个数码，任何一个十六进制数都是由其中的部分或全部数码构成的。

（2）它的基数为 16，进位规则是“逢十六进一”，借位规则是“借一当十六”。

1.5.3 进制间的转换

1．二进制数和十进制数之间的转换

（1）二进制数转换为十进制数。

方法：按二进制数的位权进行展开并且相加求和即可。

例：

$$\begin{aligned}&11101.101\\&=1\times2^4+1\times2^3+1\times2^2+0\times2^1+1\times2^0+1\times2^{-1}+0\times2^{-2}+1\times2^{-3}\\&=16+8+4+0+1+0.5+0+0.125=29.675\end{aligned}$$

其他进制的数据转换成十进制的方法同上。

（2）十进制数转换为二进制数（或其他进制）。

方法：

① 将整数部分和小数部分分别进行转换，然后再把转换结果进行相加。

② 整数转换采用除 2 取余法：用 2 不断地去除要转换的数，直到商为 0。再将每一步所得的余数，按逆序排列，便可得转换结果。

③ 小数转换采用乘 2 取整法：每次用 2 与小数部分相乘，取乘积的整数部分，再取其小数部分乘 2 直到小数部分为 0。将所取整数顺序放在小数点后即为转换结果。

【例 1-1】将十进制数 136 转换为二进制数。

基数	十进制数	余数	
2	136	0	最低位
2	68	0	
2	34	0	
2	17	1	
2	8	0	
2	4	0	
2	2	0	
2	1	1	
	0		最高位

转换结果：$(136)_D=(10001000)_B$。

【例 1-2】将十进制数 0.625 转换为二进制数。

```
   0.625
×      2
────────
    1.25 ……………………取整1   高位
    0.25                      │
×      2                      │
────────                      │
     0.5 ……………………取整0     │
     0.5                      │
×      2                      ↓
────────
     1.0 ……………………取整1   低位
```

转换结果：$(0.625)_D = (0.101)_B$。

对于小数转换取乘积的整数部分，再取其小数部分乘 2 的算法，如果小数部分无法为 0。则根据数据精度确定数据位数。

2．二进制数和八进制数、十六进制数间的转换

（1）二进制数到八进制数转换采用“三位化一位”的方法。从小数点开始向两边分别进行，每三位分一组，向左不足三位的，从左边补 0；向右不足三位的，从右边补 0。

（2）二进制数到十六进制数的转换采用“四位化一位”的方法。从小数点开始向两边分别进行，每四位分一组，向左不足四位的，从左边补 0；向右不足四位的，从右边补 0。

【例 1-3】将 $(1000110.01)_B$ 转换为八进制数和十六进制数。

$$(1000110.01)_B = (106.2)_O = (46.4)_H$$

1.5.4　带符号二进制数的表示与运算

数有正负之分，这时的数就是带符号数。在计算机中符号用 1 位二进制数表示。8 位微型计算机中约定，最高位 D7 表示符号，其他 7 位表示数值，如图 1-5 所示。D7 = 1 表示负数，D7 = 0 表示正数。

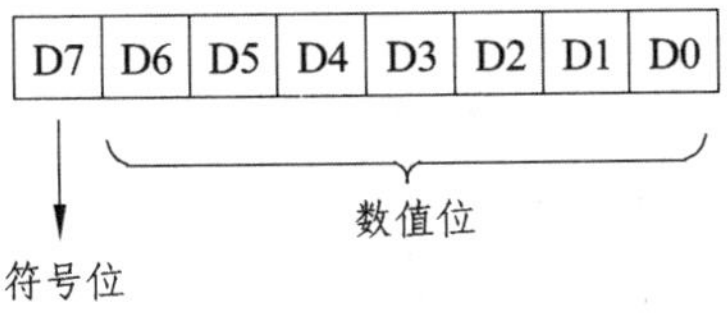

图 1-5　8 位微机中的带符号数

带符号数在计算机中可以分别用原码、反码、补码 3 种方法表示，习惯上把计算机中存放的数称作机器数。原码、反码、补码都是机器数。其中，负数采用反码或补码表示的目的是将负数转化为正数，使减法操作转变为单纯的加法操作。目前，在计算机系统中，均采用补码表示负数。下面对计算机中的原码、反码、补码作一介绍。

注意：正数的三码是相同的，只有负数才有三码的表示形式。

（1）原码表示法：规定用最高位表示符号，正数的符号位用“0”表示，负数的符号位用“1”表示，其他位表示数值的绝对值。一个 8 位的二进制表示一个带符号数，最高有效位 D7 位为符号位。其余表示数值。如：

+1 表示为：　00000001B　　　　+127 表示为：　01111111B

−1 表示为：　10000001B　　　　−127 表示为：　11111111B

（2）反码表示法：除符号外，其余数据位各位求反。如：

$[+0]_{反}=00000000$　　　　$[-0]_{反}=11111111$

$[+1100111]_{反}=01100111$　　　　$[-1100111]_{反}=10011000$

（3）补码表示法：仍然规定最高位定为符号位，对于正数，其余各位表示数值。对于负数，除符号位外，其余按原码的各位值，逐位取反，取反后再加 1，简称为反码加 1，即：负数的补码 = 反码 + 1。

【例 1-4】求 0.1011 和 −0.1011 的补码（8 位）。

$[+0.1011]_{补}=[+0.1011]_{原}=[+0.1011]_{反}=[+0.1011]_{补}=01011000B$

$[-0.1011]_{补}=[11011000]_{反}+1=10100111B+1=10101000B$

$[0]_{补}=[+0]_{补}=[-0]_{补}=00000000$

【例 1-5】带符号二进制数表示方法举例（见表 1-3）。

表 1-3　带符号二进制数表示方法

真　值	原　码	反　码	补　码
+1010101B	01010101B	01010101B	01010101B
-1010101B	11010101B	10101010B	10101011B

可见正数的反码、补码与原码的数值完全相同。

注释：① 正数的真值就是该数本身。

② 8 位二进制负数真值 = 负数的补码 − 100H。

③ 8 位二进制的补码范围是 +127 ~ 128。

例如：补码 E7H 对应的真值 = E7H − 100H = −19H。

在计算机中，对一个负数求其补码，可采用对其相应正的二进制数的每位求反再加 1，即可得在机器中表示的该数的负数，称 2 的补码表示法。在这种编码方式中，正数的补码就是该正数。以 8 位二进制为例（见表 1-4）。

表 1-4　带符号数的补码值表（8 位）

十进制	十六进制（H）	二进制补码值(B)
127	7 F	01111111
64	40	01000000
3	3	00000011
2	2	00000010
1	1	00000001
0	0	00000000
−1	FF	11111111
−2	FE	11111110
−100	9C	10011100
−128	80	10000000

【例 1-6】求数据-1 的补码。

+1		0 0 0 0 0 0 0 1
每位求反		1 1 1 1 1 1 1 0
加 1	+	1
-1		1 1 1 1 1 1 1 1

1.5.5　计算机中常用的编码

计算机处理的信息都是以二进制数码的形式存在的。但人们编制程序、识别处理结果时输入输出的信息通常都采用英文字母、阿拉伯数字和各种常用的符号。它们只有用特定的二进制形式来表示才能被计算机所识别，这种用二进制形式表示的数据就是二进制编码。

微型计算机不仅要处理数字信息，还需要处理大量的字母和符号信息。这就需要人们对这些数字、字母和符号进行二进制编码，以供微型计算机识别、存储和处理。这些数字、字母和符号统称为字符，字符的二进制编码又称为字符编码。目前计算机常用的字符编码有 ASCII 码和 BCD 码。

1．ASCII 码

ASCII（American Standard Code for Information Interchange）码，是美国信息交换标准代码的简称，是目前常用的编码方式。用数据 00000000B ~ 01111111B，即 00H ~ 7FH，表示各种文字或符号，其中用于表示英文大小写字母的有 52 个，表示 0 ~ 9 数字的有 10 个，常用书写符号（!、%等）和常用运算符号（如 +、-、<、>等）有 32 个，另外还有控制符号 34 个，共计 128 个。例如，英文大写字母 A 的 ASCII 码为 01000001B，或写成十六进制为 41H（见表 1-5）。

表 1-5　ASCII 码表

低 4 位 \ 高 3 位		0H	1H	2H	3H	4H	5H	6H	7H
		000	001	010	011	100	101	110	111
0H	0000	NUL	DLE	SP	0	@	P	、	p
1H	0001	SOH	DC1	!	1	A	Q	a	q
2H	0010	STX	DC2	“	2	B	R	b	r
3H	0011	ETX	DC3	#	3	C	S	c	s
4H	0100	EOT	DC4	$	4	D	T	d	t
5H	0101	ENQ	NAK	%	5	E	U	e	u
6H	0110	ACK	SYN	&	6	F	V	f	v
7H	0111	BEL	ETB	‘	7	G	W	g	w
8H	1000	BS	CAN	(	8	H	X	h	x
9H	1001	HT	EM	)	9	I	Y	i	y
AH	1010	LF	SUB	*	:	J	Z	j	z
BH	1011	VT	ESC	+	;	K	[	k	{
CH	1100	FF	FS	,	<	L	\	l	|
DH	1101	CR	GS	-	=	N	]	n	}
EH	1110	SO	RS	.	>	M	Ω	m	~
FH	1111	SI	US	/	?	O	—	o	DEL

2．BCD 码

BCD 码是一种用 4 位二进制数字来表示一位十进制数字的编码，也称为二进制编码表示的十进制数（Binary Code Decimal），简称 BCD 码。

BCD 码以 4 位为一组，选用 0000 ~ 1001B 的十种状态代表 0 ~ 9 共 10 个数，舍弃二进制表示法中的其余 6 种状态。

例如，十进制数 84.70 的 BCD 码为：

　　8　4　.　7　0

　　1000 0100. 0111 0000

BCD 码 10010100. 01110010 转换为十进制数为：

　　1001 0100.0111 0010

　　9　4　.　7　2

BCD 码有两种格式：

（1）压缩 BCD 码格式（Packed BCD Format）。

用 4 个二进制位表示一个十进制位，就是用 0000 ~ 1001B 来表示十进制数 0 ~ 9。一个字节中有两个 BCD 码数。

例如：十进制数 4256 的压缩 BCD 码表示为：0100 0010 0101 0110 B

（2）非压缩 BCD 码格式（Unpacked BCD Format）。

用 8 个二进制位表示一个十进制位，其中，高四位无意义，我们一般用 XXXX 表示，低四位和压缩 BCD 码相同，一位 BCD 码占一个字节。

例如，十进制数 4256 的非压缩 BCD 码表示为：

　　XXXX0100 XXXX0010 XXXX0101 XXXX0110 B

习　题

1. 单片机与微型计算机的区别？
2. 简单介绍单片机的发展历史和过程？
3. 单片机主要应用于哪些领域？
4. 将下列各数按权展开为多项式：

   （1）110110B　（2）5678.32D　（3）1FB7H
5. 把下列十进制数转化为二进制、八进制和十六进制：

   （1）135.625　（2）548.75　（3）376.125　（4）254.25
6. 将下列二进制数转换为十进制数、八进制和十六进制：

   （1）1101110B　（2）01101101.011011101B　（3）0.1101001B　（4）11.01001B
7. 什么是原码、反码和补码？微型计算机中的数为什么常用补码表示？
8. 写出下列十进制数原码、反码和补码（用 8 位二进制表示）：

   （1）+X = +65　（2）+X = +115　（3）−X = −65　（4）−X = −115
9. 什么是 BCD 码？
10. 什么是 ASCII 码？查表写出下列字符的 ASCII 码。

    （1）H　（2）6　（3）b　（4）#

第 2 章 51 单片机芯片的硬件结构

【本章导读】

- 51 单片机的内部结构
- 51 单片机的存储器配置
- 51 单片机时钟电路与时序
- 51 单片机的复位电路

从严格意义上来讲，单片机属于微型计算机的一个分类，并遵循约翰·冯·诺依曼提出的计算机体系结构。与微型计算机相比，所不同的只是在一小块芯片上，集成了一个微型计算机的各个组成部分。因此我们在学习过程中，应始终用微型计算机的思路来学习单片机。

本书主要讲述的是 51 系列单片机。凡是属于 51 系列内容时，就按“51…”的形式来叙述；而遇到必须具体到一种芯片的内容时，以 AT89C51 为例。

2.1 单片机的内部结构及引脚

2.1.1 单片机的内部结构

51 系列单片机是按照工业标准设计制造的。其内核是基于使用多个内部寄存器结构的累加器，用于数据储存和外部设备管理。作为微型机的一个分类，单片机也包括运算器、控制器、存储器、输入/输出接口电路这五个基本组成部分。如图 2-1 所示为 AT89C51 的内部结构框图。

1. 中央处理器

中央处理器简称 CPU，是单片机的核心，完成运算和控制功能。中央处理器包括运算器和控制器。

（1）运算器。

运算电路是单片机的运算部件，用于实现算术和逻辑运算。运算电路包括算术逻辑单元 ALU（Arithmetic Logic Unit）、累加器 ACC（Accumulators）、程序状态字 PSW（Program Status Word）、B 寄存器等。其中算术逻辑单元 ALU 是运算电路的核心。

（2）控制器。

控制电路是单片机的指挥控制部件，用于发出控制信号，指挥单片机各部件协调工作。控制电路包括程序计数器 PC、指令寄存器、指令译码器、定时与控制电路等。

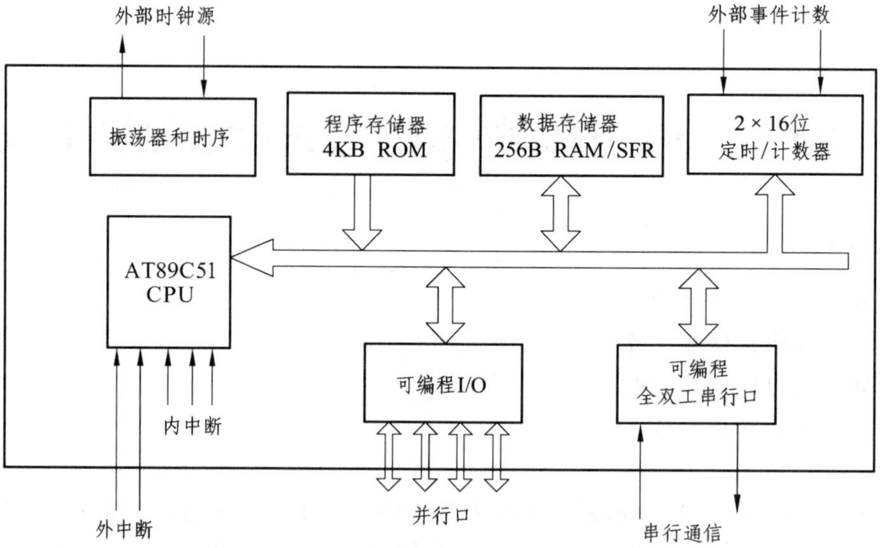

图 2-1　AT89C51 单片机的内部结构框图

2．存储器

AT89C51 单片机芯片内部有用户使用的 RAM 共 256 个字节，地址范围是 00H～FFH。

AT89C51 单片机芯片内部有用户使用的 ROM 共 4 KB，地址范围是 0000H～0FFFH。

3．定时器/计数器

AT89C51 单片机共有 2 个 16 位的定时器/计数器，以实现定时或计数功能，并以其定时或计数结果对计算机进行控制。

4．并行 I/O 口

AT89C51 单片机共有 4 个 8 位的并行 I/O 口（P0，P1，P2，P3），以实现数据的并行输入与输出。

5．串行口

AT89C51 单片机有一个全双工 UART（通用异步接收发送器）的串行 I/O 口（P3.0 和 P3.1 口线的第二功能），用于实现单片机之间或单片机与 PC 机之间的串行通信。

6．中断控制系统

51 系列单片机的中断功能较强，以满足控制应用的需要。AT89C51 共有 5 个中断源，分别为：2 个外部中断源 $\overline{\text{ZNT0}}$、$\overline{\text{ZNT1}}$、2 个内部定时四中断源 T0、T1 和 1 个串行口中断源。每一个中断源都有自己的中断矢量地址、中断标志位、中断优先级和中断允许控制。

7．时钟电路

51 单片机内部有一个振荡器，可通过引脚 XTAL1 和 XTAL2 外接晶体振荡器和微调电容，为单片机产生时钟脉冲序列。典型的晶振频率为 6 ~ 12 MHz。

8．总线

总线就是一组进行互连和传输信息的信号线。单片机是通过三总线（地址总线、数据总线、控制总线）与外部器件（外部 RAM、外部 ROM 和 I/O）互联沟通信息的。

2.1.2　单片机的引脚及功能

单片机最常用的是 40 引脚双列直插式集成电路芯片。由于单片机是一个芯片，本身体积小，为了增加其功能，许多管脚具有两个功能。引脚排列如图 2-2 所示。

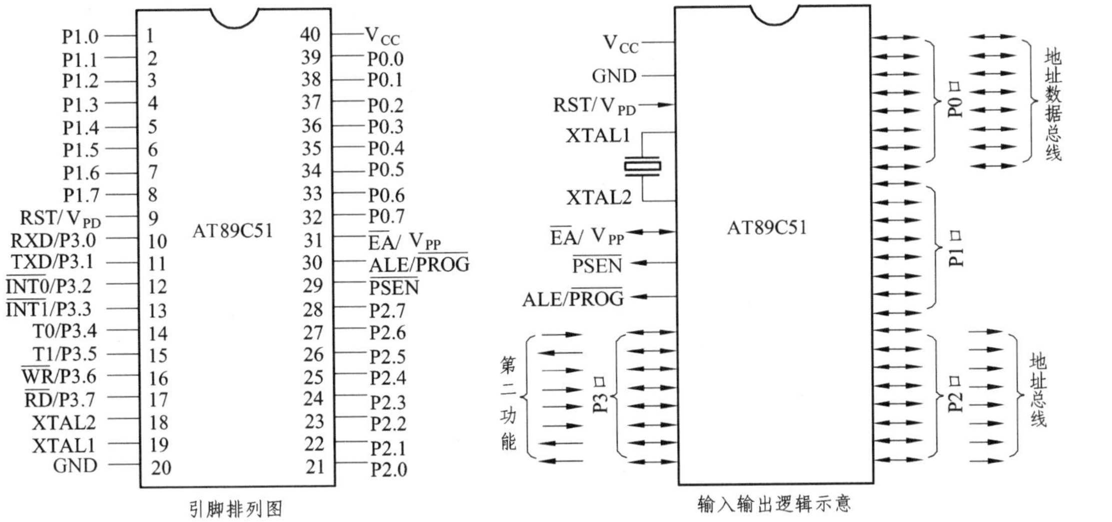

图 2-2　51 单片机引脚配置图

为方便理解，将单片机的引脚按功能分为 4 部分：

1．主电源引脚 V_{CC} 和 GND

V_{CC}（40 脚）——接 + 5 V 电源。

GND（20 脚）——接数字电路地。

2．外接晶体引脚 XTAL1 和 XTAL2

XTAL1（19 脚）——接外部晶体的一个引脚。在单片机内部，它是一个反向放大器的输入端，这个放大器构成了片内振荡器。当采用外接晶体振荡器时，XTAL1 作为输入端使用。

XTAL2（18 脚）——接外部晶体的另一个引脚。在单片机内部，它接到反向放大器的输出端。

3. 控制信号引脚

RST（9 脚）——复位输入，高电平有效，使单片机回复到初始状态。上电时，考虑到振荡器有一定的起振时间，晶振工作后 2 个机器周期的高电平复位 CPU。

$\overline{\text{PSEN}}$（29 脚）——外部程序存储器读选通信号，输出，低电平有效。此引脚的输出作为外部程序存储器（例如 EPROM）的读选通信号。在访问片外数据存储器期间，$\overline{\text{PSEN}}$ 信号将不出现。

ALE（30 脚）——地址锁存信号，输出，高电平有效。当访问外部存储器时，ALE（允许地址锁存）的输出脉冲用于锁存 P0 端口 8 位复用的地址/数据总线上的 8 位地址（16 位地址线中的低 8 位）。ALE 信号通常连接到外部地址锁存器（例如 74HC373）的使能引脚上。即使不访问外部存储器，ALE 信号端仍以不变的频率周期性地出现正脉冲信号（振荡频率 f_{osc} 的 1/6）。因此，它可用作对外输出的时钟，或用于定时目的。在复位期间，ALE 被强制输出高电平。

$\overline{\text{EA}}$（31 脚）——访问程序存储器控制信号。当选用 $\overline{\text{EA}}$ 信号为低电平时，对程序存储器 ROM 的读操作限定在外部程序存储器。

如选用 80C31 单片机，由于其内部没有程序存储器，必须扩展外部程序存储器，此时 $\overline{\text{EA}}$ 信号应为低电平，即常接地。

当选用内部具有程序存储器的单片机时，$\overline{\text{EA}}$ 信号为高电平时，对程序存储器 ROM 的读操作从内部 ROM 延伸到外部 ROM。此时应满足两个条件：

（1）所选用的单片机本身内部具有一定容量的程序存储器（ROM）；

（2）如果内部与外部的程序存储器都使用，此时内部 ROM 与外部 ROM 的地址应衔接。

若选用 AT89C51，其内部有 4 KB 的 ROM，地址范围为 0000H ~ 0FFFH，此时外部扩展的程序存储器地址应从 1000H 开始。

4. 输入/输出端口引脚 P0、P1、P2、P3（共 32 条口线）

P0 口（32 脚 ~ 39 脚）是一个复用端口。

第一功能：通用的 8 位双向 I/O 端口（作输入口时先要向锁存器写“1”），口线 P0.0 ~ P0.7；进行数据并行输入/输出。

第二功能：P0 是复用的地址/数据总线 AD0 ~ AD7。在 ALE 为高电平期间，外部存储器的低 8 位地址 A0 ~ A7 在总线上出现；当 ALE 变成低电平时，这个端口变成了双向的 8 位数据总线 D0 ~ D7。由于单片机具有外部扩展功能，P0 口的第二功能是主要功能。

P1 口（1 脚 ~ 8 脚）是一个通用的 8 位准双向 I/O 端口，口线 P1.0 ~ P1.7；

P2 口（21 脚 ~ 28 脚）是一个复用端口。

第一功能：端口 P2 从理论上讲可以作为通用的 8 位准双向 I/O 端口使用，口线 P2.0 ~ P2.7。

第二功能：实际应用中总是作为高位地址总线使用。当访问外部存储器或 I/O 口时，P2 口的 8 条引脚作为高位地址总线，系统自动把高 8 位地址 A8 ~ A15 送出。由于单片机系统扩展时需要 16 位地址线，因此，P2 口的第二功能是主要功能。

在存储器访问期间，诸如遇到“MOVX　A，@DPTR”或“MOVX　@DPTR，A”之类的指令，系统自动使用 P2 口发出高位地址。

P3 口（10 脚～17 脚），这也是一个复用端口。

第一功能：使用时，是普通的通用的 8 位准双向 I/O 端口，功能和操作方法与 P1 口相同。口线 P3.0～P3.7。

第二功能：使用时，各引脚的定义如表 2-1 所示。

表 2-1　P3 口第二功能表

引脚	第二功能
P3.0	RXD 串行口输入端
P3.1	TXD 串行口输出端
P3.2	$\overline{INT0}$ 外部中断 0 请求输入端，低电平有效
P3.3	$\overline{INT1}$ 外部中断 1 请求输入端，低电平有效
P3.4	T0 定时/计数器 0 计数脉冲输入端
P3.5	T1 定时/计数器 1 计数脉冲输入端
P3.6	$\overline{WR}$ 外部数据存储器写选通信号输出端，低电平有效
P3.7	$\overline{RD}$ 外部数据存储器读选通信号输出端，低电平有效

说明：

（1）4 个 I/O 口 P0、P1、P2、P3 在使用时，既可以同时 8 位使用（组成一个字节），也可以每一位单独做口线使用。

（2）单片机的引脚是面向用户的，引脚表现出的是单片机的外特性或硬件特性，所以在硬件方面，只能使用引脚组建系统，使用者需要熟悉各引脚的用途，以便正确接线。

（3）关于三总线：51 系统单片机中，数据总线 8 位、地址总线 16 位、控制总线若干条。

5．其他引脚的第二功能

$\overline{EA}/V_{PP}$（31 脚）——V_{PP}是使用 AT89C51 内部程序存储器时，所用的编程电压（+21 V）。

ALE/$\overline{PROG}$（30 脚）——$\overline{PROG}$是使用具有内部程序存储器的单片机时，所用的编程脉冲。

RST/V_{PD}（9 脚）——V_{PD}是单片机的备用电源。当电源发生故障时，电压降低到下限值时，备用电源可以由此端向内部数据存储器 RAM 提供电压，以保护内部 RAM 中的信息不丢失。

6．关于引脚的第一功能、第二功能的使用说明

一个信号引脚，有第一功能又有第二功能，在使用时到底选用哪种功能？在系统运行时会不会发生冲突和造成错误呢？不会的。对此有以下几点理由：

（1）对于各种型号的芯片，其引脚的第一功能信号是相同的，所不同的只在引脚的第二功能信号上。

（2）对于 9、30、31 号各引脚，由于第一功能信号与第二功能信号是单片机在不同的工作方式下的信号，因此不会发生使用上的矛盾。

（3）P3 口的情况有所不同，它的第二功能信号都是单片机系统扩展时的重要控制信号。

因此在实际使用时，单片机总是首先按需要选用它的第二功能，剩下不用的才能作为口线使用。

例如：当外扩 RAM 时，则 P3.6 是作为$\overline{WR}$信号输出端，而 P3.7 是作为$\overline{RD}$信号输出端。那么，如果系统只用$\overline{RD}$信号，则 P3.6 仍可用作通用 I/O 口线。

2.2　单片机的存储器配置

2.2.1　存储器概述

存储器（Memory）是计算机系统中的记忆设备，用来存放程序和数据。计算机中的全部信息，包括输入的原始数据、计算机程序、中间运行结果和最终运行结果都保存在存储器中。它根据控制器指定的位置存入和取出信息。

存储器是单片机的一个重要组成部分，图 2-3 给出了一种存储容量为 256 个单元的存储器结构示意图。其中每个存储单元对应一个地址，256 个单元共有 256 个地址，用两位 16 进制数表示，即存储器的地址范围为 00H ~ FFH。51 单片机中存储器单元地址用 8 位或 16 位二进制数表示。存储器中每个存储单元可存放一个 8 位二进制信息，通常用两位 16 进制数来表示，可根据需要随时改变存储器的内容。存储器的存储单元地址和存储单元的内容是不同的两个概念，不能混淆。

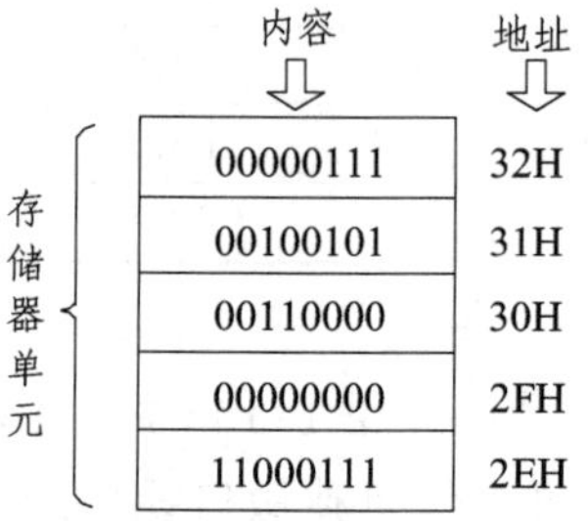

图 2-3　存储器结构示意图

2.2.2　51 系列单片机存储器结构特点

1．按功能分类

哈佛结构，分为程序存储器 ROM 和数据存储器 RAM，分开编址，并有各自的寻址机构和寻址方式。

2．按物理空间分类

内部存储器和外部扩展存储器，具体有 4 个相互独立的存储空间：内部数据存储器、内部程序存储器、外部数据存储器、外部程序存储器。

3．按逻辑使用分类

片内、片外统一编址的 64 KB 程序存储器地址空间；256 字节的片内数据存储器地址空间；64 KB 片外数据存储器地址空间。

由于采用了不同的存储器访问指令，51 单片机的外部扩展程序存储器和数据存储器的地址范围可以是相同的，都是从 0000H ~ FFFFH，共 64K 字节。那么使用时会不会出错？不会的，这是因为：

（1）程序存储器与数据存储器空间相互独立，并不重叠。

（2）采用了不同的存储器访问指令，访问内部或外部程序存储器时指令用“MOVC”，访问外部数据存储器时指令用“MOVX”。

（3）控制信号不同。访问外部程序存储器时控制信号为 $\overline{PSEN}$；访问外部数据存储器时控制信号为 $\overline{RD}$ 和 $\overline{WR}$。

2.3 数据存储器

2.3.1 数据存储器概述

单片机的数据存储器由读写存储器 RAM 组成。用于存储实时输入的数据或中间计算结果。其空间分为片内和片外两部分，如图 2-4 所示。

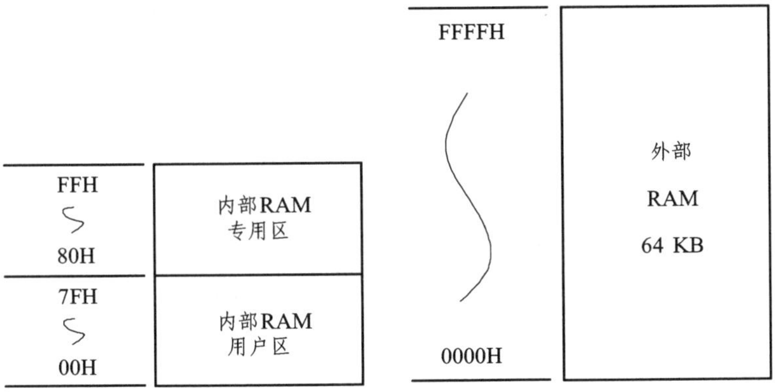

图 2-4　51 单片机数据存储器示意图

从图 2-4 看出，51 单片机片内、片外数据存储器空间不存在重叠，是两个独立的地址空间，应分别单独编址，采用不同指令来访问。

2.3.2 外部数据存储器（简称“片外 RAM”）

指单片机外部扩展的 RAM 存储器。使用说明如下：

（1）根据地址总线宽度，用 16 位地址线编址，在片外可扩展的存储器最大容量为 64KB，地址范围是 0000H～FFFFH。

（2）片外数据存储器与片内数据存储器的操作指令亦不同（对片外 RAM 用“MOVX”指令），所以也允许两者的地址相同，内部数据存储器的地址 00H～FFH，外部扩展数据存储器的地址可以从 0000H～FFFFH。

（3）采用 R0、R1 或 DPTR 寄存器间接寻址的方式访问片外数据存储器。当采用 R0、R1 间接寻址时只能访问外部低 256 字节，采用 DPTR 间接寻址可访问外部整个 64K 字节空间。

2.3.3 内部数据存储器（简称“片内 RAM”）

指单片机芯片内部的 RAM 存储器。相对其他存储器，51 单片机内部 RAM 配置较复杂，在使用上应遵循其功能的定义。51 单片机内部有 256 个单元的内部数据存储器，单元地址用 8

位二进制数编址，片内数据存储器除了用户 RAM 块外，还有专用区（特殊功能寄存器 SFR）块。

实际使用时应首先充分利用内部存储器，从使用角度讲，清楚内部数据存储器的结构和地址分配是十分重要的，学习第 3 章指令系统和程序设计时会经常用到它们。具体如图 2-5 所示。256 个单元，在物理空间上又可分成两部分：前者低 128 字节 RAM，是用户区，地址 00H ~ 7FH（即 0 ~ 127），后者高 128 个字节，是专用寄存器（SFR）区，地址 80H ~ FFH（即 128 ~ 255）。二者连续而不重叠，下面分别予以介绍。

图 2-5　51 单片机内部数据存储器配置图

1. 内部数据存储器低 128 单元

根据图 2-6 所示，51 单片机内部 RAM 低 128 个单元，在使用上具体分三部分：

（1）工作寄存器区。

从 00H ~ 1FH 安排了 32 个存储单元作为通用寄存器区，共分四组，每组 8 个工作寄存器，用 R0 ~ R7 来表示，具体如图 2-6 所示。

工作寄存器常用于临时寄存 8 位操作数及中间结果等，由于它们的功能及使用不作预先规定，因此称为通用寄存器，也叫工作寄存器。

在任一时刻，CPU 只能使用这四组工作寄存器中的一组，并把正在使用的那组工作寄存器称为当前工作寄存器组。要清楚一点，虽然在使用上，可选择不同的当前工作寄存器，但仍然用 R0 ~ R7 表示，但它们对应的单元地址却不同。

究竟选用那一组寄存器，由程序状态字寄存器 PSW 中第 3 位（RS0）和第 4 位（RS1）的状态组合来决定。在这两位上放入不同的二进制数，即可选用不同的寄存器组。若已选定当前工作寄存器组,那么剩下的工作寄存器区所对应的单元也可作为一般的数据缓冲区使用。

（2）位寻址区。

在低 128 个单元中，还开辟有一个所谓“位地址”区，共计 128 个二进制位。位寻址区有 16 个字节，字节地址为 20H ~ 2FH。每字节有 8 个二进制位，每个二进制位都有各自的地址，称为“位地址”。16 个字节共计包含 128 个二进制位，位地址范围是 00H ~ 7FH。该区域内不但可按字节寻址，还可按“位（bit）”寻址。对于那些需要进行位操作的数据，可以存放到这个区域。具体位地址如图 2-6 所示。

位寻址区的每一位都可以当做软件触发器，由程序直接进行位处理。程序设计时通常把各种程序状态标志，位控制变量设在位寻址区内。同样，位寻址区的 RAM 单元也可以作为一般的数据缓冲器使用。在系统设计中，我们经常需要用一些标志位来判断程序的运行。

（3）用户 RAM 区。

30H ~ 7FH 可供用户使用，属于用户 RAM 区。这 80 个单元只能以字节形式使用，其中堆栈区域也设在其中。

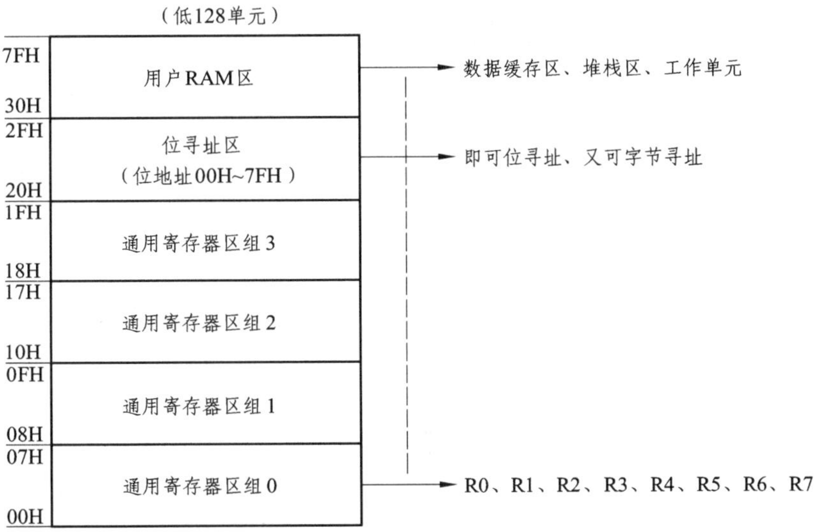

图 2-6　51 单片机内部 RAM 低 128 字节配置图

2．内部数据存储器高 128 单元

51 单片机片内 RAM 的高 128 单元，地址 80H ~ FFH，因这些寄存器的功能已作专门规定，故而称为专用寄存器，也称为特殊功能寄存器（SFR）。特殊功能寄存器是用来对片内各功能模块进行管理、控制的控制寄存器和状态寄存器，反映了单片机的当前工作状态。

51 单片机共有 22 个专用寄存器 SFR（Special Functional Register），它们离散地分布在片内 RAM 的 80H ~ FFH 中。除程序计数器 PC 不可寻址外，其余 21 个是有地址的，并可寻址的。各特殊功能寄存器的符号和地址，具体见表 2-2 所示。其中，有 11 个具有位寻址能力（带 * 号的可位寻址），用户可以通过使用位功能标记对这 11 个特殊功能寄存器的任一有效位进行位操作。

说明：

（1）PC 为双字节寄存器，但是不在 80H ~ FFH 范围内。

（2）表 2-2 中，凡地址能被 8 整除的寄存器都是可位寻址的寄存器（带 * 号的）。

（3）位地址的表示法有多种：

例如，位名称：　　　　CY、RS0

寄存器名加序号：PSW.7、ACC.1

字节地址加序号：20H.3

直接位地址：　　00H

对特殊功能寄存器只能使用直接寻址方式，在指令中既可使用寄存器符号表示，也可使用寄存器地址表示（见表 2-2）。

表 2-2　特殊功能寄存器地址空间

符号	单元地址	名　称	位地址	
			符　号	地址
*ACC	E0H	累加器	ACC.7 ~ ACC.0	E7H ~ E0H
*B	F0H	基本寄存器（乘、除专用）	B.7 ~ B.0	F7H ~ F0H
*PSW	D0H	程序状态字	PSW.7 ~ PSW.0	D7H ~ D0H
SP	81H	堆栈指针		
DPL	82H	数据存储器指针（低 8 位）		
DPH	83H	数据存储器指针（高 8 位）		
*IE	A8H	中断允许控制器	IE.7 ~ IE.0	AFH ~ A8H
*IP	B8H	中断优先控制器	IP.7 ~ IP.0	BFH ~ B8H
*P0	80H	并行口 P0	P0.7 ~ P0.0	87H ~ 80H
*P1	90H	并行口 P1	P1.7 ~ P1.0	97H ~ 90H
*P2	A0H	并行口 P2	P2.7 ~ P2.0	A7H ~ A0H
*P3	B0H	并行口 P3	P3.7 ~ P3.0	B7H ~ B0H
PCON	87H	电源控制及波特率选择		
*SCON	98H	串行口控制	SCON.7 ~ SCON.0	9FH ~ 98H
SUBF	99H	串行数据缓冲器		
*TCON	88H	定时控制	TCON.7 ~ TCON.0	8FH ~ 88H
TMOD	89H	定时器选择方式		
TL0	8AH	定时器 T0 低 8 位		
TL1	8BH	定时器 T1 低 8 位		
TH0	8CH	定时器 T0 高 8 位		
TH1	8DH	定时器 T1 高 8 位		

这些特殊功能寄存器大体上分为两类，一类与芯片的引脚有关，另一类作片内功能的控制用。与芯片引脚有关的特殊功能寄存器是 P0 ~ P3，它们实际上是 4 个 8 位锁存器（每个 I/O 口一个），每个锁存器附加有相应的输出驱动器和输入缓冲器就构成了一个并行口。51 单片机有 P0 ~ P3 四个这样的并行口，可提供 32 根 I/O 线，每根线都是双向的，并且大都有第二功能。

先介绍的特殊功能寄存器有：程序计数器 PC、累加器 ACC、B 寄存器、程序状态字 PSW、数据指针 DPTR、堆栈指示器 SP。而另一些专用寄存器的功能在后面有关部分再作进一步介绍。

（1）程序计数器（PC — Program Counter）。

PC 是一个 16 位的计数器。其内容为将要执行的指令地址，可寻址范围达 64 KB。PC 具有自动加 1 功能，以实现程序的顺序执行。另外 PC 是唯一没有地址的专用寄存器，是不可寻址的。因此用户无法对它进行读写操作。但可以通过转移、调用、返回等指令改变其内容，以实现程序的转移。

（2）累加器（ACC — Accumulator）。

累加器为 8 位寄存器，是程序中最常用的特殊功能寄存器，功能较多，地位重要。主要有以下几项功能：

① 可用于存放操作数，是算数逻辑运算单元 ALU 数据输入的一个重要来源。单片机中大部分单操作数指令的操作数来自累加器，许多双操作数指令中的一个操作数也取自累加器 A。

② 可用于存放运算的中间结果，是 ALU 运算结果的暂存单元。

③ 累加器是数据传送的中转站。单片机大部分数据传送都是通过累加器进行的。如内部数据存储器与外部数据存储器之间的数据传送必须通过累加器传递。

④ 在变址寻址方式中，即程序存储器的“读”操作中，累加器作为变址寄存器使用。

从上述可看出，单片机中的大部分操作都是通过累加器进行的，而 51 单片机只有一个累加器，所以累加器的使用非常频繁。其情形有如城市中交通繁忙的路口，很容易出现阻塞现象。为此在 51 单片机中设置了一些不经过累加器的数据传送指令，例如，寄存器与单元之间的直接传送指令，单元与单元之间的直接传送指令，直接寻址单元与间接寻址单元之间的数据传送指令，寄存器、直接寻址单元、间接寻址单元与立即数之间的数据传送指令等，以降低累加器的使用频率，缓和累加器的拥堵。

（3）B 寄存器（B — Register）。

B 寄存器为 8 位寄存器，主要与累加器配合，用于执行乘法和除法指令的操作，也可作为一般寄存器使用。

（4）程序状态字（PSW — Program Status Word）。

程序状态字是 8 位寄存器，用于寄存指令执行的状态信息。其中有些位状态是根据指令执行结果由硬件自动设置的，而有些位状态则需要使用软件方法设定。PSW 的状态可以用专门指令进行测试，也可以用指令读出。一些条件转移指令以 PSW 有关位的状态作为判定条件，来实现程序的转移。PSW 的各位定义如表 2-3 所示。

表 2-3　PSW 各位的定义

位序	PSW.7	PSW.6	PSW.5	PSW.4	PSW.3	PSW.2	PSW.1	PSW.0
位地址	D7H	D6H	D5H	D4H	D3H	D2H	D1H	D0H
位标志	CY	AC	F0	RS1	RS0	OV	/	P

现对 PSW 的各位介绍如下：

① P（PSW.0）——奇偶校验位。表明累加器 A 中 1 的个数的奇偶性，若 1 的个数为偶数，则 P = 0；若 1 的个数为奇数，则 P = 1。

② OV（PSW.2）——溢出标志位。做加法或减法时，由硬件置位或清零，以指示运算结果是否溢出。在带符号数的加减运算中，OV = 1 反映运算结果超出了累加器 A 的数值范围（无符号数的范围为 0 ~ 255），以补码形式表示一个有符号数的范围为（-128 ~ +127），即产生了溢出，因此运算结果是错误的；反之，OV = 0 表示运算结果正确，即无溢出产生。做无符号数的加法或减法时，OV 的值与进位位 CY 的值相同。

在做有符号数加法时，如最高位、次高位之一有进位，或做减法时，如最高位、次高位之一有借位，则 OV 被置位，即 OV 的值为最高位和次高位的异或（CY ⊕ C6）。

在乘法运算中，OV = 1 表示乘积超过 255，即乘积分别在进位 B 与 A 中；反之，OV = 0，表示乘积只在 A 中。

在除法运算中，OV = 1 表示除数为 0，除法不能进行；反之，OV = 0，表示除数不为 0，除法可正常进行。

③ RS1 和 RS0（PSW.4 和 PSW.3）——寄存器组选择位。用于设定当前通用寄存器的组号。通用寄存器共有 4 组，其对应关系如表 2-4 所示。

表 2-4 通用寄存器的选择

PSW.4（RS）	PSW.3（RS0）	当前使用的工作寄存器组（R0 ~ R7）	地址范围
0	0	寄存器组 0	00H ~ 07H
0	1	寄存器组 1	08H ~ 0FH
1	0	寄存器组 2	10H ~ 17H
1	1	寄存器组 3	18H ~ 1FH

RS1 和 RS0 这两个位的状态是由软件设置的，被选中的寄存器组即为当前通用寄存器组。

④ F0（PSW.5）——用户标志位。这是一个由用户定义使用的标志位，用户根据需要用软件方法置位或复位。例如：用它来控制程序的转向。

⑤ AC（PSW.6）——辅助进位标志位。在加减运算中，当低 4 位向高位有进位或借位时，由硬件自动置“1”，否则 AC 位被清“0”。

⑥ CY 或 C（PSW.7）——进位标志位 CY（或 C）是 PSW 中最常用的标志位。其功能有二：

一是存放算术运算的进位标志，在加减运算中，当第 7 位（D7）向更高位进位或借位时，CY 由硬件置位为 1，否则 CY 位被清零。

二是在位操作中，作累加位使用。在位传送、位与、位或等位操作中，都要使用进位标志位用，C 表示。

【例 2-1】分析下面数据相加后，受影响的 PSW 的各位状态。

```
      1 0 0 0 0 0 1 1
  +   1 0 0 1 0 0 0 0
  -------------------
    1 0 0 0 1 0 0 1 1
```

则：CY = 1；AC = 0；OV = 1；P = 1；其余位状态未改变。

（5）数据指针（DPTR）。

数据指针为 16 位寄存器，它的使用非常灵活，既可以按 16 位寄存器使用，也可以作为两个 8 位寄存器使用，即：

DPH（83H） DPTR 高位字节；DPL（82H） DPTR 低位字节。

DPTR 在访问外部数据存储器时作为地址指针使用，由于外部数据存储器的寻址范围为 64KB，故把数据指针设计为 16 位。此外，在变址寻址方式中，用数据指针作基址寄存器，用于对程序存储器的访问。

2.4 程序存储器

2.4.1 程序存储器概述

在单片机处理问题之前必须先将编好的程序、表格、常数汇编成机器代码后存入单片机的程序存储器中，该存储器称为程序存储器。

如上所述，AT89C51 除片内 4KB 的 ROM 外，还可外扩 64 KB 程序存储器，地址为 0000H～FFFFH（内部与外部统一 64 KB）。它以程序计数器 PC 作地址指针，由于 PC 为 16 位，使得程序存储器可用 16 位二进制地址，因此，可寻址的地址空间为 64 KB。

程序存储器的操作完全由程序计数器 PC 控制。程序存储器的操作分为程序运行与读操作两类。

1．程序运行控制操作

程序的运行控制操作包括复位控制、中断控制和转移控制。

复位控制与中断控制有相应的硬件结构，其程序入口地址是固定的，如表 2-5 所示，用户不能更改。

表 2-5 51 系列单片机复位、中断入口地址

控制操作	入口地址
复位	0000H
外部中断 0	0003H
定时器/计数器 0 溢出中断	000BH
外部中断 1	0013H
定时器/计数器 1 溢出中断	001BH
串行中断 0	0023H

值得注意的是：单片机复位后程序计数器 PC 的内容为 0000H，故系统必须从 0000H 单元开始取指令来执行程序。0000H 单元是系统的起始地址，一般在 0000H～0002H 存放跳转指令，使程序被引导到跳转指令指定的程序存储空间去执行。

除 0000H 单元外，还有 5 个特殊单元：0003H、000BH、0013H、001BH、0023H，分别对应于 5 个中断源，是这 5 个中断源的中断服务程序的入口地址，即中断矢量。

由于每个中断源子程序仅有 8 个单元，存放中断服务程序显然是不够用的，所以用户应该在这些入口地址处存放一条跳转指令，使程序被引导到跳转指令指定的中断服务程序的存储空间去执行。

2．读操作

对于一些常用的数据，可以用表格形式、常数汇编成机器代码后存入单片机的 ROM 中。对这些数据的“读”操作，就是 51 单片机指令系统中访问外部程序存储器的指令。仅有两条，也就是两条查表指令（MOVC），其寻址方式采用变址寻址方式。这两条指令分别是：

```
MOVC   A，@A + DPTR
MOVC   A，@A + PC
```

2.4.2 内部程序存储器（简称“内部 ROM”）

指单片机芯片内部的 ROM。AT89C51 内部包含了 4 KB 容量的 Flash ROM，占用了 0000H ~ 0FFFH 的最低 4 K 个字节。为方便内、外 ROM 的同时使用，此时片外扩充的程序存储器地址编号应由 1000H 开始，$\overline{EA}$为高电平时，用户在 0000H 至 0FFFH 范围内使用内部 ROM，大于 0FFFH 后，CPU 自动访问外部程序存储器。

2.4.3 外部程序存储器（简称“外部 ROM”）

指单片机外部扩展的 ROM。如果将 AT89C51 当做 80C31 使用，不想利用片内 4 KB 的 ROM，全部使用片外存储器，则地址编号仍可由 0000H 开始。地址范围 0000H ~ FFFFH，共 64 KB。不过，这时应使 AT89C51 的第 31 脚（即$\overline{EA}$脚）保持低电平，可常接地。AT89C51 程序存储器示意图如图 2-7 所示。

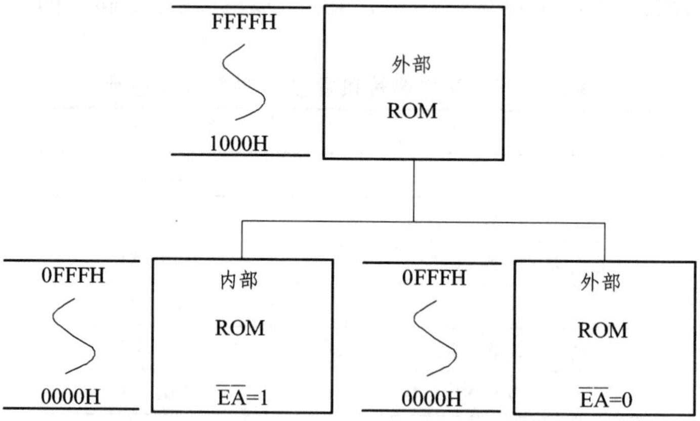

图 2-7　51 单片机程序存储器示意图

2.5 单片机的堆栈操作

堆栈实际上是一种数据结构，指在 RAM 区中开辟的一段数据区，只允许在该数据区一端进行数据插入和数据删除操作。51 单片机的堆栈，是从片内 RAM 中，由用户自行指定的一部分内存区，例如图 2-8 中由用户指定从 69H 后的内存单元作为堆栈。

2.5.1　堆栈的特点与操作

从图 2-8 看出，堆栈共有两种操作：进栈和出栈。采用“后进先出”的数据操作规则。因此，不论是进栈还是出栈，都是相对堆栈的栈顶单元进行的。

1．堆栈的功能

堆栈主要是为调用子程序和中断操作而设立的，具有保护断点和保护现场两个功能。

断点：实际上是程序存储器中，一个存储单元的地址。这个存储单元用于存储“子程序调用指令”下面的那条指令的地址。

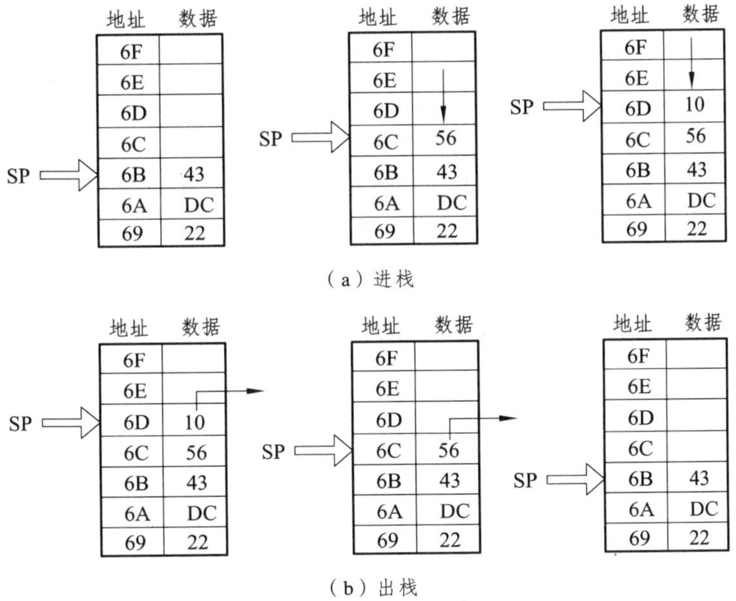

图 2-8　堆栈操作示意图

现场：保存某些要重复使用的寄存器中的内容，例如：A、R0 ~ R7、DPTR 等的内容。

在计算机中无论是执行子程序调用还是执行中断操作，最终都要返回主程序。因此在计算机转去执行子程序或中断服务子程序之前，必须考虑其返回问题。为此，在进入子程序或中断服务前，预先把主程序的断点保护起来，为程序的正确返回作准备。

同时，在计算机执行子程序或中断服务时，需要用到一些寄存器，如累加器 A、寄存器 R0 ~ R7、数据指针 DPTR 等，为了不破坏这些寄存器的内容，又能在子程序或中断服务中使用它们，所以在转子程序或中断服务之前要把这些寄存器的内容保存起来，在返回主程序之前再恢复被保存的内容，这就是所谓的“现场保护”。那么这些内容都保存在哪里？都保存在堆栈中。因此要求堆栈具有足够的容量（或深度），可根据要保存内容的多少来确定。另外，在程序设计中，也可以用于数据的临时存放。

2．堆栈指示器（SP）

由于堆栈中数据入栈和出栈，都是相对堆栈的栈顶单元进行的，即对栈顶单元的读和写。

为了指示栈顶地址，需要设置堆栈指示器 SP（Stack Pointer）。SP 的内容就是当前栈顶单元的地址，由于 51 单片机堆栈设在内部数据存储器中，因此 SP 是一个 8 位专用寄存器，系统复位后，SP 的内容为 07H。

3. 堆栈的分类

计算机中堆栈有两种分类方法：

（1）按照堆栈的开辟区域，堆栈可分为内堆栈和外堆栈。

其中微机常用外堆栈。根据单片机特点，单片机常采用内堆栈，即堆栈开辟在内部数据存储器中，主要优点是速度快，但容量有限。

（2）按照堆栈的操作方式，堆栈分为向上生长型和向下生长型。

向上生长型堆栈，栈底在低地址单元，随着数据进栈，地址递增，SP 的内容越来越大，指针上移；反之，随着数据出栈，地址递减，SP 的内容越来越小，指针下移，如图 2-9（a）所示。51 系列单片机的堆栈属于向上生长型。

向下生长型堆栈，栈底在高地址单元，随着数据进栈，地址递减，SP 的内容越来越小，指针下移；反之，随着数据出栈，地址递增，SP 的内容越来越大，指针上移，如图 2-9（b）所示。

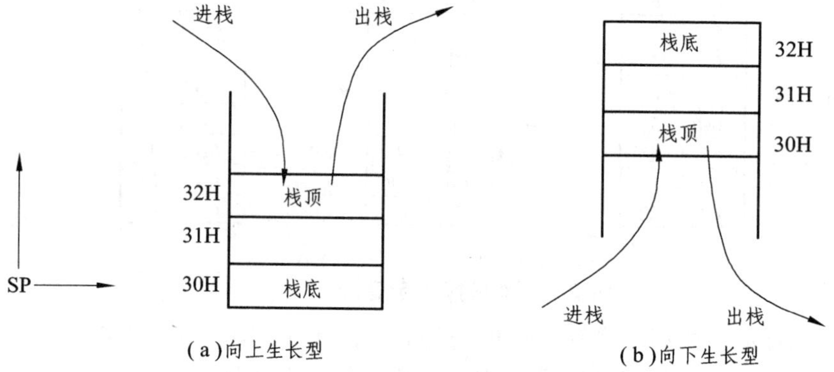

图 2-9　两种类型的堆栈

4. 堆栈的使用方式

堆栈的使用方式有两种：一是自动方式，即在调用子程序或中断时，返回地址（断点）自动进栈。程序返回时，断点再自动弹回 PC。这种堆栈操作无需用户干预，因此称为自动方式。二是指令方式，即使用专用的堆栈操作指令进行进栈、出栈操作。其进栈指令为“PUSH”，出栈指令为“POP”。例如，现场保护就是指令方式的进栈操作，而现场恢复则是指令方式的出栈操作。

2.5.2 堆栈使用应注意的问题

系统复位后，SP 的内容为 07H。 一般情况下，堆栈最好在内部 RAM 的 30H ~ 7FH 单元中开辟，以免占用宝贵的寄存器区和位寻址区。而栈顶的位置则由堆栈指针 SP 指出，SP 的内容一经确定，堆栈的位置也就确定下来了，由于 SP 可初始化为不同的值，所以堆栈位置是可浮动的。

例如，在程序设计时将 SP 的值初始化为 60H，即（SP）= 60H，此时堆栈区域为 60H ~ 7FH，深度是 32 个单元。

2.6　51 单片机时钟电路与时序

单片机的工作是在时序脉冲的控制下有条不紊地进行的，这个脉冲可由单片机内部的时钟电路产生。

2.6.1　时钟信号的产生

时钟信号由时钟电路产生。51 单片机内部有一个用于构成振荡器的高增益反相放大器，引脚 XTALl 和 XTAL2 分别是反相放大器的输入端和输出端，由这个放大器与作为反馈元件的片外晶体或陶瓷谐振器一起构成了一个自激振荡器。时钟振荡器是单片机工作的原始动力，可以利用内部的振荡电路，在外围加接晶振和电容组成，也可从外部引入。51 单片机的时钟信号可由以下两种方式产生：

1．通过芯片引脚 XTAL1 和 XTAL2 外接晶体振荡器和微调电容

晶体振荡器是首选的时钟源，这种驱动内部时钟电路的方法比较常用。当然，在对时钟频率要求不高的情况下，也可以用陶瓷谐振器来代替。图 2-10 给出了晶振连接的内部时钟电路组成的振荡器电路。图中电容一般取 30 ~ 33 pF。

晶体振荡频率高，则系统的时钟频率也高，单片机运行速度也高。振荡电路所产生的振荡脉冲并不直接使用，而是经分频后再为系统所用。

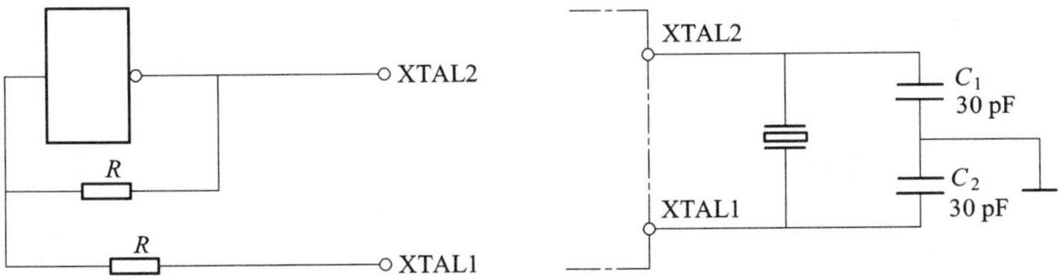

图 2-10　内部时钟方式

2．外接 TTL 时钟信号

对于更高频率的设计，则应选择引入一个片外 TTL 时钟信号。图 2-11 为外部时钟方式，此时外部时钟信号经 XTAL1 引脚引入，而 XTAL2 引脚悬空。这种方式可应用于多机通信。

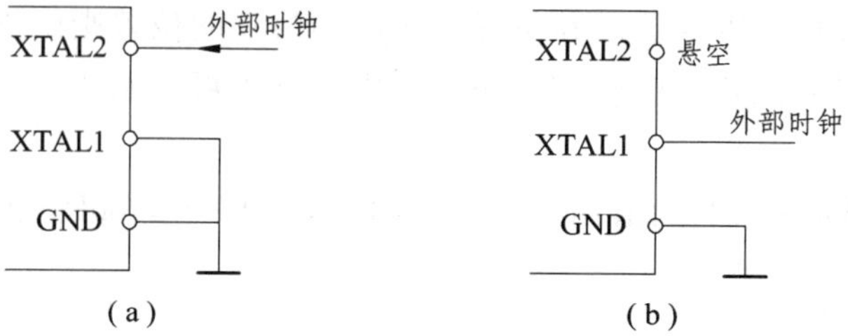

图 2-11　外部时钟方式

2.6.2　51 单片机的时序

计算机在执行指令时，是将一条指令分解为若干基本的微操作，这些微操作所对应的脉冲信号在时间上的先后次序（或指令执行中各信号之间的相互时间关系）称为计算机的时序。51 单片机的时序由四种周期构成，即振荡周期、时钟周期、机器周期和指令周期。

1．时序定时单位

单片机执行指令是在时序电路的控制下逐步进行的，通常以时序图的形式来表明相关信号的波形及出现的先后次序。周期从小到大分别为：

（1）振荡周期：指为单片机提供定时信号的振荡源的周期，若为内部产生方式时，为石英晶体的振荡周期，也叫拍节（用 P 表示）。51 系列单片机常用振荡频率为 6 ~ 12 MHz。

（2）时钟周期：也称为状态周期，用 S 表示。时钟周期是计算机中最基本的时间单位，在一个时钟周期内，CPU 完成一个最基本的动作。51 单片机中一个时钟周期为振荡周期的 2 倍。

（3）机器周期：51 单片机采用同步控制方式，因此具有固定的机器周期。规定：一个机器周期含有 6 个时钟周期，即振荡脉冲经过 12 分频后才得到机器周期信号，所以机器周期频率就是振荡频率的 12 分频。

也就是说，一个机器周期包含 6 个状态，分别叫做 S1、S2、S3、S4、S5、S6，也就包含 12 个拍节。不同的状态产生不同的操作。

例如，当振荡脉冲频率为 12 MHz 时，一个机器周期为 1 μs；当振荡脉冲的频率为 6 MHz 时，一个机器周期为 2 μs。

（4）指令周期：指令周期是最大的时序定时单位，指完成一条指令（例如，存储器读、存储器写等）所需要的时间称为指令周期。指令周期以机器周期的数目来表示，51 单片机的指令周期含 1 ~ 4 个机器周期不等，其中多数为单周期指令，还有 2 周期和 4 周期指令。

2．指令时序

51 系列单片机共有 111 条指令，所有指令按其长度可分为单字节指令、双字节指令和三字节指令。执行这些指令所需要的机器周期数是不同的，概括起来有以下几种：单字节单周期指令、双字节单周期指令、单字节双周期指令、双字节双周期指令、三字节双周期指令和四周期指令。其中四周期指令只有乘、除两条指令。

（1）单周期指令（Single Cycle Instructions）。

执行单周期指令的 CPU 时序如图 2-12 所示。从图中可知，CPU 在固定时刻执行某种内部操作。其中图（a）是单字节指令，图（b）是双字节指令。二者都在 S1P2 期间由 CPU 取指令，即将指令码读入指令寄存器，同时程序计数器 PC 加 1。后者在同一机器周期的 S4P2 再读第二字节；前者在 S4P2 虽也读操作码，但既是单字节指令，读的已是下一条指令，故读后丢弃不用，PC 也不加 1。两种指令在 S6P2 结束时都会完成操作。

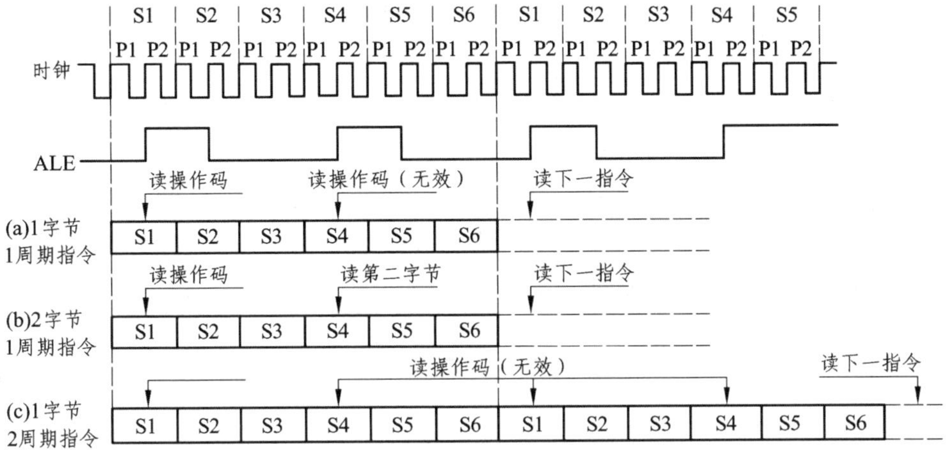

图 2-12　51 单片机的取指/执行时序

（2）双周期指令（Two Cycle Instructions）。

双周期指令是执行一条指令需要两个机器周期，是因为它们要求对存储器进行两次访问。当访问双字节双周期指令时，第一个周期取操作码，第二个周期取操作数或操作数地址。例如：

ANL A，direct

ANL A，#data

这两条指令都是双周期指令，同时也是双字节指令。在第一个例子中，对存储器的第一次访问取出来的是操作码，而第二次访问取出来的则是操作数的地址。在第二个例子中，对存储器的第一次访问取出来的是操作码，而第二次访问取出来的则是操作数本身，由指令直接使用。

对于那些双周期一字节指令，第二次访问存储器是有关执行结果的操作。例如：MOVX @DPTR, A 执行这条指令所需要的第二个机器周期是向由 DPTR 指出的外部数据存储器的存储单元中写入数据。图 2-12 中，图（c）是一字节双周期指令，则在两个机器周期内将 4 次读操作码，不过后 3 次读后都丢弃不用。

2.7　51 单片机的复位

2.7.1　复位方式

1．复位目的与复位条件

复位目的：是对单片机的片内电路重新进行初始化，使有关部件都恢复到原先规定的初始状态，并使 PC = 0000H，不论原来程序运行到什么地方，都将重新从 0000H 开始运行。

复位条件：必须在 51 单片机的 RST 引脚，保持两个机器周期（24 个振荡周期）以上的高电平，才完成一次复位。复位后片内各专用寄存器的状态如表 2-6 所示。

表 2-6 复位后片内各专用寄存器的状态

寄存器	内 容	寄存器	内 容
PC	0000H	TMOD	00H
A	00H	TCON	00H
B	00H	TH0	00H
PSW	00H	TL0	00H
SP	07H	TH1	00H
DPTR	0000H	TL1	00H
P0 ~ P3	0FFH	SCON	00H
IP	（XXX00000）B	SBUF	不变
IE	（0XX00000）B	PCON	（0XXXXXXX）B

2. 复位电路

由单片机提供的 RST 引脚，外接 R、C 元件组成复位电路。常用复位电路见图 2-13 所示，当按钮按下时利用 RC 电路可保持 RST 有两个机器周期以上的高电平 。

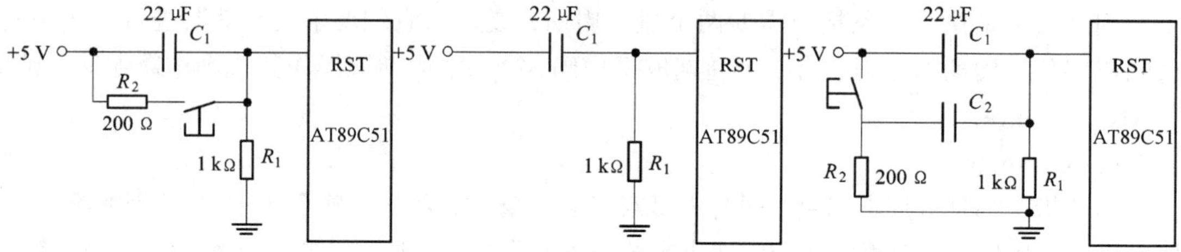

图 2-13 3 种实用的复位电路

2.7.2 低功耗工作方式

51 系列单片机采用两种半导体工艺生产：一种是 HMOS 工艺，即高密度短沟道 MOS 工艺；另一种是 CHMOS 工艺，即互补金属氧化物 MOS 工艺。CHMOS 是 CMOS 和 HMOS 的结合，除保持了高速度和高密度的特点外，还具有 CMOS 低功耗的特点。在便携式、手提式或野外作业仪器设备上，低功耗是非常有意义的。因此，在这些产品中必须使用 CHMOS 的单片机芯片。

采用 CHMOS 工艺的单片机不仅运行时耗电少，而且还提供两种节电工作方式，即空闲（等待、待机）方式和掉电（停机）保护工作方式，以进一步降低功耗。

1. 待机（休闲）状态

待机（休闲）状态是一种低功耗的工作方式。进入待机状态后，除中断功能外，停止其他工作，但片内 RAM 及特殊功能寄存器都要保持不变，I/O 引脚保持原逻辑值，ALE、$\overline{\text{PSEN}}$保持逻辑高电平，停止读取指令。在这种状态下，工作电流可以从正常的 20 mA 降到 5 mA，使系统能在低功耗下待命。

要使单片机进入待机（休闲）状态，可以利用片内特殊功能寄存器中的 PCON，将其 D0 位 IDL 置 1（指令 MOV PCON，#01H），要退出可将 IDL 置 0，或通过复位退出。

2. 掉电保护状态

单片机掉电后可以投入备用电池，这时希望系统耗电尽量小，以增大电池的使用时间，因此，掉电后要使单片机进入掉电保护状态，这时工作电流大约只有 75 μA。片内振荡器停振，所有功能部件停止工作，ALE、$\overline{\text{PSEN}}$为低电平，仅保留片内 RAM 的数据信息。为此，有人把备用电源提供的仅供维持单片机内部 RAM 工作的最低消耗电流形象地称之为“饥饿电流”。要进入掉电保护状态，可将 PCON 寄存器中的 D1 位 PD 置 1，要退出掉电保护状态，只能通过电源 V_{CC}恢复或复位操作。单片机恢复正常工作以后的第一件事情就是对被保护信息的现场恢复。

习　题

1. 单片机存储器分哪几个空间？如何区别不同空间的寻址？

2. 简述 51 单片机片内 RAM 区地址空间的分配特点。

3. 51 单片机的$\overline{\text{EA}}$、ALE、$\overline{\text{PSEN}}$信号各自的功能是什么？

4. 内部 RAM 低 128 单元划分为哪几个主要部分？说明各部分的使用特点。

5. 堆栈有哪些功能？堆栈指示器（SP）的作用是什么？在程序设计时，为什么还要对 SP 重新赋值？

6. 存储器单元内容和存储器单元地址有何不同？

7. 51 单片机外部程序存储器和外部数据存储器地址都是 0000H～FFFFH，在实际使用中是否存在地址重叠（即给出一个地址有两个单元响应）？如何区分？

8. 开机复位后，CPU 使用的是哪组工作寄存器？它们的地址是什么？CPU 如何确定和改变当前工作寄存器？

9. 51 单片机引脚中有多少根 I/O 口线？它们与地址总线和数据总线有什么关系？其中地址总线、数据总线与控制总线各是几位？

10. 什么是时钟周期、机器周期、指令周期？当单片机振荡频率为 12 MHz 时，一个机器周期是多少？ALE 引脚的输出频率是多少？

第 3 章　指令系统与汇编语言程序设计

【本章导读】

- 51 单片机指令的特点
- 51 单片机的寻址方式
- 51 单片机的指令集
- I/O 口访问指令使用特点
- 汇编语言程序设计

3.1　指令格式与寻址方式

3.1.1　指令与指令系统的概念

指令是使计算机内部执行相应动作的一种操作，是提供给用户编程使用的一种命令。指令由构成计算机的电子器件特性所决定，计算机只能识别二进制代码，以二进制代码来描述指令功能的语言，而机器只能直接识别和执行这种机器码程序，所以称之为机器语言，又称它为目标程序。由于机器语言不便于人们识别、记忆、理解和使用，并且不易查错，不易修改。为了克服这些缺点，可采用有一定含义的符号，常以其英文名称或缩写形式表示，就是给每条机器语言指令赋予助记符号来表示，容易理解和记忆，起到助记作用，这就形成了汇编语言。

计算机能够执行的全部操作所对应的指令集合，称之为计算机的指令系统。从指令是反映计算机内部的一种操作的角度来看，指令系统全面展示了计算机的操作功能，也就是它的工作原理；从用户使用的角度来看，指令系统是提供给用户使用计算机功能的软件资源。要让计算机处理问题，首先要编写程序。编写程序实际上是从指令系统中挑选一个指令子集的过程。

一种机器的指令系统是该机器本身所固有的，用户无法改变，只能接受使用它。虽然各种机器指令系统各不相同，但它们的指令类型、指令格式、指令基本操作以及指令寻址方式都有很多共同之处。因此，在学习指令系统时，既要从编程使用的角度掌握指令的使用格式及每条指令的功能，又要掌握每条指令在计算机内部的微观操作过程（即工作原理），从而进一步加深对硬件组成原理的理解。学习好一种机器的指令系统，再学习掌握其他机器指令系统就容易了。

指令一般有功能、时间和空间三种属性。功能属性是指每条指令都对应一个特定的操作功能；时间属性是指一条指令执行所用的时间，一般用机器周期来表示；空间属性是指一条指令在程序存储器中存储时所占用的字节数。

采用汇编语言编写的程序称之为源程序。由于计算机能够直接识别并执行的只有机器语言，汇编语言程序不能被计算机直接识别并执行，必须经过一个中间环节把它翻译成机器语言程序，这个中间过程叫做汇编。而汇编语言是与机器语言指令一一对应。51 系列单片机是 8 位机，其机器语言以 8 位二进制码为单位（称为一个字节）。

汇编有两种方式：机器汇编和手工汇编。机器汇编是用专门的汇编程序，在计算机上进行翻译；手工汇编是编程员把汇编语言指令逐条翻译成机器语言指令，现在主要使用机器汇编，有时也会用到手工汇编。

从上述指令与指令系统基本概念的介绍中可以看出，学习指令系统时，应掌握每条指令的功能、内部微观操作过程、汇编语言描述的指令格式及其对应的机器码、时间和空间属性等内容。

3.1.2　51 单片机指令格式

用汇编语言编写程序，必须熟悉指令格式，包括汇编语言指令和伪指令。同时，也应该熟练掌握单片机的寻址方式。

1．指令格式

指令的表示方法称之为指令格式，其内容包括指令的长度和指令内部信息的安排等。指令系统中的指令描述了不同的操作，不同的操作对应不同的指令。指令由操作码和操作数两部分组成。操作码用来规定指令进行什么操作，而操作数则表示指令操作的对象。操作数可能是一个具体的数据，也可能是数据所在的存储空间地址。

指令格式为：操作码　[目的操作数]，[源操作数]；[注释]

例如：　　MOV　　A，　　#00H；　A←00H

操作码和操作数都有对应的二进制代码，指令代码由若干字节组成。对于不同的指令，指令的字节数不同。51 单片机指令系统中，有一字节，二字节，三字节等不同长度的指令。其中有无操作数、单操作数、双操作数三种情况。

（1）一字节指令　（单字节指令）。

一字节指令长度只有 1 个字节，操作码和操作数信息同在其中。这种指令有两种情况：

① 指令码中隐含着对某一个寄存器的操作：

例如：指令 INC　DPTR　其功能为数据指针加 1，由于操作的内容和操作对象 DPTR 是唯一的，用 8 位二进制代码就可表示。指令代码为 A3H，格式为：

1010　0011

② 操作数是通用寄存器，用 rrr 表示在同一个字节中：

例如：寄存器向累加器传送数据指令 MOV A，Rn。其指令码格式为：

1110　1rrr

其中，高 5 位是传送到累加器 A 的操作码，后 3 位指定工作寄存器。000B ~ 111B 分别对应寄存器 R0 ~ R7。

（2）二字节指令（双字节指令）。

二字节指令长度有 2 个字节，操作码和操作数在程序存储器中分别占一个单元。

例如：指令 MOV　A，#data　指令码格式为：

0101　0011
立即数 data

（3）三字节指令。

三字节指令长度有 3 个字节，其中操作码占一个字节，操作数占 2 个字节。操作数可能是数据，也可能是直接地址。

例如：指令 ANL　direct，#data

0101　0011
direct
data

为便于后面的学习，在这里先对描述指令的一些符号的约定意义加以说明。在 51 系列单片机的指令中，常用的符号有：

① #data8、#data16：分别表示 8 位、16 位立即数。

② direct：片内 RAM 单元地址（8 位），也可以指特殊功能寄存器的地址或符号名称。

③ addr11、addr16：分别表示 11 位、16 位地址码。

④ rel：相对转移指令中的偏移量，为 8 位带符号数（补码形式）。

⑤ bit：片内 RAM 中（可位寻址）的位地址。

⑥ A：累加器 A；ACC 则表示累加器 A 的字节地址。

⑦ Rn：当前寄存器组的 8 个工作寄存器 R0 ~ R7。

⑧ Ri：可用作间接寻址的工作寄存器，只能是 R0、R1。

⑨ @：间接寻址的前缀标志。

⑩ $：当前指令的地址。

⑪（X）：X 中的内容。

⑫（（X））：由 X 指出的地址单元中的内容。

⑬ ←：箭头左边的内容被箭头右边的内容所取代，右边内容不变。

⑭ ←→：箭头左边的内容与箭头右边的内容交换。

3.1.3　寻址方式

绝大多数指令执行时都需要使用操作数，也就存在着到哪里取得操作数的问题。寻址的“址”是操作数所在的单元地址。因此所谓“寻址”就是寻找指令中的操作数或操作数所在地址。根据寻找方法的不同，也就有了不同的寻址方式。寻址方式是指令的重要组成内容，因为在计算机中只要给出单元地址，就能得到所需要的操作数。在用汇编语言编程时，数据的存放、传送、运算都要通过指令来完成。编程者必须自始至终都要十分清楚操作数的存放位置，以及如何将它们传送到适当的寄存器去参与运算。

深刻理解寻址方式对后面学习指令系统是非常重要的。一种计算机的寻址方式的种类是由它的硬件结构决定的，寻址方式越多样、灵活，指令系统将越有效，用户编程也越方便，计算机的功能也随之越强。因此，寻址方式的多少是计算机的重要性能指标之一，是反映指令系统优劣的主要指标，也是汇编语言程序设计最基本的内容，必须要十分熟悉。

根据指令操作的需要，计算机总是提供多种寻址方式。一般来说，寻址方式越多，计算机的寻址能力就越强，但是指令系统也就愈加复杂。51 单片机共有 7 种寻址方式，具体如下：

1. 立即数寻址

所谓立即数寻址就是操作数在指令中直接给出，紧跟在操作码的后面。操作数直接出现在指令中，作为指令的一部分与操作码一起存放在程序存储器中，可以立即得到并执行，不需要经过别的途径去寻找。立即数可能是 8 位，也可能是 16 位。通常把出现在指令中的操作数称为立即数，因此就把这种寻址方式称为立即数寻址。

在指令格式中 8 位立即数以 data 表示，为了防止与直接寻址指令中的直接地址混淆，在立即数前面加“#”以示区别。

例如：MOV A，#40H ；把数据 40H 送入累加器 A

还有一条指令要求操作码后面紧跟两字节立即数，立即数以#data16 表示。

例如：MOV DPTR，#1000H ；把 16 位立即数 1000H 送数据指针 DPTR

2. 直接寻址

在指令中直接给出操作数所在存储单元的地址。操作数不是立即数，而是操作数所在地址。所需的操作数从该地址单元中获得，由于这类指令的地址直接标注在指令上，所以称为直接寻址。

在 51 单片机指令系统中，直接寻址范围仅限于片内 RAM。具体可以访问 3 种存储器空间：

（1）片内 RAM 低 128 单元，主要指 30H ~ 7FH。

（2）特殊功能寄存器。在指令中特殊功能寄存器 SFR 既可以用它们的名称来表示，也可以用它们的地址来表示。

需要注意的是，访问片内 RAM 低 128 单元的指令和访问 SFR 的指令没有什么区别。直接寻址方式是访问特殊功能寄存器的唯一方法。

例如：MOV A，40H ；将 40H 单元内容送入累加器 A

MOV P1，#00H ；将数据 00H 从 P1 口输出

（3）位地址空间 20H ~ 2FH。位寻址剩余的存储单元，可以以直接单元地址形式访问。

3. 寄存器寻址

寄存器寻址是指操作数不是立即数，也不是地址，而是一个寄存器名称，则称为寄存器寻址。操作数为寄存器中的内容，因此指定了寄存器就能得到操作数。

例如：MOV A，R4

其功能是把寄存器 R4 的内容传送到累加器 A 中。由于操作数在 R4 中，因此在指令中指定了 R4，也就得到了操作数，所以是寄存器寻址方式。

寄存器寻址方式的寻址范围：

（1）4 个通用寄存器组共 32 个工作寄存器。但在指令中只能使用当前寄存器组（R0 ~

R7），可通过 PSW 中 RS1、RS0 两位进行状态设置。

（2）部分专用寄存器（如累加器 A，寄存器 B 以及数据指针 DPTR 等）。

4. 寄存器间接寻址

在这种指令中，寄存器的内容为操作数所在的单元地址。这类指令先从指令上所标明的寄存器中找出存放数据的地址，然后再从所找出的地址中取操作数。由于存储数据的地址不直接标明在指令中，所以称之为间接寻址。即操作数是通过寄存器间接得到的，存放操作数地址的寄存器称为间址寄存器。

这里需要强调的是：寄存器中的内容不是操作数本身，而是操作数的地址，到该地址单元中才能得到操作数。指令中寄存器起地址指针的作用。寄存器间接寻址也需以寄存器符号的形式表示。51 单片机规定 R0 和 R1 作为间址寄存器，为了区别寄存器寻址和寄存器间接寻址，在寄存器间接寻址方式中，应在寄存器的名称前面加前缀标志“@”。

例如：
```
MOV   R1，#30H        ；将立即数 30H 送入寄存器 R1 中
MOV   A，@R1          ；将 30H 单元中内容（2FH）送入 A 中
```

寄存器间接寻址示意如图 3-1 所示。

又如：
```
MOV     DPTR，#2000H   ；将立即数 2000H 送入寄存器 DPTR 中
MOVX    @DPTR，A       ；将累加器 A 中内容送入外部 RAM 2000H 单元
```

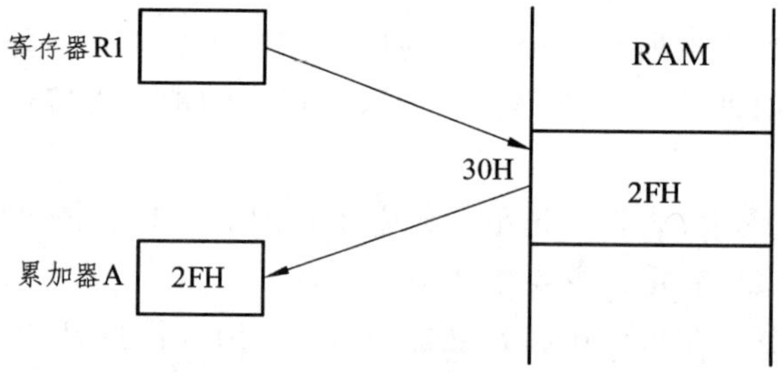

图 3-1　寄存器间接寻址示意图

寄存器间接寻址方式的寻址范围，具体有 4 种存储器空间：

（1）内部 RAM 低 128 单元，主要指 30H ~ 7FH。

对内部 RAM 低 128 单元的间接寻址，应使用 R0 或 R1 作间接寄存器，其通用形式为 @ Ri（i = 0 或 1）。

（2）外部 RAM 64KB。

对外部 RAM 64KB 的间接寻址在指令符号上采用 MOVX 的形式，应使用 DPTR 作间址寄存器，其形式为@DPTR。例如指令：MOVX　A，@DPTR 功能是把 DPTR 指定的外部 RAM 单元的内容送入累加器 A。

（3）外部 RAM 的低 256 单元。

这是一个特殊的寻址区，除可以使用 DPTR 作间接寄存器寻址外，还可以使用 R0 或 R1 作间接寄存器寻址。例如指令：

```
MOVX   A，@R0   ；即把 R0 指定的外部 RAM 单元的内容送入累加器 A。
```

（4）对于堆栈操作指令（PUSH 和 POP）也应算作是寄存器间接寻址。

这是因为整个堆栈操作过程中，栈顶单元的地址是由堆栈指示器 SP 的值决定的，所以

可将 SP 看做是间址寄存器。

例如：PUSH　ACC　　；将 A 中内容入栈保护

POP　ACC　　；将堆栈中的内容取出送入 A 中

5. 变址寻址（基址寄存器＋变址寄存器间接寻址）

基址寄存器加变址寄存器间接寻址，简称变址寻址。这种寻址方式用于访问程序存储器中的数据表格。它是以数据指针寄存器 DPTR 或 PC 作为基址寄存器，累加器 A 作为变址寄存器，两者内容相加的和作为程序存储器单元地址，再寻址该单元，读取数据。

例如：MOV　DPTR，#1234H

MOV　A，#0A4H

MOVC　A，@A＋DPTR

前 2 条指令执行完，则（A）＝0A4H，（DPTR）＝1234H，第 3 条指令的功能是将 DPTR 的内容与 A 的内容相加，变址寻址形成的操作数地址，即程序存储器存储单元的地址为 1234H＋0A4H＝12D8H，然后取出此存储单元中的内容送入累加器 A 中，而 12D8H 单元的内容为 3FH，故该指令执行结果使 A 的内容为 3FH。指令寻址及操作功能如图 3-2 所示。

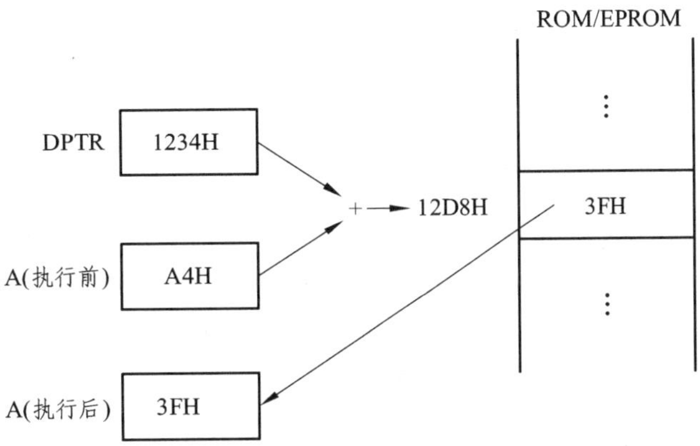

图 3-2　变址寻址示意图

对 51 指令系统的变址寻址方式作如下说明：

（1）变址寻址方式只能访问程序存储器，或者说它是专门针对程序存储器的寻址方式。其寻址范围是 64KB。

（2）变址寻址的指令只有 3 条：

MOVC　A，@A＋DPTR

MOVC　A，@A＋PC

JMP　@A＋DPTR

其中前两条是程序存储器读指令，后一条是无条件转移指令。

（3）尽管变址寻址方式较为复杂，但变址寻址的指令却都是单字节指令。

6. 相对寻址

相对寻址被用来决定程序转移的目标地址，用于访问程序存储器。在 51 指令系统中设有转移指令，分为直接转移和相对转移指令，相对转移指令对应相对寻址方式。相对寻址指令执行时，是以当前的 PC 值加上指令中规定的偏移量 rel 而形成实际的转移目的地址。

转移目的地址＝（转移指令所在地址＋转移指令字节数）＋rel＝PC 当前值＋偏移量 rel

rel 是一个 8 位二进制补码数。所能表示的数据范围是－128～＋127，所以程序转移可正向转移也可反向转移。只是反向转移时，转移目的地址小于源地址，rel 应该用负数的补码表示。

例如：JC　rel　　　设 CY = 1　rel = 75H

这是一条以 CY 为条件的转移指令。因为“JC rel”指令是双字节指令，当 CPU 取出指令的第二个字节时，PC 的当前值已是原 PC 内容加 2，由于 CY = 1，所以程序转向（PC 当前值 + 75H）单元去执行，其执行过程如图 3-3 所示。相对转移指令“JC rel”的源地址为 1000H，转移的目标地址是 1077H。

在实际应用中，经常需要根据已知的源地址和目的地址计算偏移量 rel。根据目标地址的计算方法得到偏移量 rel 的计算：

rel = 转移目的地址 – PC 当前值

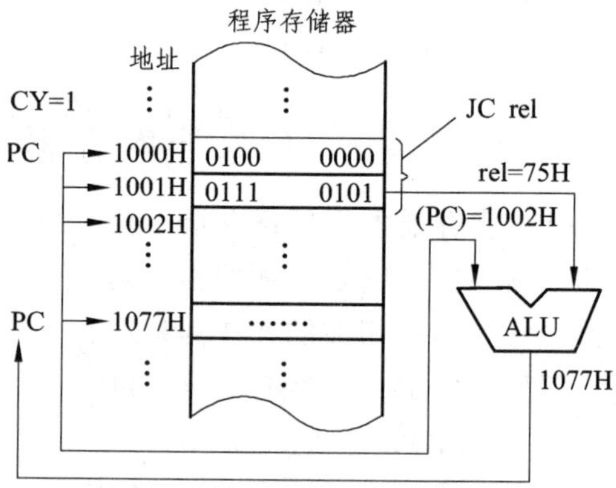

图 3-3　相对寻址方式示意图

7. 位寻址

51 系列单片机有位处理功能，可以对数据位进行操作，因此就有相应的位寻址方式。在这种寻址方式中，操作数是 RAM 单元中的某一位的信息。位寻址是在位操作指令中直接给出位操作数的地址，位地址在指令中用 bit 表示。

例如：ANL　C，30H

指令功能是累加位 C 的状态和位地址 30H 的状态进行逻辑与操作，并把结果保存在 C 中。

位寻址的寻址范围：

（1）内部 RAM 中的位寻址区。单元地址为 20H ~ 2FH，位地址是 00H ~ 7FH，共 16 个单元，128 位。对这 128 个位的寻址直接使用位地址表示。

例如：MOV　C，2BH　　；指令功能是把位寻址区 2BH 位的状态送入累加位 CY。

（2）特殊功能寄存器的可寻址位。可供位寻址的特殊功能寄存器共 11 个（有*符号的、能被 8 整除的字节地址），共有寻址位 83 位。对这些寻址位在指令中有如下 4 种表示方法。

例如：对寄存器 PSW 的第 5 位置“1”，4 种表示方法如下：

① 位名称：SETB　F0

② 寄存器名加位序号：SETB　PSW.5

③ 字节地址加位序号：SETB　D0H.5

④ 位地址法：SETB　D5H

3.1.4　寻址方式小结

（1）以上 7 种寻址方式中，立即数寻址、直接寻址、寄存器寻址、寄存器间接寻址是针对 RAM 中操作数的，为方便起见，有关寻址方式的介绍以源操作数为例，对目的操作数同样适用。

（2）对片内、片外程序存储器只能使用变址寻址方式，或者反过来说，变址寻址是一种专门用于程序存储器的寻址方式。

（3）内部数据存储器由于使用频繁，因此寻址方式多。

（4）相对寻址方式是有关程序转移的，改变的是程序计数器 PC 的值。

（5）位寻址指所有的位操作。

具体如表 3-1 所示。

表 3-1　7 种寻址方式和寻址空间

寻址方式	相关寄存器	寻址空间
立即寻址		#data8，#data16
直接寻址		片内 RAM 和 SFR
寄存器寻址	R0～R7，A，B，DPTR	R0～R7，A，B，DPTR
寄存器间接寻址	@R0，@R1	片内 RAM，主要指 30H～7FH
	@R0，@R1，@DPTR	片外 RAM 64 KB
变址寻址	@A＋PC，@A＋DPTR	ROM 区
相对寻址	PC	ROM 区
位寻址	进位标志位 CY	片内 RAM20H～2FH SFR 中可寻址位

3.2　51 单片机指令系统

3.2.1　单片机指令分类

51 单片机指令系统有 42 种助记符，代表了 33 种功能，有的功能（如数据传送）可以有几种助记符（如 MOV、MOVX、MOVC）。指令功能助记符与各种可能的寻址方式相结合，共构成 111 条指令。

在这些指令中，从指令长度看，单字节指令有 49 条，双字节指令有 45 条，三字节指令有 17 条；从指令执行的时间看，单机器周期指令有 64 条，双机器周期指令有 45 条，四机器周期指令有 2 条，即乘法操作指令和除法操作指令。从指令的功能看，51 系列单片机指令系统分为 5 大类：数据传送类指令 29 条；算术运算类指令 24 条；逻辑运算类指令 24 条；控制转移类指令 17 条；位操作类指令 17 条。

3.2.2　数据传送类指令（共 29 条）

1. 数据传送类指令概述

所谓“传送”，是把源地址单元的内容传送到目的地址单元中去，而源地址单元内容不变；或者原、目的单元内容互换。数据传送操作属复制性质，而不是搬家性质。该组指令是指令系统中最活跃、使用最频繁的一类指令，几乎所有的应用程序都要用到这类指令。因为 CPU 在进行算术和逻辑运算时，总需要有操作数。所以，数据的传送是一种最基本、最主要的操作。

数据传送指令类型如图 3-4 所示。源操作数可以是：累加器 A、通用寄存器 R0～R7、直接地址 direct、间址寄存器@Ri 和立即数；而目的操作数可以是：累加器 A、通用寄存器 R0～R7、直接地址 direct 和间址寄存器@Ri，两者只差一个立即数。

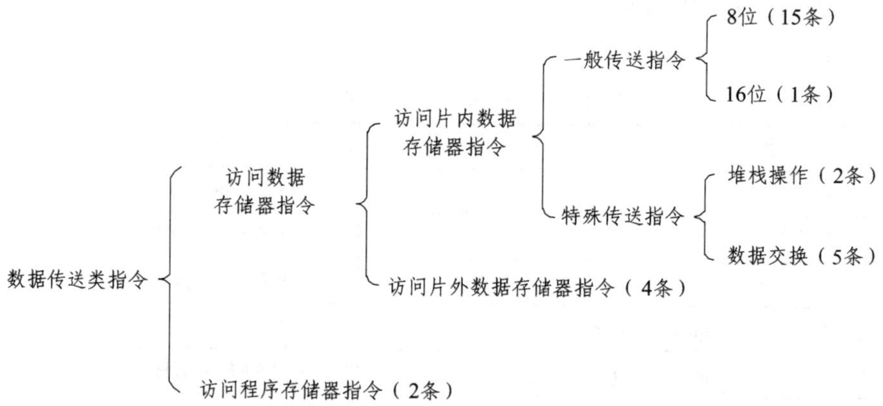

图 3-4　数据传送指令类型

该类指令的特点：除了目的操作数为 A 的指令影响 P 位，一般操作并不影响标志位。用到的助记符有 8 种：MOV、MOVX、MOVC、XCH、XCHD、PUSH、POP、SWAP。

2. 片内 RAM 数据传送指令（16 条）

传送指令的助记符为“MOV”，通用格式为：

MOV　<目的操作数>，<源操作数>

传送指令中有从右向左传送数据的约定，即指令的右边操作数为源操作数，表达的是数据的来源；而左边操作数为目的操作数，表达的则是数据的去向。

单片机芯片内部是数据传送最为频繁的部分，有关的传送指令也很多。该类指令的功能是实现数据在片内 RAM 单元之间、寄存器之间、寄存器与 RAM 单元之间的传送，图 3-5 给出了该类指令的操作关系图。

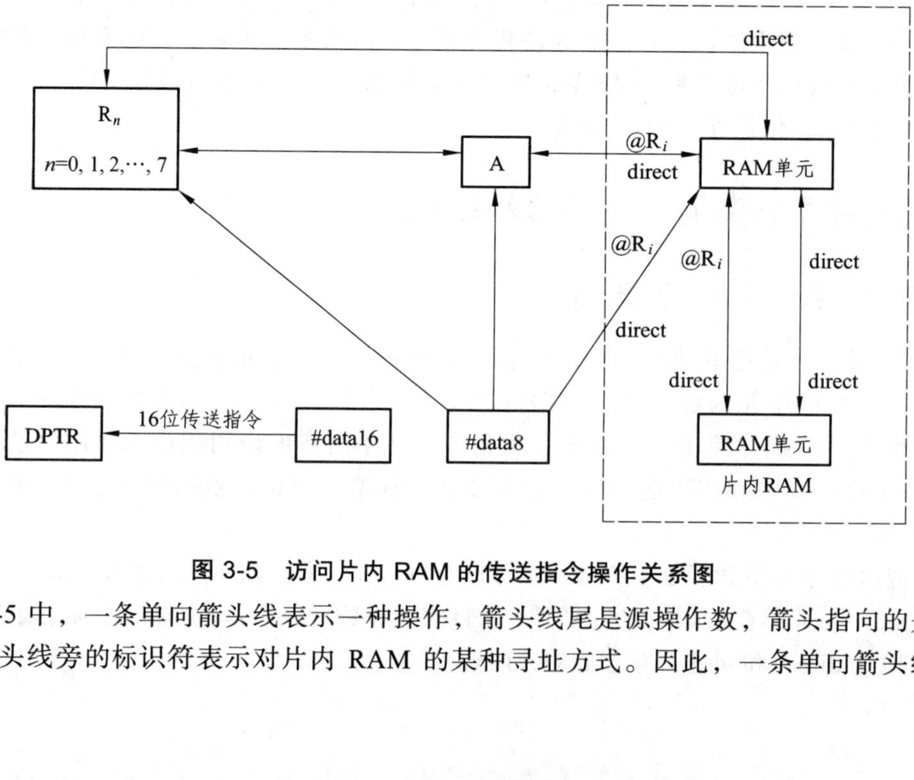

图 3-5　访问片内 RAM 的传送指令操作关系图

图 3-5 中，一条单向箭头线表示一种操作，箭头线尾是源操作数，箭头指向的是目的操作数，箭头线旁的标识符表示对片内 RAM 的某种寻址方式。因此，一条单向箭头线，对应

一种寻址方式，就有一条“MOV”指令。双向箭头线可以看做两条单向箭头线。

从图中可以看出：

（1）立即数只能作为源操作数，而不能作为目的操作数。

（2）工作寄存器中的内容只能和直接寻址方式寻址的片内 RAM 单元的内容相互传送，不能和其他寻址方式寻址的单元进行数据传送。

（3）累加器 A 的内容可以和寄存器间接寻址方式、直接寻址方式寻址的片内 RAM 单元的内容相互传送。

（4）寄存器间接寻址方式寻址的片内 RAM 单元的内容可以和直接寻址方式寻址的另一个 RAM 单元的内容相互传送。

（5）直接寻址方式寻址的两个不同地址的 RAM 单元的内容可以相互传送。16 位传送指令只有一条，它是一条给 DPTR 送数的指令。

根据图 3-5 能推写出本类的 16 条指令，这部分指令具体为：

（1）立即数传送指令组（5 条）。

立即数传送指令分为两种情况：8 位立即数传送指令和 16 位立即数传送指令。

① 8 位立即数传送指令（4 条）：

```
MOV    A,        #data8        ; A←data
MOV    direct,   #data8        ; direct←data
MOV    Rn,       #data8        ; Rn←data
MOV    @Ri ,     #data8        ;（Ri）←data
```

这 4 条指令的功能都是实现 8 位立即数的传送，把立即数传送到不同寻址方式的内部 RAM 单元中。

② 16 位立即数传送指令（共有 1 条）：

```
MOV    DPTR，#data16           ; DPTR←data16
```

这是唯一的 16 位立即数传送指令，其功能是把 16 位常数送入 DPTR。DPTR 由 DPH 和 DPL 组成。这条指令执行的结果是将高 8 位立即数 dataH 送入 DPH，低 8 位立即数 dataL 送入 DPL。

（2）片内 RAM 单元之间的数据传送指令组。

按照目的操作数的不同，内部 RAM 单元之间的数据传送指令可分为以下几种情况：

① 以累加器 A 为目的操作数指令（3 条）：

```
MOV    A，direct               ; A←（direct）
MOV    A，Rn                   ; A←（Rn）
MOV    A，@Ri                  ; A←（（Ri））
```

这类指令的功能是将源操作数指定的内容送到目的操作数累加器 A 中。其中源操作数包括：寄存器寻址的工作寄存器 R*n*（即 R0～R7）内容、直接寻址或寄存器间接寻址（R0 或 R1）所得的片内 RAM 单元或特殊功能寄存器。

上述操作不影响源操作数单元和任何别的寄存器的内容，只影响 PSW 的 P 标志位。

② 以 Rn 为目的操作数的指令（2 条）：

```
MOV    Rn，A                   ; Rn←（A）
```

```
MOV   Rn, direct              ; Rn←（direct）
```

这类指令的功能是将源操作数指定的内容送入当前工作寄存器组中的某个寄存器。源操作数有寄存器寻址和直接寻址。

例如：（A）= 78H，（R5）= 47H，（70H）= F2H。

执行指令：

```
MOV   R5, A                   ; R5←（A），（R5）= 78H
MOV   R5, 70H                 ; R5←（70H），（R5）= F2H
MOV   R5, #A3H                ; R5←A3H，（R5）= A3H
```

注意：51 单片机指令系统中没有“MOV　Rn，Rn”传送指令。

③ 以直接地址为目的操作数的指令（4 条）：

```
MOV   direct2, direct1        ; direct2←（direct1）
MOV   direct, Rn              ; direct←（Rn）
MOV   direct, @Ri             ; direct←（（Ri））
MOV   direct, A               ; direct←（A）
```

这类指令的功能是将源操作数指定的内容送入直接地址 direct 指定的片内 RAM 单元中。源操作数有直接寻址、寄存器寻址、寄存器间接寻址。

注意：“MOV　direct2，direct1”指令在译成机器码时，源地址在前，目的地址在后。如“MOV　30H，40H”的机器码为“85 40 30”。

④ 以间接地址为目的操作数的指令（2 条）：

```
MOV   @Ri, A                  ;（Ri）←（A）
MOV   @Ri, direct             ;（Ri）←（direct）
```

这类指令的功能是将源操作数指定的内容送入间址寄存器 R0 或 R1 所指出的内部 RAM 单元中。

例如：

```
MOV     30H, #7AH             ; 将立即数 7AH 送入片内 RAM 30H 单元中
MOV     R0, #30H              ; 将立即数 30H 送入 R0 寄存器
MOV     A, @R0                ; 将 R0 指定的 30H 单元中的数 7AH 送 A 中
```

【例 3-1】设内部 RAM （30H）= 40H，（40H）= 10H，（10H）= 00H，（P1）= 0CAH，分析以下程序执行后各单元及寄存器、P2 口的内容。

```
MOV   R0, #30H                ; R0← 30H
MOV   A,  @R0                 ; A←（（R0））
MOV   R1, A                   ; R1←（A）
MOV   B,  @R1                 ; B←（（R1））
MOV   @R1, P1                 ;（R1）←（P1）
MOV   P2, P1                  ; P2←（P1）
MOV   10H, #20H               ; 10H←20H
```

执行结果为：(R0) = 30H，(R1) = (A) = 40H，(B) = 10H，(40H) = (P1) = (P2) = CAH，(10H) = 20H。

3. 片外 RAM 数据传送指令（4 条）

在 51 单片机指令系统中，CPU 对片外扩展的数据存储器 RAM 或 I/O 口进行数据传送时，必须采用寄存器间接寻址的方法，通过累加器 A 来完成，且仅有四条指令，具体有两组：

（1）使用 DPTR 作间址寄存器的指令（2 条）：

MOVX　A，@DPTR　　　　; A ←((DPTR))，且使 $\overline{RD}$ = 0

MOVX　@DPTR，A　　　　;(DPTR) ←(A)，且使 $\overline{WR}$ = 0

由于 DPTR 是 16 位地址指针，以 DPTR 为片外数据存储器的地址指针，寻址范围达 64 KB。其功能是在 DPTR 所指定的片外数据存储器与累加器 A 之间传送数据。

例如：MOV　DPTR，#2000H

MOVX　A，@DPTR　　　　; A←将外部 RAM 2000H 单元中内容

（2）使用 Ri 作间址寄存器的指令（2 条）：

MOVX　A，@Ri　　　　; A ←((Ri))，且使 $\overline{RD}$ = 0

MOVX　@Ri，A　　　　;(Ri) ←(A)，且使 $\overline{WR}$ = 0

两条指令是用 R0 或 R1 作地址指针。由于 R0 和 R1 是 8 位地址指针，因此指令寻址范围只限于外部 RAM 的低 256 个单元。此时，P0 口上分时输出 Ri 指定的 8 位地址信息及传输 8 位数据（P2 口仍可用作通用 I/O 口），完成以 R0 或 R1 为地址指针的片外数据存储器与累加器 A 之间的数据传送。

例如：MOV　R0，#80H

MOVX　A，@R0

上述指令的功能是将外部 RAM 0080H 单元内容送入 A 中。

值得一提的是，51 系列单片机片外数据存储器的地址空间上有 I/O 接口，由于 51 单片机没有专门的输入/输出指令，则上述 4 条指令就是 51 单片机 I/O 口的输入/输出指令。它只能用这种方式与外部设备打交道。

例如：MOV　P1，#80H

又如：MOV　DPTR，#8000H

MOVX　A，@DPTR

上述指令的功能是将口地址为 8000H 的内容输入 A 中。

【例 3-2】设外部 RAM（0203H）= FFH，分析以下指令执行后的结果。

```
MOV    DPTR，#0203H      ; DPTR←0203H
MOVX   A，@DPTR          ; A←((DPTR))
MOV    30H，A            ; 30H←(A)
MOV    A，#0FH           ; A←0FH
MOVX   @DPTR，A          ; (DPTR)←(A)
```

执行结果为：(DPTR) = 0203H，(30H) = FFH，(0203H) = (A) = 0FH。

4. 程序存储器数据传送指令（2 条）

单片机中可将常数以表格形式放在程序存储器中。因此，在 51 单片机指令系统中，有 2 条极为有用的访问程序存储器的数据传送指令，又称查表指令。本组指令适合于内部、外部程序存储器。

```
MOVC   A , @A + DPTR            ; A← ((A) + (DPTR))
MOVC   A , @A + PC              ; A← ((A) + (PC))
```

指令功能为把程序存储器中存放的表格中数据读出，传送到累加器 A。因为对程序存储器只能读不能写，所以其数据传送都是单向的，即从程序存储器读出数据，并且只能向累加器 A 传送。

这两条指令都是一字节指令，采用变址寻址方式，前一条指令采用 DPTR 作基址寄存器，因此可以很方便地把一个 16 位地址送到 DPTR，实现在整个 64 KB 程序存储器单元到累加器 A 的数据传送。即数据表格可以存放在程序存储器 64 KB 地址范围的任何地方，称为远程查表，使用起来比较容易；后一条指令以 PC 作为基址寄存器，CPU 读取单字节指令"MOVC A, @A + PC"后，PC 的内容先自动加 1，指向下一条指令的第一个字节地址，即此时是用 PC 当前值为基址的。将新的 PC 内容与累加器 A 中的 8 位无符号数相加形成地址，取出该地址单元中的内容送入累加器 A 中。但只能查找指令所在地址以后 256 B 范围内的代码或常数，称为近程查表或本地查表。

【例 3-3】在程序存储器中，数据表格为：

1010H：02H

1011H：04H

1012H：06H

1013H：08H

执行程序：

```
1000H:    MOV   A,   #10H           ; A ←10H，查表的偏移量
1002H:    MOVC A,    @A + PC        ; A ←（10H + 1003H）
1003H:    MOV   R0, A               ; R0 ←（A）
```

执行结果为：（A）= 08H，（R0）= 08H，（PC）= 1004H。

【例 3-4】在 ROM 1000H 开始存有 5 个字节数，编程将第二个字节数取出送片内 RAM 30H 单元中。程序段如下：

```
MOV     DPTR, #1000H            ; 置 ROM 地址指针（基址）DPTR
MOV     A, #01H                 ; 表内序号送入 A（变址）
MOVC    A, @A + DPTR            ; 从 ROM 1001H 单元中取数送到 A;（A）= 67H
MOV     30H, A                  ; 再存入内 RAM 30H 中
ORG     1000H                   ; 伪指令，定义数表起始地址
TAB:  DB 55H, 67H, 9AH, …      ; 在 ROM 1000H 开始的空间中定义 5 个字节
```

【例 3-5】用查表方法把累加器中的十六进制数转换为 ASCII 码，并送回累加器中，其查表程序如下：

查表程序 1：2000H　　HBA：INC A

```
        2001H         MOVC   A，@A＋PC
        2002H         RET
```

数据表格为：

```
2003H    DB   30H              ；以下是十六进制数ASCII码表
2004H    DB   31H
2005H    DB   32H
         ⋮
200CH    DB   39H
200DH    DB   41H
200EH    DB   42H
200FH    DB   43H
2010H    DB   44H
2011H    DB   45H
```

由于数据表紧跟 MOVC 指令之后，因此以 PC 作为基址寄存器比较方便。假定 A 中的十六进制数为 00H，加 1 后为 01H，执行 MOVC 指令时，（PC）＝2002H，（A）＋（PC）＝2003H，从 2003H 单元取得数据送入 A 中，则（A）＝30H，此即为十六进制数 0 的 ASCII码值。查表之前 A 加 1 是因为 MOVC 指令与数据表之间有一个地址单元的间隔（RET 指令）。

当然，也可使用下面的查表程序实现同一个数据表中的查表操作，完成相同的功能。

查表程序 2：

```
1FFCH：MOV A，#00H
1FFEH：MOV DPTR，#2003H
2001H：MOVCA，@A＋DPTR
2002H：RET
```

同样，假定 A 中的十六进制数为 00H，执行第一条指令后，DPTR 的内容为 2003H，再取出 MOVC 指令后，（A）＋（DPTR）＝2003H，从 2003H 单元取得数据送 A，则（A）＝30H，此值即为十六进制数 0 的 ASCII 码值。

程序存储器数据传送指令使用说明：

（1）用 DPTR 查表时，表格可以放在 ROM 的 64 K 范围。可设置 DPTR 值为该表格的表首地址。

（2）由于累加器 A 中的内容为 8 位无符号数，这就使得“MOVC A，@A＋PC”指令查表范围只能在 256 个字节范围内（（PC）＋00H～（PC）＋FFH），使表格地址空间分配受到限制。同时，编程时还需要进行偏移量的计算，即计算 MOVC A，@A＋PC 指令所在地址与表格存放首地址间的距离字节数，并需要一条加法指令进行地址调整。偏移量计算公式为：

偏移量＝表首地址－PC 当前值＝表首地址－（MOVC 指令所在地址＋1）

5. 数据交换指令（5 条）

交换指令数据作双向传送，涉及传送的双方互为源地址、目的地址，指令执行后每方的操作数都修改为另一方的操作数。因此，两操作数均未冲掉、丢失。数据交换主要是在内部 RAM 单元与累加器 A 之间进行，有整字节和半字节两种情况。

1）整字节交换指令（3 条）：

```
XCH   A, Rn          ;(A) ←→ (Rn)
XCH   A, direct      ;(A) ←→ (direct)
XCH   A, @Ri         ;(A) ←→ ((Ri))
```

这组指令的功能是将累加器 A 中内容与源操作数所指定的内容相交换。源操作数有寄存器寻址、直接寻址和寄存器间接寻址。

2）半字节交换指令（2 条）：

```
XCHD  A, @Ri         ;(A) 3~0 ←→ ((Ri)) 3~0
SWAP  A              ;(A) 3~0 ←→ (A) 7~4
```

上面第 1 条指令的功能是将累加器 A 中内容的低 4 位与间址寄存器 Ri 所指定的内部 RAM 单元内容的低 4 位进行交换，而各自的高 4 位内容保持不变。第 2 条指令是把累加器 A 的低半字节与高半字节进行交换。

例如：已知（A）= 34H,（R6）= 29H

```
XCH   A, R6
SWAP  A
```

执行指令后：（A）= 92H。

6. 堆栈操作指令（2 条）

堆栈是在内部 RAM 开辟的一个数据的暂存空间，遵守“后进先出”原则操作。它可以用来暂时保存一些需要重新使用的数据或地址。使用堆栈可以在执行某些指令时自动完成；例如调用子程序时，把当前 PC 值保存于堆栈，以便返回时使用。也可以使用堆栈操作指令，将数据压入或弹出。堆栈操作有进栈和出栈，两条指令分别为：

1）进栈指令

```
PUSH  direct         ; SP ← (SP) + 1, (SP) ← (direct)
```

指令实现的功能：将 direct 单元中内容送入 SP 指示的栈顶单元。

2）出栈指令

```
POP   direct         ; direct ← ((SP)), SP ← (SP) -1
```

指令实现的功能：将 SP 指示的栈顶单元内容出栈，送入指令中的 direct 单元中。

堆栈操作永远是相对栈顶单元的操作，实际上是以堆栈指示器 SP 为间址寄存器的间接寻址方式，由 SP 指出栈顶的位置，通过 SP 进行的读写操作。

在 51 系列单片机中，可在片内 RAM 的低 128 单元内，设定一个区域作为堆栈（一般可设在 30H ~ 7FH 单元中）。用于保存或恢复现场时，进栈指令用于保存片内 RAM 的 256 个单元的内容；出栈指令用于恢复被保存的内容。

例如，已知（A）= 44H,（30H）= 55H，执行以下程序段。

```
MOV   SP, #5FH       ; 栈起点设置为 5FH
PUSH  ACC            ; A 中的 44H 入栈到 60H 中保存
PUSH  30H            ; 30H 中的 55H 入栈到 61H 中保存
POP   30H            ; 把 61H 中的 55H 出栈到 30H
```

```
POP    ACC                          ; 把 60H 中的 44H 出栈到 A 中
```

执行指令后：（SP）= 5FH，（A）= 44H，（30H）= 55H

上述程序段的功能是现场（A、30H 单元的内容）保护与恢复。

【例 3-6】若在外部程序存储器中 7010H 单元开始依次存放 0～9 的平方值，数据指针（DPTR）= 2000H，用查表指令取得 7013H 单元的数据后，要求保持 DPTR 中的内容不变。

完成上述功能的程序如下：

在程序存储器中，数据表格为：

7010H：00H

7011H：01H

7012H：04H

7013H：09H

执行程序：

```
1000H:   MOV   A, #13H              ;  A←13H
1002H:   PUSH  DPH                  ;  DPH  入栈     }保护DPTR
1004H:   PUSH  DPL                  ;  DPL  入栈     }
1006H:   MOV   DPTR, #7000H         ;  DPTR←7000H
1009H:   MOVC  A, @A + DPTR         ;  A←（13H + 7000H）
100AH    POP   DPL                  ;  DPL  出栈     }恢复DPTR，先进后出
100CH    POP   DPH                  ;  DPH  出栈     }
```

执行结果为：（A）= 09H，（PC）= 100EH，（DPTR）= 2000H。

由此可见，虽然在程序中改变了 DPTR 的内容，但利用 PUSH 和 POP 指令可对其进行保护和恢复。需要注意的是堆栈“先进后出”的原则，否则 DPL 与 DPH 弹出时互换。

【例 3-7】数据传送类指令综合运用举例。

（1）将片内 RAM 30H 单元与 40H 单元中的内容互换，方法如下：

方法 1（直接地址传送法）：

```
MOV   31H, 30H
MOV   30H, 40H
MOV   40H, 31H
SJMP  $
```

方法 2（字节交换传送法）：

```
MOV   A, 30H
XCH   A, 40H
MOV   30H, A
SJMP  $
```

方法 3（间接地址传送法）：

```
MOV   R0, #40H
MOV   R1, #30H
MOV   A, @R0
MOV   B, @R1
MOV   @R1, A
MOV   @R0, B
SJMP  $
```

方法 4（堆栈传送法）：

```
PUSH  30H
PUSH  40H
POP   30H
POP   40H
SJMP  $
```

（2）原（DPTR）= 507BH，（SP）= 62H，（30H）= 40H，（31H）= 50H，（32H）= 80H，则执行

```
PUSH  DPH
PUSH  DPL
PUSH  30H
PUSH  31H
PUSH  32H
POP   DPH          ;（DPH）= 80H
POP   DPL          ;（DPL）= 50H
POP   32H          ;（32H）= 40H
POP   31H          ;（31H）= 7BH
POP   30H          ;（30H）= 50H
```

执行结果：（SP）= 62H，（DPTR）= 8050H，（30H）= 50H，（31H）= 7BH，（32H）= 40H。

从本题看出：

（1）当 PUSH 指令与 POP 指令在程序段中个数相同时，SP 的值不变。

（2）DPTR、30H、31H、32H 的内容改变了，本段程序的功能是实现传送。

（3）要实现现场恢复功能，应遵循“先进后出”原则。

51 单片机指令系统的数据传送指令种类很多，这为程序中进行数据传送提供了方便。为了更好地使用数据传送指令，作如下几点说明：

（1）同样的数据传送，可以使用不同寻址方式的指令来实现。例如，把累加器 A 的内容送到内部 RAM 46H 单元，可由以下不同的指令完成：

```
① MOV   46H， A
② MOV   R0，  #46H
  MOV   @R0，A
③ MOV   46H，ACC
④ MOV   46H，E0H
⑤ PUSHACC
  POP    46H
```

在实际应用中选用哪种指令，可根据具体情况决定。

（2）有些指令看起来很相似，但实际上是两条不同的指令，例如：

```
MOV    46H，  A
MOV    46H，  ACC
```

这两条指令的功能都是把累加器的内容传送到内部 RAM 46H 单元。指令功能相同且外形相似，但实际上它们却是两条不同寻址方式的指令。前一条指令的源操作数是寄存器寻址方式，指令长度为 2 个字节；而后一条指令的源操作数则是直接寻址方式，指令长度为 3 个字节。

（3）数据传送类指令不影响程序状态字 PSW。

（4）有了交换指令，可使许多数据传送更为高效、快捷，且不会丢失信息。

3.2.3 算术运算类指令（共 24 条）

51 系列单片机算术运算类指令很丰富。包括加法、带进位加法、带借位减法、乘法、除法及加 1、减 1、十进制调整指令，主要完成加、减、乘、除四则运算，以及增量、减量和 BCD 码数值调整操作。由于算术/逻辑运算部件（ALU）仅执行无符号二进制整数的算术运算。因此参与运算的数据为 8 位无符号数。其中，加、减、乘、除这 4 种指令能对 8 位无符号数进行直接的运算，借助溢出标志 OV，可对带符号数进行补码运算；借助进位标志 CY，可以实现多精度的加、减运算，同时还可对压缩的 BCD 码进行运算。其运算功能较强。多字节数或有符号数的算术运算必须编程实现。算术运算指令用到的助记符共有 8 种：ADD、ADDC、INC、SUBB、DEC、DA、MUL、DIV。加减法指令类型如图 3-6 所示，该类指令的特点：

（1）在双操作数的加、带进位加和带借位减的操作里，累加器 A 的内容为第一操作数。

（2）加减法运算结果将影响进位标志 CY、半进位标志 AC、溢出标志 OV，乘除运算只影响 CY、OV。使用时应注意判断各种结果对哪些标志位产生影响。

（3）只有加 1 和减 1 指令不影响这三种标志。奇偶标志 P 要由累加器 A 的值来确定。

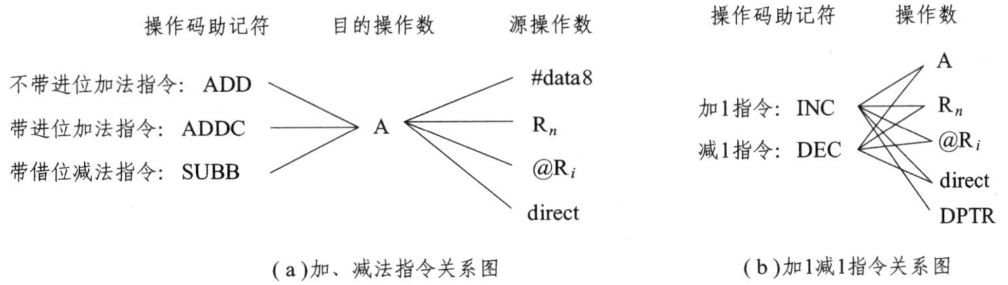

图 3-6　加、减法指令形式结构图

图 3-6 中的连线仅表示操作码、两个操作数的组合关系。从图中可以看出，不带进位加法、带进位加法、带借位减法指令的目的操作数都只能是累加器 A，并将操作后的中间结果存放在 A 中；源操作数可以是立即数或寄存器寻址、寄存器间接寻址、直接寻址方式所确定的片内 RAM 单元的数。加 1 或减 1 指令是单操作数指令，将操作数单元的内容加 1 或减 1 后，再送回原单元。

1. 加法指令（13 条）

加法指令可分为三种情况：普通加法运算指令、带进位加法运算指令和加 1 运算指令。

（1）普通加法指令（4 条）：

指令助记符为 ADD，4 条指令的目的操作数都是 A，源操作数有 4 种寻址方式。

```
ADD   A，Rn          ；A ←（A）+（Rn）
ADD   A，direct      ；A ←（A）+（direct）
ADD   A，@Ri         ；A ←（A）+（（Ri））
ADD   A，#data       ；A ← （A）+ data
```

这些指令是将工作寄存器、内部 RAM 单元内容或立即数的 8 位无符号二进制数和累加器 A 中的数相加，所得的“和”存放于累加器 A 中。当“和”的第 3 位或第 7 位有进位时，分别将 AC、CY 标志位置 1；否则为 0。另外，这组指令由于不考虑进位，常用于多个单字节数（数据长度只占 1 个字节）相加。

上述指令的执行将影响标志位 AC、CY、OV、P。当然，溢出标志位 OV 的状态，只有在符号数加法运算时才有意义。当两个符号数相加时，OV = 1，表示加法运算超出了累加器 A 所能表示的符号数有效范围（-128 ~ +127），即产生了溢出，因此运算结果是错误的，否则运算是正确的，即无溢出产生。

例如：设（A）= 0C3H，（R3）= 0AAH，　　（A）：　1100 0011

执行指令“ADD　A，R3”，所得和为 6DH。　　+）（R3）：　1010 1010

标志位 CY = 1，OV = 1，AC = 0。　　1　0110 1101

溢出标志 OV 在 CPU 内部根据“异或”门输出置位，OV = CY ⊕ CY′。（CY 是第 6 位向第 7 位进位）

（2）带进位加法指令（4 条）：

指令助记符为 ADDC，比 ADD 多了加 CY 位的值（之前指令留下的 CY 值）。

```
ADDC   A, Rn           ; A ←（A）+（Rn）+（CY）
ADDC   A, direct       ; A ←（A）+（direct）+（CY）
ADDC   A, @Ri          ; A ←（A）+（（Ri））+（CY）
ADDC   A, #data8       ; A ←（A）+ data +（CY）
```

这组指令共有 3 个数参加运算：即累加器 A 中内容，不同寻址方式的加数，以及进位标志位 CY 的状态。功能是同时把源操作数所指出的内容和进位标志位 CY 都加到累加器 A 中，结果存放在 A 中。其余的功能和上面 ADD 指令相同。当运算结果第 3、7 位产生进位或溢出时，分别置位 AC、CY 和 OV 标志位。由于进位标志位 CY 参与运算，常用于多个多字节数（数据长度至少占 2 个字节以上）的加法运算。

例如：设（A）= 0C3H，（R0）= 0AAH，（CY）= 1，执行指令“ADDC A，R0”得到的和 6EH 存于 A 中。则标志位 CY = 1，OV = 1，AC = 0。

```
      （A）：    1100 0011
+）  （CY）：    0000 0001
                 1100 0100
+）  （R0）：    1010 1010
                 0110 1110
```

又例如：设（A）= 0C3H，数据指针低位（DPL）= 0ABH，CY = 1，分析执行指令 ADDC A，DPL 后的结果。

结果为：（A）= 6FH，CY = 1，AC = 0，P = 0。

【例 3-8】两个双字节二进制数相加，被加数存放在内部 RAM 的 21H 和 20H 单元中，加数存放在 31H 和 30H 单元中，相加后结果存放在 21H 和 20H 单元。参考程序如下：

```
MOV    A, 20H        ; 被加数低字节送入 A
ADD    A, 30H        ; 两数低字节相加
MOV    20H, A        ; 结果放在 20H 单元中
MOV    A, 21H        ; 被加数高字节取值
```

```
ADDC  A, 31H        ; 两数高字节相加
MOV   21H, A        ; 结果存放在 21H 单元中
```

（3）加 1 指令（5 条）：

```
INC   A             ; A←（A）+1
INC   Rn            ; Rn←（Rn）+1
INC   direct        ; direct ←（direct）+1
INC   @Ri           ;（Ri）←（（Ri））+1
INC   DPTR          ; DPTR←（DPTR）+1
```

这组指令无论被加数如何，加数总是 1。功能是将操作数所指定的单元内容加 1，其操作不影响 PSW。若原单元内容为 FFH，加 1 后溢出为 00H，也不会影响 PSW 标志。

另外，“INC A”和“ADD A，#01H”这两条指令都将累加器 A 的内容加 1，但后者对标志位 CY 有影响。“INC　DPTR”指令在加 1 过程中低 8 位有进位，直接进上高 8 位而不置位进位标志 CY。加 1 指令常用于循环程序中地址增量控制。

例如：设 （R0）= 7EH，（7EH）= FFH，（7FH）= 38H，（DPTR）= 10FEH，分析逐条执行下列指令后各单元的内容。

```
INC   @R0           ; 使 7EH 单元内容由 FFH 变为 00H
INC   R0            ; 使 R0 的内容由 7EH 变为 7FH
INC   @R0           ; 使 7FH 单元内容由 38H 变为 39H
INC   DPTR          ; 使 DPL 为 FFH，DPH 不变
INC   DPTR          ; 使 DPL 为 00H，DPH 为 11H
INC   DPTR          ; 使 DPL 为 01H，DPH 不变
```

【例 3-9】在内部 RAM 31H、30H 中存储有双字节数（高位在 31H、低位在 30H 中），编程把该双字节数与 R2 中单字节数相加，和存在内部 RAM 40H 单元开始的空间中（低位在先）。

分析：具体算法如图 3-7 所示。

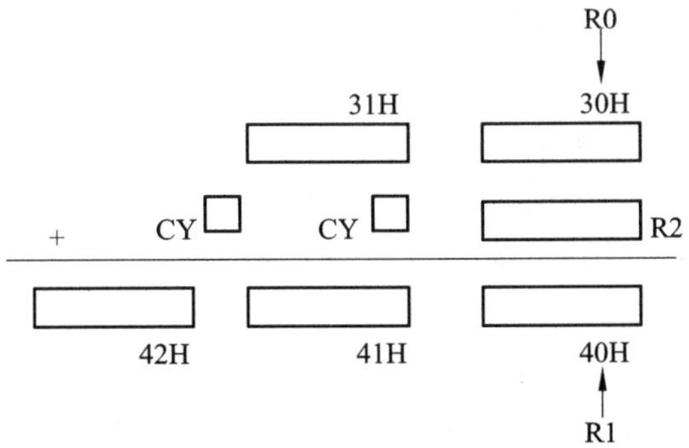

图 3-7　例 3-9 题相加算法

```
MOV   R0, #30H      ; 置被加数地址指针首址
MOV   R1, #40H      ; 置和地址指针首址
MOV   A, @R0        ; 取被加数低字节
ADD   A, R2         ; 低字节相加，并产生进位 CY
MOV   @R1, A        ; 存和的低字节
```

```
INC    R0          ；被加数地址指针增 1，指向 31H
INC    R1          ；和地址指针增 1，指向 41H
MOV    A，@R0      ；取被加数的高字节
ADDC   A，#00H     ；高字节与进位 CY 相加，产生新的进位
MOV    @R1，A      ；存和中间字节
INC    R1          ；和地址指针增 1，指向 42H
MOV    A，#00H
ADDC   A，#00H     ；把高位的进位 CY 转到 A 中
MOV    @R1，A      ；存和的高字节，和可能为三字节数
```

2. 减法指令（8 条）

指令助记符为 SUBB。指令的功能都是目的操作数 A 的内容减去源操作数的内容，再减去上次的 CY 值，然后把差存入 A 中，同时产生新的 AC、CY、OV、P 位的值。

减法指令可分为两种情况：带借位减法运算指令和减 1 运算指令。

（1）带借位减法指令（4 条）：

```
SUBB   A，Rn        ；A←（A）-（Rn）-（CY）
SUBB   A，direct    ；A←（A）-（direct）-（CY）
SUBB   A，@Ri       ；A←（A）-（（Ri））-（CY）
SUBB   A，#data8    ；A←（A）-data-（CY）
```

这组指令被减数在累加器 A 中，源操作数（减数）可以是寄存器寻址、直接寻址、寄存器间接寻址、立即寻址。

在多字节减法运算中，低字节差有时会向高字节产生借位（CY 置 1），所以在高字节运算时，就要用带借位减法指令。由于 51 单片机指令系统中没有不带借位的减法指令，如需要的话，可以在“SUBB”指令前，用“CLR C”指令将 CY 清 0。这一点必须注意。

此外还要注意：

① 两个数相减时，如果位 7 有借位，则 CY 置 1；否则清 0。

② 若位 3 有借位，则 AC 置 1；否则清 0。

③ 在带借位减法运算中，若两个带符号数相减，还要考查 OV 标志，若 OV 为 1，表示结果溢出有效范围（-128～127），即破坏了正确结论的符号位。否则，若 OV 为 0，无溢出，运算结果是正确的。即无溢出产生。

例如：设累加器 A 内容为 0C9H，寄存器 R2 内容为 54H，进位标志 CY = 1。执行指令“SUBB A，R2”的结果为：（A） = 74H，标志位 CY = 0，AC = 0，OV = 1。

若 0C9H 和 54H 为无符号数，则结果正确；若为有符号数，则有溢出，结果是错误的。

如果在进行单字节或多字节减法前，不知道进位标志位 CY 的值，则应在减法指令前先将 CY 清 0。

```
      （A）：    1100 1001
  –）（CY）：    0000 0001
  ------------------------
                1100 1000
```

```
 -）（R2）:      0101 0100
               0111 0100
```

（2）减 1 指令（4 条）:

```
DEC  A            ; A←（A）-1
DEC  Rn           ; Rn←（Rn）-1
DEC  direct       ; direct←（direct）-1
DEC  @Ri          ;（Ri）←（（Ri））-1
```

这组指令的功能是将操作数所指的单元内容减 1，其操作不影响标志位 CY。若原单元内容为 00H，减 1 后为 FFH，也不会影响标志位。其他情况与加 1 指令相同。另外，指令系统中，只有数据指针 DPTR 加 1 指令，而没有 DPTR 减 1 指令，可用指令"DEC　DPL"实现。常用于循环程序中地址减量控制。

例如：（A）= 0FH，（R7）= 19H，（30H）= 00H，（R1）= 40H，（40H）= 0FFH，执行下列指令后的结果是：

```
DEC  A            ;（A）= 0EH
DEC  R7           ;（R7）= 18H
DEC  30H          ;（30H）= 0FFH
DEC  @R1          ;（R1）= 40H，（40H）= 0FEH
```

3. 乘除指令

乘、除指令各一条，它们都是一字节指令。乘、除指令是整个指令系统中执行时间最长的指令，各需要 4 个机器周期，对于 12 MHz 晶振的单片机，一次乘、除时间约为 4 μs。

（1）乘法指令（1 条）:

```
MUL  AB   ;（B）（A）←（A）×（B）
```

这条指令的功能是：

① 把累加器 A 和寄存器 B 中的两个无符号 8 位二进制数相乘，所得 16 位乘积的低 8 位放在 A 中，高 8 位放在 B 中。

② 乘法运算影响 PSW 的状态，包括进位标志位 CY 总是清 0，溢出标志位状态与乘积有关，若乘积小于 0FFH（即 B 的内容为 0），则 OV 清 0，否则 OV 被置 1。

【例 3-10】（A）= 50H，（B）= 0A0H，执行指令 MUL AB。

```
       5 0 H
 ×     A 0 H
 -----------
       0 0
 + 3 2 0
 -----------
   3 2 0 0 H
```

执行结果：（B）= 32H，（A）= 00H，OV = 1，CY = 0。

（2）除法指令（1 条）:

```
DIV  AB      ; [A（商），B（余数）]←（A）÷（B）
```

这条指令的功能是：

① 把两个 8 位无符号二进制数相除。除法运算前，被除数存放于累加器 A 中，除数存放于寄存器 B 中，指令执行后，商存放在 A 中，余数存放于 B 中。CY 和 OV 均被清 0。

② 除法运算影响 PSW 的状态，包括进位标志位 CY 总是被清 0，而溢出标志位 OV 状态则反映除数情况，当除数为 0（B = 00H）时，表明除法没有意义，无法进行，用 OV = 1 表示，而 CY 仍为 0。其他情况 OV 都被清 0。

【例 3-11】（A）= 0FBH，（B）= 12H，执行指令：DIV AB

过程分析：

```
          0DH
    12H ) FBH
    -)    EAH
    -----------
          11H
```

执行结果：（A）= 0DH，（B）= 11H，（OV）= 0，（CY）= 0。

4. 十进制调整指令

十进制调整指令是一条专用指令，其指令格式为：

DA　A

这条指令紧跟在 ADD 或 ADDC 指令后面，对累加器 A 中的内容进行修正，即实现对 BCD 码十进制数加法运算的结果进行修正。下面具体分析：

（1）十进制调整问题。

例如：进行 BCD 码加法运算 59 + 68 = 127。

	0101	1001	59	
+	0110	1000	68	AC = 1，高位大于 9
	1100	0001	C1	加法运算结果为 C1H，不是 BCD 码
+	0110	0110	66	加 66H 进行压缩 BCD 调整
1	0010	0111	127	结果 127 是正确的十进制数（BCD 码）

前面讲过的 ADD 和 ADDC 指令都是二进制数加法指令，只能实现 8 位二进制数的加法运算，对二进制数的加法运算都能得到正确的结果。但对于十进制数（BCD 码）的加法运算，由于指令系统中并没有专门的指令，只能借助于二进制加法 ADD、ADDC 指令，然而二进制数的加法运算原则不能完全适用于十进制数的加法运算。因为运算时，被运算的数据属于什么类型，CPU 并不了解，在运算时一律视之为二进制数。如果所运算的数据不是二进制数而是 BCD 码，结果可能是正确的二进制数，而不是正确的 BCD 码数据。即以二进制加法指令来进行 BCD 码的加法运算，有时会产生错误结果。又例如：

```
① 6 + 3 = 9        ② 8 + 7 = 15        ③ 8 + 9 = 17
    0110               1000                1000
  + 0011             + 0111              + 1001
  ------             ------              ------
    1001               1111               10001
```

其中：① 运算结果是正确的，因为 9 的 BCD 码就是 1001。

② 运算结果是不正确的，因为十进制数的 BCD 码中没有 1111 这个编码。

③ 运算结果也是错误的，因为（8 + 9）的正确结果是 17，而运算所得到的结果却是 11。

这种情况表明，二进制数加法指令不能完全适用于 BCD 码十进制数的加法运算，因此在使用 ADD 和 ADDC 指令对十进制数进行加法运算之后，要对结果作有条件的修正。这就是所谓的十进制调整问题。

（2）出错原因及调整方法。

出错的原因在于 BCD 码是 4 位二进制编码，4 位二进制数共有 16 个编码，但 BCD 码只用了其中的 10 个，剩下 6 个没用。通常把这 6 个没用的编码（1010、1011、1100、1101、1110 和 1111）称之为无效码。

在 BCD 码的加法运算中，凡是结果进入或者跳过无效编码区时，其结果就是错误的。因此一位 BCD 码加法运算出错情况有以下两种：

① 相加结果大于 9，说明已进入无效编码区。

② 相加结果有进位，说明已跳过无效编码区。

但不管是哪一种出错情况，都是相加结果比正确值小 6。这是因为出错是由 6 个无效编码所造成的。

为此，对 BCD 码加法运算只要结果出现上述两种情况之一时，就必须进行调整，才能得到正确的结果。调整的方法是把结果加 6，以便把因 6 个无效码所造成的"损失"补回来。这就是所谓的加 6 调整或加 6 修正。

综合上述情况，十进制调整的修正方法应是：

① 累加器 A 低 4 位大于 9 或辅助进位标志位 AC = 1，则 A←（A）+ 06H 修正。

② 累加器 A 高 4 位大于 9 或进位标志位 CY = 1，则 A←（A）+ 60H 修正。

③ 累加器 A 高 4 位大于 9 或 CY = 1 且低 4 位大于 9 或 AC = 1，则 A←（A）+ 66H 修正。

以上所讲的是十进制调整的原理和方法，具体操作是通过逻辑电路实现的，这里不再介绍。例如：（A）= 56H，（R5）= 67H，执行指令：

```
ADD   A，R5
DA    A
```

结果为：（A）= 23H，CY = 1。

（3）关于 DA A 指令的使用注意事项：

① DA A 指令只能跟在加法指令 ADD、ADDC 后面使用，只能对加法结果修正。

② 调整前参与运算的两数是 BCD 码数。

③ DA A 指令不能与减法指令配合使用，但可以实现对 A 中压缩 BCD 数减 1 操作。例如：设（A）= 30H（压缩 BCD 码数），执行如下指令：

```
ADD   A，#99H          ；实现了 30-1 = 29 的操作
DA A                   ；调整
```

3.2.4　逻辑运算类指令（24 条）

逻辑运算指令有"与"、"或"、"异或"、累加器 A 清零和求反等 20 条，移位指令有 4 条。逻辑运算指令用到的助记符有 9 种：ANL、ORL、XRL、CLR、CPL、RL、RLC、RR、RRC。具体指令形式如图 3-8 所示。

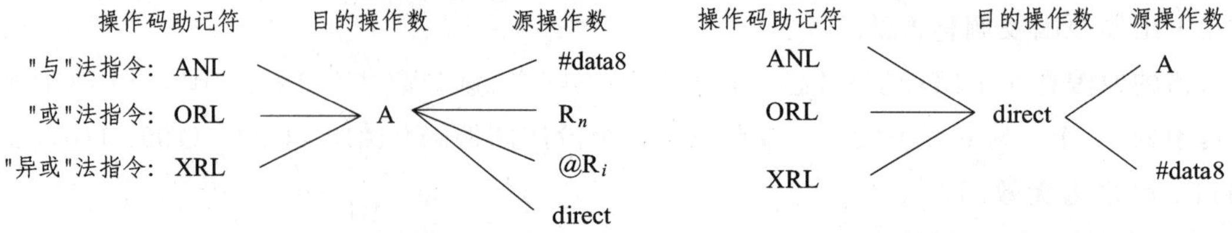

（a）与加、减法指令寻址方式相同的逻辑指令　　（b）与加、减法指令寻址方式不同的逻辑指令

图 3-8　逻辑指令形式结构图

从图 3-8 中可看出，逻辑操作指令的目的操作数可以是累加器 A 或直接寻址。累加器 A 作目的操作数时，操作数的寻址方式与加、减运算指令完全相同；直接寻址作目的操作数时，源操作数只能是累加器 A 或立即数。累加器 A 清零和取反、移位指令都是针对累加器 A 进行操作的单操作数指令。这类指令的特点是：

（1）当 A 作第一操作数（目的操作数）时，影响 P 位；只有带进位的移位指令影响 CY 位，其余都不影响 PSW。

（2）逻辑运算都是按位进行的。

1. 逻辑与运算指令组（6 条）

逻辑与运算用符号∧表示。6 条指令如下：

```
ANL   A，Rn              ；A ←（A）∧（Rn）
ANL   A，direct          ；A ←（A）∧（direct）
ANL   A，@Ri             ；A ←（A）∧（(Ri)）
ANL   A，#data8          ；A ←（A）∧ data8
ANL   direct，A          ；direct ←（direct）∧（A）
ANL   direct，#data8     ；direct ←（direct）∧ data8
```

这组指令中前四条指令是将累加器 A 的内容和源操作数所指的内容按位进行逻辑“与”，结果存放在 A 中。后两条指令是将直接地址单元中的内容和源操作数所指的内容按位进行逻辑“与”，结果存入直接地址单元中。

逻辑“与”指令常用于屏蔽（清 0）字节中的某些位。若清除某位，则用“0”和该位相与；若保留某位，则用“1”和该位相与。

例如：（P1）= C5H = 11000101B，屏蔽 P1 口高 4 位而保留低 4 位。

执行指令：ANL　P1，#0FH

结果为：（P1）= 05H = 00000101B

2. 逻辑或运算指令组（6 条）

逻辑或运算用符号∨表示，6 条指令如下：

```
ORL   A，     Rn         ；A ←（A）∨（Rn）
ORL   A，     direct     ；A ←（A）∨（direct）
ORL   A，     @Ri        ；A ←（A）∨（(Ri)）
```

```
ORL  A,       #data8    ; A ←（A）∨ data8
ORL  direct,  A         ; direct ←（direct）∨（A）
ORL  direct,  #data8    ; direct ←（direct）∨ data8
```

这组指令的功能是将两个指定的操作数按位进行逻辑“或”。前四条指令的操作结果存放在累加器 A 中，后两条指令的操作结果存放在直接地址单元中。

逻辑“或”指令常用来使字节中某些位置“1”，其他位保持不变。欲置位的位用“1”与该位相或，保留不变的位用“0”与该位相或。也可用来实现拼接两数。

例如：若（A）= C0H，（R0）= 3FH，（3FH）= 0FH

执行指令：ORL　A，@R0

结果为：（A）= CFH = 11001111B。

【例 3-13】将累加器 A 的低 4 位传送到 P1 口的低 4 位，但 P1 口的高 4 位需保持不变。则可由以下程序段实现：

分析：假设 A 的内容为 25H，即 00100101B，P1 口的内容为 43H，即 01000011B，则运算的结果应该是：A 的内容仍为 00100101B，即 25H；P1 口的内容变为 01000101B，即 45H。

```
QQQ: MOV  R0, A       ; A 内容暂存 R0
     ANL  A,  #0FH    ; 屏蔽 A 的高 4 位（低 4 位不变）
     ANL  P1, #0F0H   ; 屏蔽 P1 口的低 4 位（高 4 位不变）
     ORL  P1, A       ; 实现低 4 位传送（完成两数拼接）
     MOV  A,  R0      ; 恢复 A 的内容
```

3. 逻辑异或运算指令组（6 条）

逻辑异或运算的符号是“⊕”，其运算规则为：

$0 \oplus 0 = 0$，$1 \oplus 1 = 0$，$0 \oplus 1 = 1$，$1 \oplus 0 = 1$

6 条异或运算指令为：

```
XRL  A, Rn          ; A ←（A）⊕（Rn）
XRL  A, direct      ; A ←（A）⊕（direct）
XRL  A, @Ri         ; A ←（A）⊕（(Ri)）
XRL  A, #data       ; A ←（A）⊕ data
XRL  direct, A      ; direct ←（direct）⊕（A）
XRL  direct, #data  ; direct ←（direct）⊕ data
```

这组指令的功能是，将两个指定的操作数按位进行“异或”。前四条指令的结果存放在累加器 A 中，后两条指令的操作结果存放在直接地址单元中。

逻辑“异或”指令常用来使字节中某些位进行取反操作，其他位保持不变。某位用“0”异或不变；用“1”异或该位取反。也称为“指定位取反”。还可利用异或指令对某单元自身异或，以实现清零操作。

例如：使 P1 口的低 2 位为 0，高 2 位取反，其余位不变。

```
ANL  P1, #11111100   ; 先对低 2 位清 0
XRL  P1, #11000000   ; 再对高 2 位取反
```

例如：若（A）= B5H = 10110101B，执行下列操作：

XRL　A，#0F0H　　　；A 的高 4 位取反，低 4 位保留，（A）= 01000101B = 45H

MOV　30H，A　　　；（30H）= 45H

XRL　A，30H　　　；自身异或使 A 清零

逻辑运算指令使用小结。在程序设计中，逻辑操作实现的功能：

（1）在实际运用中，当需要只改变字节数据的某几位，而其余位不变时，不能使用直接传送数据的方法，只能通过逻辑运算完成。

（2）ANL 指令实现对一个数据某些位清 0（屏蔽）。

如：ANL　A，#0FH

（3）ORL 指令实现对一个数据某些位置 1。

如：ORL　A，#02H

（4）XRL 指令使某些寄存器清 0 或单元内容的某些位取反。

如：XRL　A，#88H

4. 累加器清 0 取反指令组（2 条）

累加器清 0 指令一条：

CLR　A　　　；A←0

将数据 00H 送入累加器 A，只影响标志位 P。

累加器按位取反指令一条：

CPL　A　　　；A ←（$\overline{A}$）

对累加器 A 内容按位取反，累加器按位取反实际上就是逻辑非运算。该指令不影响标志位。

5. 移位指令组（4 条）

51 单片机的移位指令只能对累加器 A 进行移位操作，共有不带进位的循环左右移和带进位的循环左、右移指令 4 条。移位指令操作示意如图 3-9 所示。

循环左移　RL　A　　　；A_{n+1}←A_n，A0←A7

循环右移　RR　A　　　；A_n←A_{n+1}，A7←A0

带进位循环左移　RLC　A　　　；A_{n+1}←A_n，CY←A7，A0←CY

带进位循环右移　RRC　A　　　；A_n←A_{n+1}，A7←CY，CY←A0

前两条指令的功能分别是将累加器 A 的内容循环左移或右移一位；后两条指令的功能分别是将累加器 A 的内容连同进位位 CY 一起循环左移或右移一位。

例如：设（A）= 5AH = 90 且 CY = 0，则：

执行指令 RL　A 后，　（A）= B4H = 180

执行指令 RR　A 后，　（A）= 2DH = 45

执行指令 RLC　A 后，　（A）= B4H = 180

执行指令 RRC　A 后，　（A）= 2DH = 45

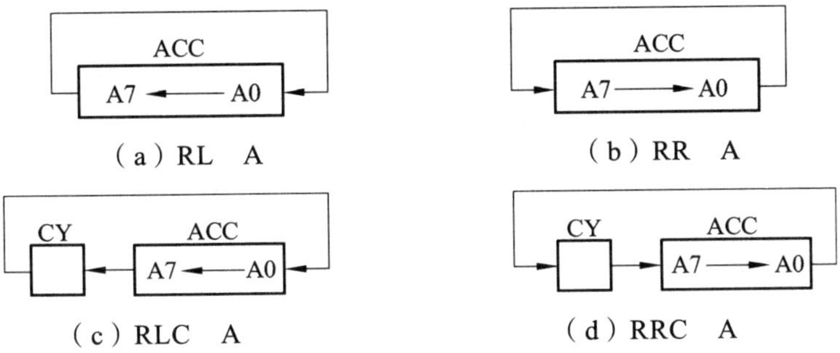

图 3-9　移位指令示意图

【例 3-14】将双字节数（R2）(R3) 右移一位，程序如下：

```
CLR     C               ; CY 清 0
MOV     A， R2
RRC     A               ; 先右移高字节
MOV     R2， A
MOV     A， R3
RRC     A               ; 再右移低字节
MOV     R3， A
```

用移位指令还可以实现算术运算，左移一位相当于原内容乘以 2，我们通常用“RLC　A”指令，实现累加器 A 的内容乘 2 的运算。右移一位相当于原内容除以 2，通常用“RRC　A”指令实现累加器 A 的内容除 2 运算，前提条件 CY = 0。但这种运算关系只对某些数成立。

例如：无符号 8 位二进制数（A） = 10111101B = BDH，CY = 0，将（A）乘 2 运算。

执行指令“RLC　A”的结果为（A） = 01111010B = 7AH，CY = 1。17AH 正是 BDH 的 2 倍。

【例 3-15】执行以下程序段后，实现的功能是把 data 单元的内容乘以 10。

```
MOV     R0， #data
MOV     A， @R0
CLR     C
RLC     A               ; (A) ×2
MOV     R1， A
CLR     C
RLC     A               ; (A) ×4
CLR     C
RLC     A               ; (A) ×8
ADD     A， R1          ; (A) ×10
MOV     @R0， A
```

3.2.5　控制转移类指令（共 17 条）

计算机运行过程中，有时因为操作的需要，程序不能按顺序逐条执行指令，所以计算机执行这类指令时，只能控制程序转移到新的地址上去执行。51 系列单片机有丰富的转移类指令，包括无条件转移指令、条件转移指令、调用指令及返回指令等，能很方便地实现程序向前、向后转移，并根据条件实现分支运行、循环运行及调用子程序等。

因此，控制程序转移类指令主要功能：找一个新的值送给 PC，从而改变程序执行方向，就是说控制程序转移到新的 PC 地址去执行。由于程序的顺序执行是由 PC 自动加 1 实现的。要改变程序的执行顺序，实现分支转向，应通过强迫改变 PC 值的方法来实现。共有两类转移：无条件转移和有条件转移。用到的助记符共有 10 种：LJMP、AJMP、SJMP、JMP、ACALL、LCALL、JZ、JNZ、CJNE、DJNZ。

1. 无条件转移指令（4 条）

不规定条件的程序转移称之为无条件转移。

（1）长转移指令（1 条）：

LJMP　addr16　　; PC ← addr16

这是一条三字节指令，LJMP 指令执行后，程序无条件地转向指令中给定的 16 位目标地址（addr16）处执行，不影响标志位。由于指令中提供 16 位目标地址，因此，执行这条指令可以使程序从当前地址转移到 64 KB 程序存储器地址空间的任意地址，转移范围大，故得名为“长转移”。该指令的缺点是执行时间长，字节多。

（2）绝对转移指令（1 条）：

AJMP　addr11　　; PC←（PC）+ 2，PC10 ~ 0←addr11，（PC15 ~ 11）不变

这是一条二字节指令，其指令格式为：

a10	a9	a8	0	0	0	0	1
a7	a6	a5	a4	a3	a2	a1	a0

指令提供的 11 位地址中，a0 ~ a7 在第 2 字节中，a8 ~ a10 则占据第 1 字节的高 3 位，而指令操作码 00001 只占第 1 字节的低 5 位。AJMP 指令的功能是构造程序转移的目的地址，实现程序转移。其构造方法是：以指令提供的 11 位地址去替换 PC 当前值的低 11 位内容，形成新的 PC 值，即程序的转移目的地址。因此 AJMP 指令的操作过程可表示为：

先 PC←（PC）+ 2；再 PC0 ~ 10←addr11

但要注意，被替换的 PC 值是本条指令地址加 2 以后的 PC 值，即指向下一条指令的 PC 值。因此，程序可转移的位置只能是和 PC 当前值在同一 2 KB 范围的空间内。指令执行后不影响状态标志位。

例如：程序中 2070H 地址单元有转移指令：

2070H　AJMP　16AH

形成方法：

① PC←（PC）+ 2 = 2070H + 2 = 2072H

② 程序转移的目的地址 = 00100　00101101010B = 216AH

程序计数器 PC 加 2 后的内容为 2072H，以 11 位绝对转移地址替换 PC 的低 11 位内容，最后形成的目的地址为 0010000101101010B（216AH）。addr11 是地址，因此是无符号数，其最小值为 000H，最大值为 7FFH，因此绝对转移指令所能转移的最大范围是 2 KB。对于“2070H AJMP 16AH”指令，其转移范围是 2000H ~ 27FFH。

（3）相对转移指令（1 条）：

SJMP rel

SJMP 指令的操作数是相对偏移量。该指令是一条二字节指令，其功能是计算目的地址，并按计算得到的目的地址实现程序的相对转移。程序转移目的地址的计算公式为：

目的地址＝PC 当前值＋rel 真值＝（PC）＋2＋rel 真值

值得一提的是，其中 rel 是一个带符号的偏移量（补码），其范围为 - 128 ~ + 127。因此所能实现的程序转移是双向的。负数表示反向转移 128 个字节，正数表示正向转移 127 个字节。执行时先将 PC 内容加 2，再加相对地址 rel，就得到了转移目标地址。转移范围笼统地说是 256，因此也称为短转移。

相对转移的使用可从以下两方面进行讨论：

① 根据 rel 计算转移的目的地址。

这种情况经常在读目标程序时遇到，是解决往哪儿转移的问题。

例如： 705AH SJMP 35H

源地址为 705AH，re1 = 35H 是正数，因此程序向前（正向）转移。目的地址 = 705AH + 02H + 35H = 7091H。即执行完本指令后，程序正向转到 7091H 地址去执行。

例如：在 705AH 地址上的 SJMP 指令是：

705AH SJMP 0E7H

re1 = 0E7H，是负数 19H 的补码，因此程序向后（反向）转移，目的地址 = 705AH + 02H - 19H = 7043H。即执行完本指令之后，程序反向转到 7043H 地址去执行。

② 根据目的地址计算偏移量。

这是编程时必须解决的问题，也是一项比较麻烦的工作。假定把 SJMP 指令所在地址叫源地址，转移地址叫目的地址，并以（目的地址一源地址）作为地址差。则对于二字节的 SJMP 指令，re1 的计算公式为：

向前转移：（正向转移）

rel = 目的地址 - （源地址 + 2） = 地址差 - 2

向后转移：（反向转移）

rel = （目的地址 - （源地址 + 2））补 = FFH - （源地址 + 2 - 目的地址） + 1 = FEH - |地址差|

上述公式对于其他二字节的相对转移指令也是适用的，而对于三字节相对转移指令只需把“2”改成“3”就可以了。

这条指令的执行不影响标志位。它的突出优点是，指令中只给出了相对转移地址，不具体指出地址。这样当程序修改时，只要相对地址不发生变化，该指令就不需要做任何改动。而对于 LJMP、AJMP 指令，由于指令中直接给出转移地址，在程序修改时就可能需要修改该地址，因此 SJMP 指令在子程序中应用较多。

此外，在汇编语言程序中，为等待中断或程序结束，常有使程序“原地踏步”的需要，这可通过 SJMP 指令完成：

HERE：SJMP HERE 或 SJMP $

则程序就不会再向后执行，造成单指令的无限循环，进入等待状态。指令机器码为 80FEH。在汇编语言中，以“$”代表 PC 的当前值。

注释：为方便起见，在汇编程序中都有计算偏移量的功能。

（a）用户编写汇编源程序时，只需在相对转移指令中直接写上要转向的地址标号就可以了。程序汇编时由汇编程序自动计算和填入偏移量。但手工汇编时，偏移量的值则需程序设计人员自己计算。

（b）正数的真值就是该数本身。

（c）负数真值 = 负数的补码 − 100H。

（4）间接转移指令（1 条）：

```
JMP   @A + DPTR                  ; PC←（A）+（DPTR）
```

这是一条一字节转移指令，转移目的地址由 A 的内容和 DPTR 内容之和来确定。即是以数据指针 DPTR 的内容为基址，以累加器 A 的内容为相对偏移量，在 64 KB 范围内无条件转移。因此只要把 DPTR 的值固定，而 A 赋予不同的值，即可实现程序的多分支转移，具有散转功能（又称散转指令）。

该指令的特点是转移地址可以在程序运行中加以改变。例如，当 DPTR 为确定值，根据 A 的不同值就可以实现多分支的转移。该指令在执行后不会改变 DPTR 及 A 中原来的内容。键盘译码程序就是本指令的一个典型应用。

【例 3-16】根据累加器 A 中命令键的键值，设计命令键操作程序入口跳转表的程序如下：

```
        CLR    C                ; 清进位
        RLC    A                ; 键值乘 2
        MOV    DPTR，#JPTAB     ; 指向命令键跳转表首址
        JMP    @A + DPTR        ; 散转到命令键入口
JPTAB： AJMP   CCS0             ; 双字节指令
        AJMP   CCS1
        AJMP   CCS2
```

以上程序可以根据 A 的内容进行多分支操作，从程序中看出，当（A）= 00H 时，散转到 CCS0；当（A）= 01H，散转到 CCS1……由于 AJMP 是双字节指令，散转前 A 中键值应先乘 2。

2. 条件转移指令（8 条）

所谓条件转移就是程序转移是有条件的。转移的条件可以是上一条指令或更前一条指令的执行结果（常常体现在标志位上），也可以是条件转移指令本身包含的某种运算结果。

执行条件转移指令时，如指令中规定的条件满足，则程序转向指定的目的地址（目的地址是以下一条指令的起始地址为中心的 − 128 ~ + 127，共 256 个字节范围）去执行，否则程序顺序执行。该类指令共有 8 条，可以分为累加器判断零条件转移指令、比较条件转移指令和减 1 条件转移指令三类。此类指令均为相对寻址指令。

（1）累加器判断零转移指令（2 条）：

```
JZ    rel       ; 若（A）= 0，则转移：PC ←（PC）+ 2 + rel
                ; 若（A）≠0，则顺序：PC ←（PC）+ 2
JNZ   rel       ; 若（A）≠0，则转移：PC ←（PC）+ 2 + rel
                ; 若（A）= 0，则顺序：PC ←（PC）+ 2
```

以上 2 条指令均为二字节指令。JZ 和 JNZ 指令分别实现对累加器 A 的内容全为零和不全为零时进行检测并转移，是由指令以前的其他指令执行的结果决定的，当不满足各自的条件时，程序继续往下执行。当各自的条件满足时（相当于一条相对转移指令），则程序转向指定的目标地址。其目标地址是以下一条指令第一个字节的地址为基础，加上指令的第二个字节中的相对偏移量。

执行这条指令不改变累加器 A 的内容，不作任何运算，也不影响标志位。指令中以 rel 为偏移量，构造目的地址方法同 SJMP　rel 指令。

【例 3-17】将片外 RAM 首地址为 DATA1 的一个数据块转送到片内 RAM 首地址为 DATA2 的存储区中，若数据为 0 结束。

分析：外部 RAM 向内部 RAM 传送数据时一定要经过累加器 A，利用判断零条件转移正好可以判别是否要继续传送或者终止。完成数据传送的参考程序如下：

```
        MOV   DPTR， #DATA1      ； DPTR 作为外部数据块的地址指针
        MOV   R1，   #DATA2      ； R1 作为内部数据块的地址指针
LOOP：  MOVX  A，    @DPTR       ； 取外部 RAM 数据送入 A
HERE：  JZ    HERE               ； 数据为零则终止传送
        MOV   @R1， A            ； 数据传送至内部 RAM 单元
        INC   DPTR               ； 修改指针，指向下一数据地址
        INC   R1
        SJMP  LOOP               ； 循环取数
```

（2）数值比较转移指令（4 条）：

```
CJNE  A，#data8，   rel      ； 累加器内容与立即数比较，不等则转移
CJNE  A，direct，   rel      ； 累加器内容与 direct 的内容比较，不等则转移
CJNE  Rn，#data8，  rel      ； 寄存器内容与立即数比较，不等则转移
CJNE  @Ri，#data8， rel      ； 内部 RAM 单元内容与立即数比较，不等则转移
```

数值比较转移指令都是三字节指令，是通过把两个操作数进行比较（参与比较的数为无符号数），以比较结果作为条件来控制程序转移。具体说是对指定的目的字节和源字节进行比较，若它们的值不相等，则转移。转移的目标地址为指令所在的 PC 值加 3 后，再加指令的第三字节偏移量（rel）。本指令执行后不影响任何操作数。

数值比较转移指令是 51 单片机指令系统中仅有的 4 条三个操作数的指令，在程序设计中非常有用。这 4 条指令的功能可从程序转移和数值比较两个方面来分析：

① 程序转移。

为简单起见，把指令中的两个比较数据分别称之为左操作数（目的操作数）和右操作数（源操作数），则指令的转移可按以下 3 种情况说明：

（a）若左操作数 = 右操作数，则：

程序顺序执行　　$PC \leftarrow (PC) + 3$　　进位标志位清“0”　$CY \leftarrow 0$

（b）若左操作数 > 右操作数，则：

程序转移　　$PC \leftarrow (PC) + 3 + rel$　　进位标志位清“0”　$CY \leftarrow 0$

（c）若左操作数 < 右操作数，则：

程序转移　　$PC \leftarrow (PC) + 3 + rel$　　进位标志位置“1”　$CY \leftarrow 1$

② 数值比较。

在 51 单片机中没有专门的数值比较指令，两个数的数值比较可利用这 4 条指令来实现，数值比较可在程序转移的基础上进行，即按指令执行后 CY 的状态来判断数值大小。

程序顺序执行，则左操作数 = 右操作数

程序转移且（CY）←0，则左操作数 > 右操作数

程序转移且（CY）←1，则左操作数 < 右操作数

比较一次是做一次减法运算，但其差值不保存，两个操作数的内容不改变，而标志位要受到影响。利用标志位 CY 作进一步的判断，可实现三分支转移。

【例 3-18】有温度控制系统，采集的温度值（Ta）放在累加器 A 中，此外，在内部 RAM 的 54H 单元存放温度的下限值（T54），在 55H 单元存放温度上限值（T55）。若 Ta > T55，程序转向 JW（降温处理程序）；若 Ta < T54，则程序转向 SW（升温处理程序）；若 T55≥Ta≥T54，则程序转向 FH（返回主程序）。有关流程图如图 3-10 所示。

参考程序如下：

```
QQQ:     NOP
         CJNE   A，55H，LOOP1      ；Ta ≠ T55，转向LOOP1
         AJMP   FH                 ；Ta = T55，返回
LOOP1:   JNC    JW                 ；若（CY）= 0，表明Ta > T55，转降温处理程序
         CJNE   A，54H，LOOP2      ；Ta ≠T54，转向LOOP2
         AJMP   FH                 ；Ta = T54，返回
LOOP2:   JC     SW                 ；若（CY）= 1，表明Ta < T54，转升温处理程序
         FH:    RET                ；T55≥ Ta ≥T54，返回主程序
```

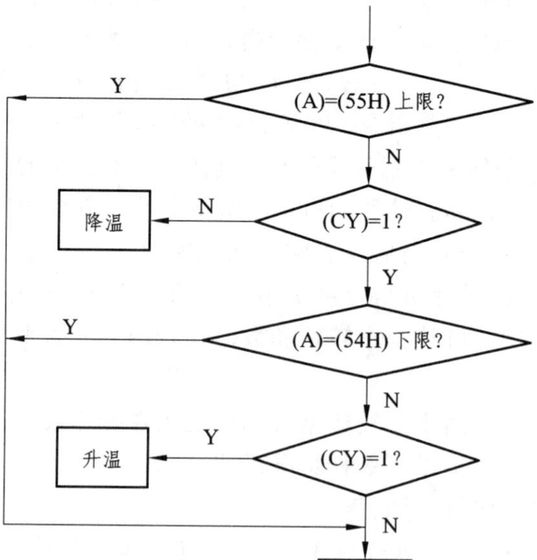

图 3-10　例 3-18 题程序流程图

（3）循环转移指令（2 条）：

51 单片机循环转移指令同样功能很强。它以工作寄存器 Rn 和直接地址单元内容作为循环控制，派生出很多条循环转移指令。这是其他微型计算机所不及的。

① 寄存器减 1 条件转移指令。

```
DJNZ  Rn, rel          ; 若 Rn←（Rn）-1，若（Rn）≠0，则 PC←（PC）+3+rel
                       ; 若（Rn）=0，则 PC←（PC）+2
```

这是一条二字节指令，其功能为：每循环一次，寄存器 Rn 内容减 1，如果所得结果为零，则程序顺序执行，反之，则程序转移。

② 直接寻址单元减 1 条件转移指令。

```
DJNZ  direct, rel      ; 若 direct←（direct）-1，若（direct）≠0，则 PC←（PC）+
                         3+rel
                         若（direct）=0，则 PC←（PC）+3
```

这是一条三字节指令，其功能为：每循环一次，直接单元内容减 1，如果所得结果为零，则程序顺序执行，反之，则程序转移。

减 1 条件转移指令只有两条。每执行一次这种指令，目的操作数内容减 1 把结果仍保存在目的操作数中，若不为零，转移到指定的地址单元，否则顺序执行。这组指令对于构成循环程序是十分有用的，可以指定任何一个工作寄存器或者内部 RAM 单元作为循环计数器。每循环一次，这种指令被执行一次，计数器就减 1 一次。预定的循环次数不到，计数器不会为 0，转移执行循环操作；到达预定的循环次数，计数器就被减为 0，顺序执行下一条指令，也就结束了循环。因此主要应用在循环结构的编程中，作循环结束控制使用。

【例 3-19】把 2000H 开始的外部 RAM 单元中的数据送到 3000H 开始的外部 RAM 单元中，数据个数已在内部 35H 单元中。参考程序段如下：

```
QQQ:   NOP
       MOV    SP, #60H
       MOV    DPTR, #2000H      ; 源数据区首址
       PUSH   DPL               ; 源首址暂存堆栈
       PUSH   DPH
       MOV    DPTR, #3000H      ; 目的数据区首址
LOOP:  MOV    R2, DPL           ; 目的地址暂存寄存器
       MOV    R3, DPH
       POP    DPH ; 取回源地址
       POP    DPL
       MOVX   A, @DPTR          ; 取出数据
       INC    DPTR              ; 源地址增量
       PUSH   DPL               ; 源地址暂存堆栈
       PUSH   DPH
       MOV    DPL, R2           ; 取回目的地址
       MOV    DPH, R3
       MOV    @DPTR, A          ; 数据送目的区
```

```
        INC     DPTR                    ；目的地址增量
        DJNZ    35H，LOOP
        RET                             ；程序返回
```

从上述两类转移指令的介绍中我们可以看出，无条件转移指令有直接寻址和相对寻址两种方式，而条件转移指令则只有相对寻址一种寻址方式。

下面举例说明循环指令的用法：

【例 3-20】有一组数据，存放在 30H 为首地址的内存单元，数据长度为 32 个。试将每一个数分别取出加 1，再存入以 60H 为首地址的内存单元。

程序如下：

```
地址                    0000H
0000            LJMP    0100H
0100            ORG     0100H
0100            MOV     R0，#4FH        ；源数据区首址
0102            MOV     R1，#7FH        ；目的数据区首址
0104            MOV     R7，#20H        ；计数器
0106    LOOP：  MOV     A，@R0          ；取数
0107            INC     A               ；加 1
0108            MOV     @R1，A          ；存数据
0109            DEC     R0              ；修改源数据区地址
010A            DEC     R1              ；修改目的数据区地址
010B            DJNZ    R7，LOOP        ；循环判断
010D            SJMP    $
                END
```

【例 3-21】将 51 单片机内部 RAM 的 40H～4FH 单元，置初值#A0H～#AFH。

程序如下：

```
        MOV   R0，#40H                  ；置首地址
        MOV   R2，#10H                  ；计数器
        MOV   A，#0A0H                  ；存放的初始值
LOOP：  MOV   @R0，A                    ；存数
        INC   R0
        INC   A
DJNZ R2，LOOP                           ；没完继续
        SJMP  $
```

【例 3-22】多字节负数求补。设多字节数由低字节到高字节依次存放在片内 RAM 的以 30H 为起始地址的区域中，求补后放回原处，则相应的程序为：

```
        ORG1000H
        MOV  R2，   #data8      ；R2 作循环计数器，放置待处理字节数
        MOV  R0，   #30H        ；R0 作为地址指针，指向待处理首数的地址
        MOV  A，    @R0         ；片内 RAM 30H 单元取最低字节
```

```
        JNB   ACC.7，ENDP       ；若为正数，继续下一个数
        CPL   A                 ；最低字节取反
        SETB ACC.7
        ADD   A，    #1         ；求补时最低字节取反后再加 1
        MOV   @R0，A            ；最低字节取反后转存
        DEC   R2                ；待处理字节数减 1
NEXT：  INC   R0                ；调整地址指针，指向下一个字节
        MOV   A，    @R0        ；取下一个字节
        CPL   A                 ；非最低字节求补时只需取反
        ADDC A，#0              ；考虑处理前一个字节时可能有的进位
        MOV   @R0，A            ；本字节处理后送存
ENDP：  DJNZ  R2，NEXT          ；循环处理多字节求补
        SJMP  $
```

3. 子程序调用与返回指令组

子程序结构是一种重要的程序结构。有了子程序调用与返回指令，才能使模块化程序设计得以实现，不但减少了编程工作量，而且也缩短了程序的长度。如用一条子程序调用指令，可将主程序执行转向子程序的入口地址。仅从转向子程序入口看，子程序调用指令和转移指令相似，但二者有本质的区别：子程序调用指令使程序执行转向子程序入口，执行完子程序要返回主程序继续执行。为了实现返回，执行子程序调用指令时，首先将断点地址压栈保存，然后才转向子程序入口地址。在子程序的最后用一条子程序返回指令，使断点地址得以恢复，返回主程序继续执行。

主程序调用子程序以及从子程序返回主程序的过程如图 3-11 所示。当 CPU 执行主程序到 A 处遇到调用子程序 ADD1 的指令时，CPU 自动把 B 处即下一条指令第一字节的地址（PC 值，称为断点）压入堆栈中，栈指针（SP）+ 2，并将子程序 ADD1 的起始地址送入 PC。于是，CPU 就转向子程序 ADD1 去执行。当遇到 ADD1 中的 RET 指令时，CPU 自动把断点 B 的地址弹回到 PC 中，于是，CPU 又回到主程序继续往下执行。当主程序执行到 C 处又遇到调用子程序 ADD1 的指令时，便再次重复上述过程。可见，子程序能被主程序多次调用。51 单片机设置了绝对调用和长调用两条指令。

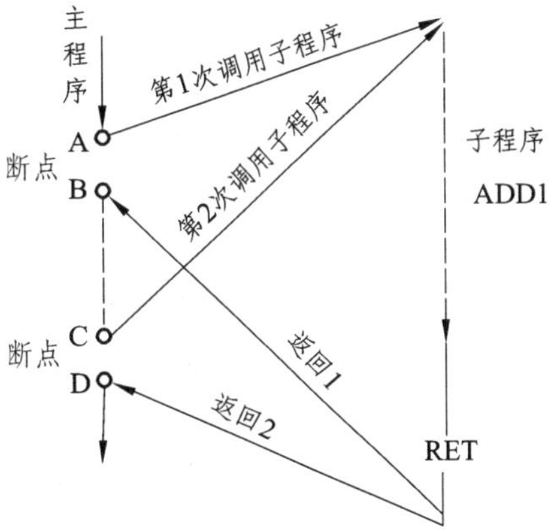

图 3-11　程序调用与返回指令示意图

（1）子程序调用指令（2 条）：

① 绝对调用指令。

```
ACALL   addr11；（PC）←（PC） + 2        ；PC当前值
                （SP）←（SP） + 1        ；修改堆栈指针
                （SP）←PC7-0             ；返回地址压栈保存
```

（SP）←（SP）+1　　；修改堆栈指针
（SP）←PC15-8　　；返回地址压栈保存
（PC10-0）←addr11　　；转向子程序

绝对调用指令为二字节指令，用于目标地址在当前指令的 2 KB 范围内调用；为了实现子程序调用，该指令共完成两项操作：

（a）断点保护。

断点保护是通过自动方式的堆栈操作实现的，即把加 2 以后的 PC 值自动送堆栈保存起来，待子程序返回时再送回 PC。

（b）构造目的地址。

指令是二字节，目的地址构造方法同 AJMP addr11 指令。在指令中提供了子程序入口地址的低 11 位，这 11 位地址的 a0 ~ a7 在指令的第二字节中，a8 ~ a10 则占据第一字节的高 3 位。

通过以上两项操作，获得子程序的入口地址，并装入 PC，转向执行子程序。所调用的子程序入口地址必须与 ACALL 指令的下一条指令第一字节在同一 2 KB 空间内。

例如：设程序中有绝对调用指令：

8100H　ACALL　48FH

执行此指令后，PC 的内容首先加 2，PC = 8102H，再以 11 位绝对转移地址替换 PC 的低 11 位地址，最后形成目标地址为 848FH，即被调用子程序入口地址为 848FH。

因为指令给出了子程序入口地址的低 11 位，因此子程序的调用范围是 2 KB。本调用指令的地址为 8100H，不变的高 5 位是操作码 10000。因此，其调用范围是：8000H ~ 87FFH。

② 长调用指令。

LCALL　addr16;　（PC）←（PC）+3　　；PC 当前值
（SP）←（SP）+1　　；修改堆栈指针
（SP）←PC7-0　　；返回地址低字节压栈保存
（SP）←（SP）+1　　；修改堆栈指针
（SP）←PC15-8　　；返回地址高字节压栈保存
（PC）←addr16　　；转向子程序

长调用指令为三字节指令，可调用 64 KB 程序空间的任一目标地址的子程序。

（2）返回指令（2 条，见图 3-12）：

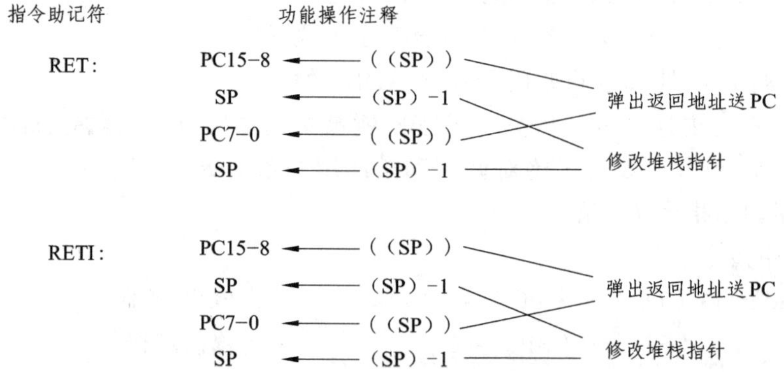

图 3-12　程序返回指令的操作示意图

从上述两条指令的功能操作看，都是从堆栈中弹出返回地址送 PC，堆栈指针减 2，但它们是两条不同的指令，主要有下面两点不同：

① 从使用上，RET 指令必须作为子程序的最后一条指令；RETI 必须作为中断服务程序的最后一条指令。

② RETI 指令除了恢复断点地址外，还恢复 CPU 响应中断时硬件自动保护的现场信息。执行 RETI 指令后，将清除中断响应时所置位的优先级状态触发器，使得已申请的同级或低级中断申请可以响应；而 RET 指令只能恢复返回地址。

4. 空操作指令

NOP　　　　　　　　　　；PC ←（PC）+1

空操作指令也算是一条控制指令，即控制 CPU 不作任何操作，只消耗一个机器周期的时间。空操作指令是单字节指令，因此执行后 PC 加 1，时间延续一个机器周期。

例如在延时子程序中微调延时时间；调试程序时用一些 NOP 来过渡；有些单片机应用系统中还应用它来实现软件抗干扰等。

3.2.6　位操作类指令（共 17 条）

位操作类指令在单片机指令系统中占有重要地位，这是因为单片机在控制系统中主要用于控制线路的通、断及继电器的吸合与释放等。使用单片机可以把由模拟电路或数字电路实现的控制功能，改由软件方法实现，使控制系统软化的微控制技术。

所谓位变量也称为布尔变量或开关变量，那么位操作（位处理）也称布尔变量操作，就是以位（bit）为单位进行的运算和操作。位操作指令是位处理器的软件资源，它是 51 单片机指令系统的一个子集。51 单片机内部有一个功能相对独立的布尔处理机，所用的助记符有 MOV、CLR、CPL、SETB、ANL、ORL、JC、JNC、JB、JNB、JBC 共 11 种。位处理器硬件资源包括：

（1）布尔处理机借用进位标志 CY 作为位累加器，它是位传送的中心。在字节处理中有一个累加器 A，而位处理需要使用进位标志（CY）作为累加器，为区分起见，我们暂且把 A 称之为字节累加器，而把 CY 称之为位累加器，在指令中写作 C。

（2）内部 RAM 位寻址区的 128 个可寻址位。

（3）专用寄存器中的可寻址位。

（4）4 个 8 位的并行 I/O 口，每位均可单独进行操作。因此，布尔 I/O 口共有 32 个（P0.0 ~ P0.7，P1.0 ~ P1.7，P2.0 ~ P2.7，P3.0 ~ P3.7）。

1. 位传送指令组（2 条）

位传送操作就是可寻址位与累加位 CY 之间的相互传送：

MOV　C，bit　　　　　　；CY ← bit

MOV　bit，C　　　　　　；bit ← CY

由于没有两个可寻址位之间的传送指令，因此它们之间无法实现直接传送。如需要这种传送，应使用这两条指令，并以 CY 作中介可以实现。

例如：将 20H 位的内容传送至 5AH 位。

MOV　10H，C　　；暂存 CY 内容
MOV　C，20H　　；20H 位送 CY
MOV　5AH，C　　；CY 送 5AH 位
MOV　C，10H　　；恢复 CY 内容

2. 位修改指令组（6 条）

（1）位清 0 指令：

CLR　C　　；$\overline{CY} \leftarrow 0$
CLR　bit　　；$bit \leftarrow 0$

（2）位置 1 指令：

SETB　C　　；$\overline{CY} \leftarrow 1$
SETB　bit　　；$bit \leftarrow 1$

（3）位取反指令：

CPL　C　　；$\overline{CY} \leftarrow (\overline{C})$
CPL　bit　　；$bit \leftarrow (\overline{bit})$

这类指令的功能分别是清除、取反、置位进位标志 C 或直接寻址位，执行结果不影响其他标志位。

3. 位逻辑运算指令（4 条）

位运算都是逻辑运算，有与、或两种情况。

ANL　C，bit　　；$CY \leftarrow (CY) \wedge (bit)$
ANL　C，/bit　　；$CY \leftarrow (CY) \wedge (/bit)$
ORL　C，bit　　；$CY \leftarrow (CY) \vee (bit)$
ORL　C，/bit　　；$CY \leftarrow (CY) \vee (/bit)$

这组指令的功能是，把位累加器 C 的内容与直接位地址的内容进行逻辑“与”、“或”操作，结果再送回 C 中。“/”表示对该位取反后再参与运算，但不改变原来的数值。

在位操作指令中，没有位的“异或”运算指令，如需要时可由多条上述位操作指令实现。

例如：E、B、D 代表位地址，进行 E、B 内容的异或操作，结果送 D。因此我们按公式进行异或运算：$D = E \oplus B = \overline{E}B + E\overline{B}$

实现的程序如下：

MOV　C，B
ANL　C，/E　　；$CY \leftarrow \overline{E}B$
MOV　D，C
MOV　C，E
ANL　C，/B　　；$CY \leftarrow E\overline{B}$
ORLC，D　　；$\overline{E}B + \overline{E}B$
MOV　D，C　　；异或结果送 D 位

多数位操作指令与同类字节操作指令的助记符完全相同，但位操作指令中有“C”作为操作数，可以以此作为区别。而与 CLR bit 和 CPL bit 两条指令相对应的只有 CLR A 和 CPL A，不会发生混淆。最后只剩下 SETB 一条指令，这是位操作独有的。

此外，通过位逻辑运算，可以对各种组合逻辑电路进行模拟，即用软件方法来获得组合电路的逻辑功能。

【例 3-23】设 P1 为输入口，P3.0 为输出线，执行下列指令：

```
MOV  C，P1.0
ANLC，P1.1
ANLC，/P1.2
MOV  P3.0，C
```

所实现操作的逻辑运算式为：

$P3.0 = (P1.0) \wedge (P1.1) \wedge (\overline{P1.2})$

【例 3-24】用软件实现图 3-13 所示的逻辑功能。

实现的程序如下：

```
MOV   C，    P1.1
ORL   C，    P1.2
CPL   C
ANLC，   P1.0
CPL   C
MOV   P1.5，C
MOV   C，    P1.3
CPL   P1.4
ANLC，   P1.4
CPL   C
ORL   C，    P1.5
MOV   P1.5，C
```

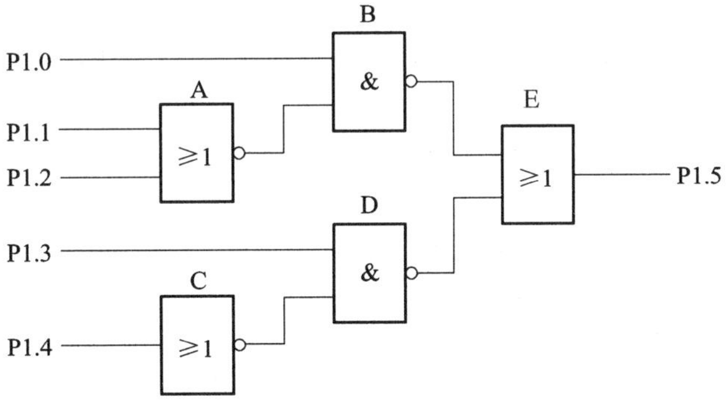

图 3-13　例 3-24 硬件逻辑电路图

4. 进位标志位 C 判断转移指令（2 条）

这 2 条指令都是二字节指令：

JC　rel　；PC ←（PC）+ 2，若 CY = 1，则 PC←（PC）+ rel；若 CY = 0，则程序顺序执行

JNC rel　；PC ←（PC）+ 2，若 CY = 0，则 PC←（PC）+ rel；若 CY = 1，则程序顺序执行

5. 位变量 bit 判断转移指令（2 条）

这两条指令都是三字节指令

JB　bit，rel　；PC ←（PC）+ 3，若（bit）= 1，则 PC←（PC）+ rel ，程序转移；
若（bit）= 0，则程序顺序执行

JNB　bit，rel　；PC ←（PC）+3，若（bit）=0，则 PC←（PC）+rel，程序转移；
若（bit）=1，则程序顺序执行

6. 位变量 bit 判断转移并清 0 指令（1 条）

这条指令是三字节指令

JBC　bit，rel ；PC ←（PC）+3，若（bit）=1，则 PC←（PC）+rel 且（bit←0），程序转移；

若（bit）=0，则程序顺序执行

以上 5 条指令都是位控制转移指令，该类指令就是以位的状态作为实现程序转移的判断条件。

【例 3-25】判正负数：要求从 P1 口输入一个数，若为正数将其存入 20H 单元，为负数则取反后存入 20H 单元。

解：分析怎样判断数的正负？用数据最高位：负数 D7 = 1，正数 D7 = 0

程序如下：

```
        ORG     0030H
MAIN：  MOV     P1，#0FFH          ；P1 口为“输入口”，先送“1”
        MOV     A，P1
        JNB     ACC.7，STOR     ；正数
        CPL     A
STOR：  MOV     20H，A
        SJMP    $
```

判断数据正负的其他方法：

（1）移位指令。

```
RLC   A
JNC   STOR
```

（2）用逻辑“与”操作指令。

```
ANLA，#80H
JZ      STOR
```

3.2.7　51 单片机指令小结

51 单片机的指令系统，充分反映了它是一台面向控制的功能很强的电子计算机。本章主要讲述了 51 系列单片机指令的寻址方式以及各类指令的格式、功能和使用方法等。指令主要是用于进行数据操作的，而寻址方式则解决如何取得操作数的问题。51 单片机共有 7 种寻址方式，即：寄存器寻址、寄存器间接寻址、直接寻址、立即寻址、变址寻址、相对寻址和位寻址。寻址方式的不同主要表现在取操作数的方法不同和寻址范围的不同上，因此总结寻址方式时，应从这两方面着手进行。例如寄存器寻址，寻址范围是通用寄存器和一些专用寄存器，被寻址寄存器的内容就是操作数；而寄存器间接寻址，寻址范围包括整个数据存储器，寄存器的内容是存储单元的地址。对于具体指令，要掌握格式和功能，但因为指令条数多，

开始时不宜死记硬背，应在以后涉及程序设计内容时，多加练习，自然就熟练掌握了。

同时指令系统是熟悉单片机功能、开发与应用单片机的基础。掌握指令系统必须与单片机的 CPU 结构、存储空间的分布、I/O 端口的分布结合起来，真正理解符号指令的操作含义，结合实际问题多作程序分析和简单程序设计，以便能达到更好的效果。

3.2.8　I/O 口访问指令使用说明

在第 2 章中我们已经说明，51 系列单片机有 4 个 8 位的双向 I/O 口，供单片机输入/输出数据使用。对这些口既可以按口寻址，进行字节数据操作；也可以按口线寻址，进行位操作。由于口的操作存在一些特殊问题，而在具体应用中又会常常涉及它，因此我们在这里专门再进行说明。

1．可以对口进行操作的指令

因为 51 单片机中把 4 个 I/O 口归结为专用寄存器之列，因此可以说凡是能对专用寄存器寻址的指令都能用于口的操作。但为了使用方便，我们在讲述时把口的操作指令分为按口操作和按口线操作两类。

在下面的指令中，以 m 代表口的序号，以 n 代表口线的序号。

（1）按口操作指令。

如前面所说，凡是能对专用寄存器寻址的指令都能用于口的操作，但其中的典型代表是口输入/输出，因为 51 系列单片机中没有专门的输入/输出指令，数据输入/输出操作都是使用 MOV 传送指令来完成的。输出数据时，就是用 MOV 指令把输出数据写入各口线电路的锁存器；而输入数据时，则是用 MOV 指令把各口线的引脚状态读入。例如：

口输出指令	口输入指令
MOV　Pm，A	MOV　A，Pm
MOV　Pm，#data8	MOV　direct，Pm
MOV　Pm，direct	

（2）按口线操作的指令。

专用寄存器也是可以位寻址的，对于口来说，寻址的就是口线，下面是一些典型的按口线操作的指令：

口线的输入/输出指令	口线的置位与清“0”指令
MOV　Pm.n，C	SETB　Pm.n
MOV　C，Pm.n	CLR　Pm.n
口线逻辑运算指令	口线状态判跳指令
ANL　C，Pm.n	JB　Pm.n，rel
ORL　C，Pm.n	JBC　Pm.n，rel

2．读引脚数据前先写“1”

当把口作为输入口而进行读操作时，应注意区分读引脚和读端口两种情况。使用 MOV 进行数据输入属于读引脚的操作，即读芯片引脚的信号。指令执行时产生“读引脚”信号打开缓冲器，把引脚上的信号经缓冲器通过内部总线读进来。

但 51 单片机的 4 个 I/O 口在用于数据输入时均呈准双向口特性，这种口在引脚信号输入操作中存在一个特殊问题，即如果口线引脚的原状态为低电平，则外界输入的任何信号均被引脚拉低为低电平，不能反映出外界输入的是“1”还是“0”，这实际上就是封锁了口线，使外界的信号不能输入。更为严重的是，当外界输入信号为高电平信号时，在拉低过程中产生的大电流还有可能把晶体管烧坏。为此，在进行引脚数据输入操作之前，必须先向电路中的锁存器写入“1”，使 FET 截止，以避免锁存器为“0”状态时对引脚读入的干扰。

因此要特别注意在使用输入指令前应先用指令把口线引脚设置为高电平。例如，在应用系统中我们用 P1 口的 P1.0 和 P1.1 进行外界信号的输入，在应用程序中进行数据输入的程序段为：

```
ORL   P1，#03H      ；将 P1.0 和 P1.1 置“1”，准备输入信号
MOV   C，P1.0       ；从 P1.0 输入信号
MOV   C，P1.1       ；从 P1.1 输入信号
```

这是使用 MOV 指令进行读口操作存在的特殊问题，但用 MOV 指令进行写口操作时不存在这样的问题，编程时应注意。

3.3　51 单片机汇编语言程序设计

3.3.1　汇编语言特点及其语句格式

以助记符书写的指令系统，就是单片机的汇编语言。每一条指令就是汇编语言的一条语句。

1．汇编语言的特点

（1）助记符指令和机器指令一一对应。所以用汇编语言编写的程序效率高，占用存储空间小，运行速度快，而且能反映计算机的实际运行情况。因此汇编语言能编写出最优化的程序。

（2）汇编语言编程比高级语言困难。因为汇编语言是面向计算机的，程序设计人员必须对计算机硬件有相当深入的了解，才能使用汇编语言编写程序。

（3）汇编语言能直接和存储器及接口电路打交道，也能申请中断。因此汇编语言程序能直接管理和控制硬件设备。

（4）汇编语言缺乏通用性，程序不易移植。各种计算机都有自己的汇编语言，不同计算机的汇编语言之间不能通用。但是掌握了一种计算机的汇编语言，却有助于学习其他计算机的汇编语言。

2．汇编语言的语句格式

各种汇编语言的语法规则是基本相同的，且具有相同的语句格式。

51 汇编语言的语句格式表示如下：

[<标号>]：<操作码>[<操作数>]；[<注释>]

即一条汇编语句是由标号、操作码、操作数和注释四个部分所组成。其中方括号括起来的是可选择部分，可有可无，视需要而定。每个部分称为字段，字段之间通常留有空格。

（1）标号。

标号是用户定义的符号，用以表示指令所在的地址。它位于语句的第一个字段。汇编时，汇编程序把该指令机器码的第一个字节在程序存储器中的地址值赋给该标号。于是，标号就可作为一个确定的数值应用于其他指令的操作字段中。使用标号，可便于查找或修改，便于转移指令的修改。使用时应注意：

① 标号是由 1 ~ 8 个 ASCII 字符组成，但头一个字符必须是字母，其余字符可以是字母、数字或其他特定字符。标号后边必须紧跟以冒号“:”作为结束。

②不要使用指令助记符、寄存器名、标识符等作为标号。

③ 标号不允许重复定义，即不能在同一程序多处标号字段出现同样的标号。

④ 一条语句可以有标号，也可以没有标号。标号的有无取决于本程序中的其他语句是否需要访问这条语句。通常在子程序的第一个语句和转移语句的转入地址处使用标号。

下面给出一些正确的和错误的标号，以加深了解。

错误的标号	正确的标号
2BT:（以数字开头）	LOOP:
BEGIN（无冒号）	STAB:
TB + 5T:（“ + ”号不能在标号中出现）	TABCE:
ADD:（指令助记符）	START:

（2）操作码。

操作码字段用于规定语句执行的操作。它是以指令助记符或伪指令助记符表示的。操作码是汇编指令中唯一不能空缺的部分。使用时应注意：

① 操作码是计算机系统设计时所规定的，和机器的类型有关，不能任意编造。例如，51 单片机共有 44 种助记符，代表了 33 种指令功能。有的功能可能有多种助记符，数据传送就有 MOV、MOVC、MOVX 等助记符。这些都是由系统设计人员定义的。

② 操作码和操作数两字段之间必须至少有一个空格分隔。

（3）操作数。

操作数字段指示参与操作的数据或数据所在的地址。根据指令的不同，操作数字段中的操作数可以有 3 个（如 CJNE　A，#3CH，LOOP）、2 个（如 MOV　A，R2）、1 个（如 CPL A），甚至没有（如 RET）。

操作数出现的形式，与具体的指令及寻址方式有关，它可以是寄存器名、立即数、标号、存储器地址等，也可以是表达式。使用时应注意：

① “#”后面紧跟的是立即数，可用各种数制来表示。若用二进制数，则末尾加“B”，若用十六进制数，则末尾加“H”（以字母开头的十六进制数，前面必须加一个 0）。对于末尾没有标志的立即数，汇编程序均认为是十进制数。

② 没有“#”开头的数，表示直接寻址的地址。有时以符号“$”表示当前指令第一字节的地址，它主要用于转移指令中。

③ 操作数字段内若有多个操作数，彼此之间用逗号“,”分隔开。

（4）注释。

注释不属于语句的功能部分，它是程序的说明部分。即对程序的作用、主要内容、进入和退出子程序的条件等关键地方加上注释，则可提高程序的可读性。注释可以和程序一起存入机器，打印程序清单时，注释也一起打印出来，但是在汇编时，汇编程序并不把它翻译为目标程序代码，因此它不影响程序的执行。使用时应注意：

① 注释必须以分号“；”开始。当注释需要占用多行时，每一行都必须以“；”开始。

② 注释应力求简明扼要。

3.3.2　汇编语言伪指令

汇编语言程序的机器汇编是由计算机自动完成的。为此，在源程序中应有向汇编程序发出指示信息，告诉它应该如何完成汇编工作，这一任务是通过使用伪指令来实现的。伪指令不是真正的指令，无对应的机器码，只有在汇编前的源程序中才有伪指令，用来对汇编过程进行某种控制。在目标程序中见不到与伪指令相对应的机器码。

不同汇编语言的伪指令也有所不同，但一些基本的东西却是相同的。标准的 51 汇编程序（如 Inte1 的 ASM51）定义的伪指令常用的有以下几条：

1．ORG（Origin）汇编起始地址命令

本命令总是出现在源程序的开头位置。用于规定目标程序的起始地址，即此命令后面的程序或数据块的起始地址。该起始地址在命令中指定。

命令格式：

[<标号：>]ORG　<地址>

其中[<标号：>]是选择项，根据需要选用。<地址>项，通常为 16 位绝对地址，但也可以使用标号或表达式表示。

在汇编语言源程序的开始，通常都用一条 ORG 伪指令来规定程序的起始地址。如果不用 ORG 规定，则汇编得到的目标程序将从 0000H 开始。例如：

```
        ORG    2000H
MAIN：  MOV    A，#00H
          ⋮
```

即规定标号 MAIN 代表地址 2000H，目标程序的第一条指令从 2000H 开始。

2．END（END of Assemb1y）汇编终止命令

本命令用于终止源程序的汇编工作。END 是汇编语言源程序的结束标志，因此在整个源程序中只能有一条 END 命令，且位于程序的最后。如果 END 命令出现在中间，则其后面的源程序，汇编程序将不予处理。

命令格式：

[<标号：>]END　[<表达式>]

只有主程序模块才具有<表达式>项，且<表达式>的值等于该程序模块的入口地址。而其他程序模块就没有<表达式>项。

本命令中[<标号：>]也是选择项。当源程序为主程序时，END 伪指令可带标号，这个标号应是主程序第一条指令的符号地址。若源程序为子程序，则 END 伪指令不应带标号。

3．EQU（Equate）赋值命令

本命令用于给标号赋值。赋值以后，其标号值在整个程序中有效：

命令格式：

<字符名称>EQU　<赋值项>

其中<赋值项>可以是常数、地址、标号或表达式。其值为 8 位或 16 位二进制数。赋值以后的字符名称既可以作地址使用，也可以作立即数使用。EQU 语句指令一般放在程序的开始处。

4．DB（Define Byte）定义字节命令

本命令用于从指定的地址开始，在程序存储器的连续单元中定义字节数据。

命令格式：

[<标号：>]DB　<8 位数表>

字节数据可以是一个字节常数或字符，或用逗号分开的字节串，或用引号括起来的字符串，也可以是表达式。例如：

DB “how are you？”

把字符串中的字符按 ASCII 码存于连续的 ROM 单元中。又例如：

DB　　－2，－4，－6，10，11，17

把 6 个数转换为十六进制表示（即 0FEH，0FCH，0FAH，0AH，0BH，11H），并连续存放在 6 个程序存储单元中。

常使用本命令存放数据表格，例如存放数码管显示的十六进制数的字形码，可使用多条 DB 命令定义：

```
DB  0C0H，0F9H，0A4H，080H
DB  99H，92H，82H，0F8H
DB  80H，90H，88H，83H
DB  0C6H，0A1H，86H，84H
```

查表时，为确定数据区的起始地址，可采用两种方法：

（1）根据 DB 命令前一条指令的地址确定。把该地址加上它的字节数，就是 DB 所定义的数据字节的起始地址。例如：

```
2100H   MOV      A，#49H
TAB：   DB       0C0H，0F9H，0A4H，0B0H
```

定义的数码管字形码从 2102H 地址开始存放。因为 MOV A，#49H 指令是两字节指令。

（2）使用 ORG 命令专门规定。例如：

```
        ORG2100H
TAB：DB     0C0H，0F9H，0A4H，080H
```

定义的数码管字形码从 2100H 地址开始存放。

5．DW（Define Word）定义数据字命令

本命令用于从指定地址开始，在程序存储器的连续单元中定义 16 位的数据字。

命令格式：

[<标号：>]DW　<16 位数表>

存放时，数据字的高 8 位在前（低地址），低 8 位在后（高地址）。例如：

```
DW   "AA"                 ；存入 41H，41H
DW   "A"                  ；存入 00H，41H
DW   "ABC"                ；不合法，因超过两个字节
DW   100H，1ACH，814      ；按顺序存入 01H，00H，01H，0ACH，03H，2EH
```

DB 和 DW 定义的数表，数的个数不得超过 80 个。如数据的数目较多时，可使用多个定义命令。在 51 程序设计中，常以 DB 来定义数据，以 DW 来定义地址。

6．DS（Define Storage）定义存储区命令

本命令用于从指定地址开始，保留指定数目的字节单元作为存储区，供程序运行使用。汇编时，对这些单元不赋值。

命令格式：

[<标号：>]DS　<16 位数表>

例如：

```
ADDRTABL：DS   20
```

从标号 ADDRTABL 代表的地址开始，保留 20 个连续的地址单元。

又例如：

```
ORG    2100H
DS     08H
```

从 2100H 地址开始，保留 8 个连续的地址单元。

注意：对 51 单片机来说，DB、DW、DS 命令只能对程序存储器使用，而不能对数据存储器使用。

7．BIT 位定义命令

本命令用于给字符名称赋以位地址。

命令格式：

<字符名称>BIT <位地址>

其中<位地址>可以是绝对地址，也可以是符号地址（即位符号名称）。例如：

```
AQ BIT P1.0
```

把 P1.0 的位地址赋给变量 AQ，在其后的编程中 AQ 就可以作为位地址使用。

应当指出：对不同的汇编程序，同一功能的伪指令操作码助记符有可能不相同。另外，除上述常用的伪指令外，还有其他一些伪指令，可参阅有关的手册。

3.4　汇编语言程序的基本结构形式

程序结构一般有四种基本形式：顺序结构、分支结构、循环结构和子程序结构。汇编语言程序也以这四种结构作为基本结构。本节将从程序结构及某些应用出发，介绍顺序程序、

分支程序、循环程序和子程序的设计。

3.4.1　顺序程序

顺序程序是最简单的程序结构，在顺序程序中既无分支、循环，也不调用子程序，程序的执行是从第一条指令开始依次执行每条指令，直到程序执行完毕。这种程序只有一个入口和一个出口。顺序程序虽然简单，却是复杂程序设计的基础。从局部的程序段来看，可以说它是应用得最普遍的程序结构。前面我们已介绍了一些程序段，现再举几个例子来说明。

【例 3-26】将外部 RAM 的 3000H，3100H 单元的两个 8 位无符号整数相乘，乘积存放在内部 RAM31H，30H 单元中。

```
ORG     2000H
MOV     DPTR，#3100H
MOVX    A，@DPTR         ；取乘数 1
MOV     B，A
DEC     DPH
MOVX    A，@DPTR         ；取乘数 2
MUL     AB               ；两数相乘
MOV     R0，#30H
MOV     @R0，A           ；存放结果的低字节
NIC     R0
MOV     A，B
MOV     @R0，A           ；存放结果的高字节
END
```

结果分析：当二进制数低四位相加，向高四位产生进位，或者未产生进位但结果大于 9，也就是结果为 A、B、C、D、E、F 中的任意一个时，需要进行十进制调整，即对低四位再加 6（0110B）；高四位调整同低四位。

【例3-27】拆字程序。

将 30H 单元内的两位 BCD 码拆开并转换成 ASCII 码，存入内部 RAM 的 31H，32H 两个单元中。程序流程如图 3-14 所示，对应程序如下。

```
ORG  1000H
MOV  A，30H          ；取值
ANLA，#0FH           ；取低 4 位
ADD  A，#30H         ；转换成 ASCII 码
MOV  31H，A          ；保存结果
MOV  A，30H          ；取值
SWAP A               ；高 4 位与低 4 位互换
```

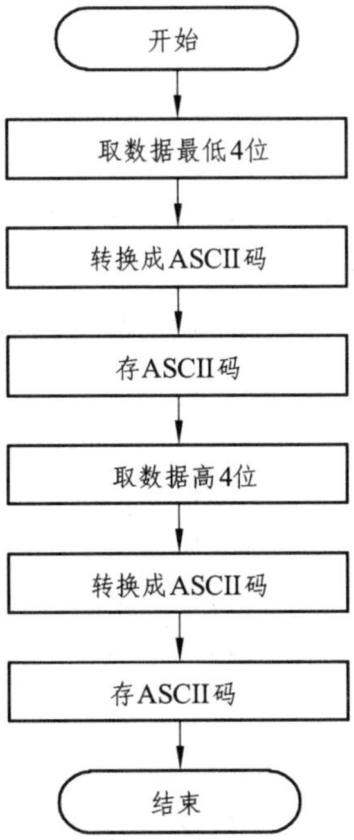

图 3-14　拆字程序流程图

```
ANLA，#0FH          ；转换成 ASCII 码
ADD  A，#30H        ；取低 4 位（原来的高 4 位）
MOV  32H，A         ；保存结果
SJMP $
END
```

3.4.2 分支程序

在实际问题中，顺序程序用得并不是很多，大部分是有分支的和带循环的。当执行某一条指令后，根据某些条件的判断，或顺序执行或转移到其他指令执行，这就是分支程序。分支程序是通过转移指令实现的。分支程序又分为单分支和多分支结构，其结构图如图 3-15 所示。

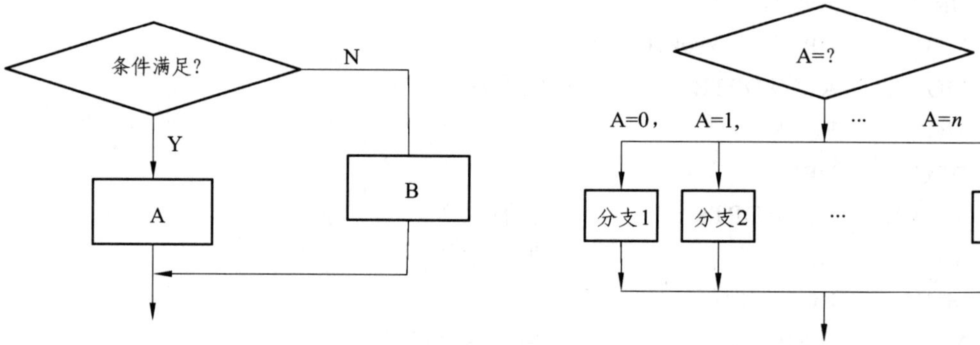

（a）单分支　　（b）多分支

图 3-15 分支程序转移结构图

1. 单分支程序

在 51 指令系统中，通过条件判断实现单分支程序转移的指令有 JZ，JNZ，CJNE 和 DJNZ 等。此外，还有以位状态作为条件进行程序分支的指令，如 JC、JNC、JB、JNB 和 JBC 等。使用这些指令，可以完成以 0、1，正、负，以及相等、不相等作为各种条件判断依据的程序转移。

【例3-28】假定在内部RAM中有40H、41H、42H共3个连续单元，其中40H和41H中分别存放着两个8位无符号二进制数，要求找出两数中较大者并存入42H单元中。流程图如图3-16所示。

```
      ORG   2000H
BJDS：NOP
      MOV   R0，  #40H        ；设置间址寄存器
      MOV   A，   @R0         ；取第一个数
      MOV   R2，  A           ；第一个数存R2
      INC   R0
      MOV   A，   @R0         ；取第二个数
      CLR   C                 ；进位位清“0”
```

```
        SUBB    A,    R2          ；两数比较
        JNC     BIG1              ；第二个数大转BIG1
        XCH     A,    R2          ；第一个数大则整字节交换
BIG0：  INC     R0
        MOV     @R0,  A           ；存大数
        RET                       ；返回主程序
BIG1：  MOV     A,    @R0
        SJMP    BIG0
```

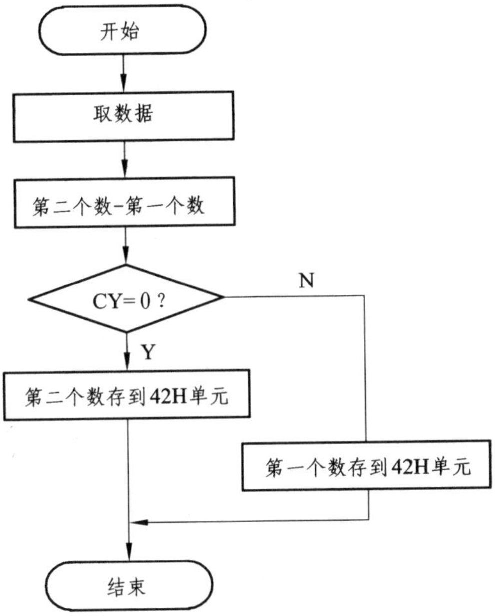

图 3-16　比较大小程序流程图

2．多分支程序

51指令系统中没有多分支转移指令，无法使用单条指令完成多分支转移。

要实现多分支转移，可采用以下几种方法。

（1）使用多条条件转移指令，通过多次判断，实现多分支程序转移。

假定分支序号值保存在累加器 A 中，则可使用 CJNE A，#data，rel 指令，其分支流程如图 3-15（b）所示。

这种多分支方法的优点是层次清晰，程序简单易懂。但这种方法分支速度较慢，特别是层次较多时。此外，分支程序的入口地址应在 8 位偏移量的有效范围之内。下面举一个使用多条转移指令进行程序多分支的例子。

【例 3-29】设 X 存在 30H 单元中，根据下式求出 Y 值，将 Y 值存入 31H 单元。

$$Y=\begin{cases} X+2 & (X>0) \\ |X| & (X<0)\text{（原码形式）} \\ 100 & (X=0) \end{cases}$$

分析：先根据数据的符号位判别该数的正负，若最高位为 0，再判别该数是否为 0。流

程图如图 3-17 所示。

```
        ORG     1000H
        MOV     A, 30H          ; 取数
        JB      ACC.7, NEG      ; 负数，转NEG
        JZ      ZER0            ; 为零，转ZER0
        ADD     A, #02H         ; 为正数，求X + 2
        AJMP    SAVE            ; 转到保存数据
ZER0:   MOV     A, #64H         ; 数据为零，Y = 100
        AJMP    SAVE            ; 保存数据
NEG:    CLR     ACC.7           ; 求 | X |
SAVE:   MOV     31H, A          ; 保存数据
        END
```

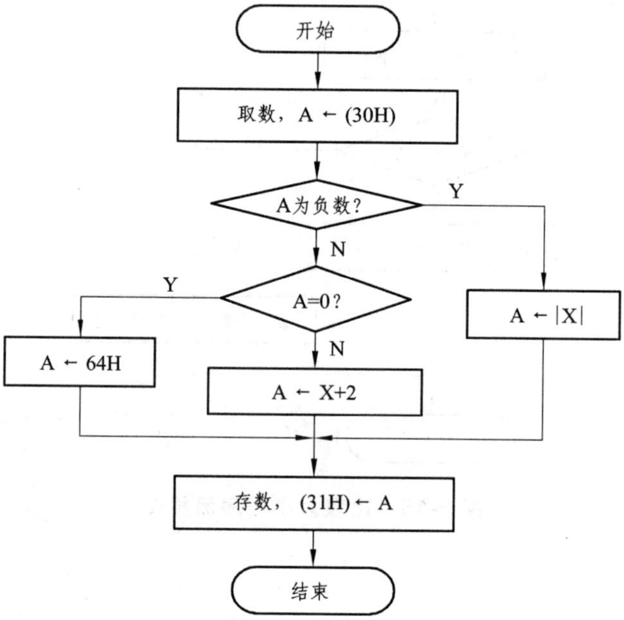

图 3-17　求值程序流程图

（2）使用查地址表方法实现多分支程序转移，首先要在程序中建立一个差值表，并将各分支入口地址与该表首址的差值按序排列其中，差值表首址送 DPTR，分支序号值送 A 中，然后就可通过转移指令 JMP @A + DPTR 进行分支。下面举例说明。

【例 3-30】有 BR0、BR1、BR2 和 BR3 共 4 个分支程序段，各分支程序段的功能依次是从内部 RAM 取数、从外部 RAM 低 256B 范围取数、从外部 RAM 4 KB 范围取数和从外部 RAM 64 KB 范围取数。并假定 R0 中存放取数地址低 8 位地址，R1 中存放高 8 位地址，R3 中存放分支序号值。假定以 BRTAB 作差值表首地址，BR0 – BRTAB ~ BR3 – BRTAB 为差值。

```
        ORG     4000H
        NOP
        MOV     A, R3           ; 分支转移值送 A
        MOV     DPTR, #BRTAB    ; 差值表首址
```

```
        MOVC  A, @A+DPTR        ; 查表
        JMP   @A+DPTR           ; 转移
BRTAB:  DB    BR0-BRTAB         ; 差值表
        DB    BR1-BRTAB
        DB    BR2-BRTAB
        DB    BR3-BRTAB
BR0:    MOV   A, @R0            ; 从内部 RAM 取数
        SJMP  BRE
BR1:    MOVX  A, @R0            ; 从外部 RAM 256 B 取数
        SJMP  BRE
BR2:    MOV   A, R1             ; 从外部 RAM 4 KB 取数
        ANL   A, #0FH           ; 屏蔽高位地址取低 4 位
        ANL   P2, #0F0H         ; 清 P2 口低 4 位
        ORL   P2, A             ; 发高位地址
        MOVX  A, @R0
        SJMP  BRE
BR3:    MOV   DPL, R0           ; 从外部 RAM 64 KB 取数
        MOV   DPH, R1
        MOVX  A, @DPTR
BRE:    SJMP  $
```

其中 BR2 分支是从外部 RAM 的 4 KB 范围取数，因此需要 12 位地址，在程序中对所需的高 4 位地址之所以那样处理，是为了留出 P2 的高 4 位口线以作它用。查表方法的技巧性较强，但由于表中的差值只限于 8 位，使分支程序入口地址的分布范围受到限制。

（3）使用查转移指令表的方法实现多分支程序转移。

这也是一种以查表来实现多分支程序转移的方法，但表中放的是转移指令。例如有多个分支程序，如果要通过绝对转移指令 AJMP 进行转移，则应把这些转移指令按序写入表中，并设置一个序号指针如 R2，然后根据 R2 的内容，转向各个相应处理程序。

（R2）= 0　转向处理程序 PROG0

（R2）= 1　转向处理程序 PROG1

⋮

（R2）= n　转向处理程序 PROGn

其算法如下：

① 建立转移指令表，表中内容为转向各处理程序转移指令 AJMP　n，并使数据指针 DPTR 指向转移指令表的首地址。

② 将 R2 的内容送累加器 A（即分支序号）。

③ AJMP 指令是双字节指令，在转移指令表中占用 2 个单元。因此分支序号必须乘以 2，然后和 16 位数据指针内容相加，才能得到表中相应的地址。将此值装入程序计数器 PC，接着执行转移指令 AJMP PROGn，就转向了和分支序号 n 相应的处理程序 PROGn。

其程序段如下：

```
MOV     A, R2            ; 取分支序号
CLR     C
RLC     A                ; 分支序号值乘 2
MOV     DPTR, #BRTAB     ; 转移指令表首址
JMP     @A + DPTR
BRTAB:  AJMP PROG0       ; 转分支程序 0
AJMP    PROG1            ; 转分支程序 1
  ⋮
AJMP    PROGn            ; 转分支程序 n
```

注意：

① 程序中的分支序号乘以 2 是使用 RL 指令（左移一位）实现的，因此要求（A）的最高位为 0，即分支数最多为 128。

② 由于 AJMP 指令的转移范围是 2 KB，要求分支程序段和各处理程序入口地址均位于同一个 2 KB 范围内。如果要想把处理程序安排在 64 KB 程序存储器的任意地址空间，则可将 AJMP 指令改为 LJMP 指令，后者需占 3 个字节，所以程序中要对分支序号值做乘 3 处理。

作上述修改的程序，请读者自行练习。

3.4.3　循环程序

循环程序是最常见的程序组织方式。在程序运行时，有时需要连续重复执行某段程序，这时可以使用循环程序。这种设计方法可大大地简化程序。汇编语言中没有专门的循环指令，但可以用条件转移指令来控制循环。循环程序的结构一般包括下面几个部分：

1．初始化部分

对于循环过程中所使用的工作单元，在循环开始时应置初值。例如，工作寄存器设置计数初值，累加器 A 清 0，以及设置地址指针、长度等。这是循环程序中的一个重要部分，不注意就很容易出错。

2．循环体（循环工作部分）

这是循环结构程序的核心部分。它完成需要多次重复执行的实际处理工作，又称循环体。

3．修改控制部分

它包括修改和控制两部分。它为进入下一轮处理而修改循环变量、数据指针等有关参数，并判断循环结束条件是否满足，若不满足则继续循环。

4．结束部分

这是对循环程序执行的结果进行分析、处理和存放。

上述四个部分，有时不能明显区分，有时可以缺省一两个部分，这要根据具体处理问题

而定。按照控制部分和处理部分的前后关系，上述四个部分有两种组织方式，如图 3-18（a）和（b）所示。

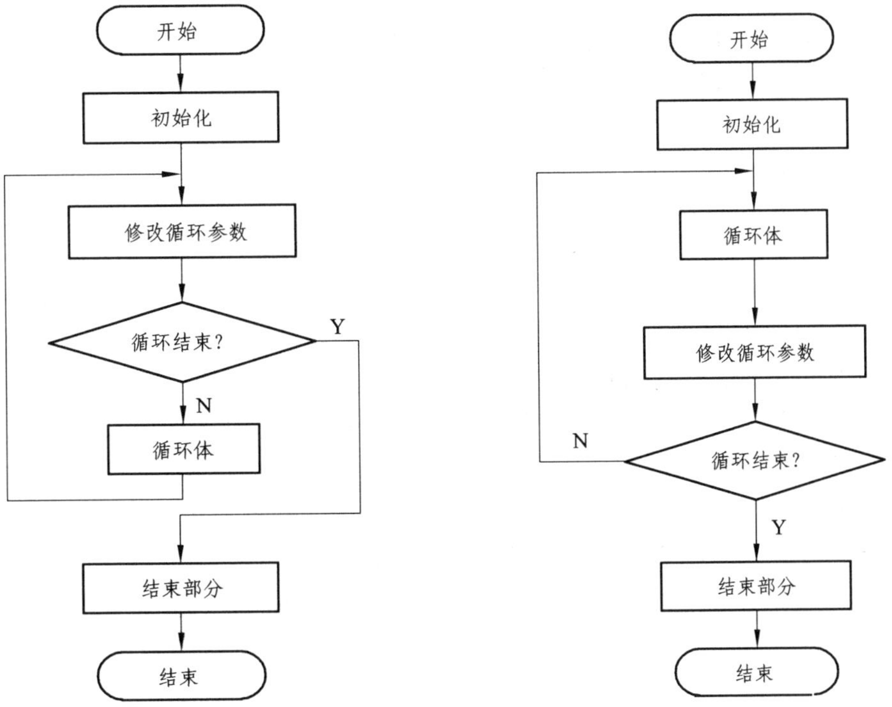

（a）当型循环结构　　（b）直到型循环结构

图 3-18　两种循环结构

【例 3-31】要求对内部 RAM 区的一片单元清零。已知数据区首地址为 30H，长度为 10H，要求把它们都清 0。流程图见 3-19 所示。

```
        ORG2000H
ZZZ:    MOV   R0，#30H      ；R0 指向数据区首址
        MOV   R7，#10H      ；设置循环计数器
        MOV   A，#00H
LOOP:   MOV   @R0，A        ；将指定单元清 0
        INC   R0            ；指向下一个单元
        DJNZ  R7，LOOP      ；（R7）－1→R7，若
                             （R7）＝0 结束循环，
                             否则继续
        RET
```

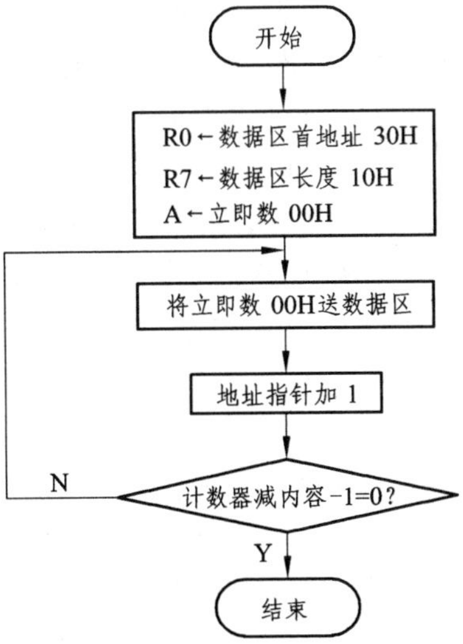

图 3-19　数据段清零程序流程图

【例 3-32】设有一字符串以回车符为结束标志，并存放在内部 RAM 从 50H 单元开始的连续存储单元中，编写测试字符串长度的程序。

为测试字符串的长度，应使用逐个字符依次与回车符（0DH）比较的方法。为此需要设置一个字符串指针和一个长度计数器。字符串指针用于指定

字符，长度计数器用于累加字符串的长度。如比较不相等，则长度计数器和字符串指针都加1，以继续往下比较；如果比较相等，则表示该字符为回车符，字符串结束，长度计数器的值就是字符串的长度。

```
        MOV   R2，#0FFH     ；设置长度计数器初值
        MOV   R0，#4FH      ；设置字符串指针初值
LOOP：  INC   R2
        INC   R0
        CJNE  @R0，#0DH，LOOP
        RET
```

【例 3-33】延时程序。

在实时控制电路中，常需要在两个操作之间延迟一定的时间。它可以利用硬件电路来实现，也可由定时器实现，还可采用软件的方法来延时，即通过循环程序的执行来实现。因为执行一条指令需要一定的时间，适当控制循环次数，就可得到所需要的时间延迟。

```
        ORG    1000H
STAR：  MOV    R5，#50       ；外循环计数初值
LOP1：  MOV    R6，#250      ；内循环计数初值
LOP2：  NOP
        NOP
        DJNZ   R6，LOP2      ；内循环结束
        DJNZ   R5，LOP1      ；外循环结束
        END
```

循环程序中，如果循环体内还包含了循环程序，即循环内套循环，这种结构成为多重循环。循环程序设计时应注意：

（1）循环体是整个程序的核心，它在程序运行时要多次重复地执行，而初始化和结束部分只执行一次，因此程序的执行时间主要取决于循环体。

（2）不允许从循环体外部直接跳入循环体的内部，否则将会因未设置初值而引起程序混乱。

（3）在多重循环中，只允许外重循环嵌套内重循环，不允许从外层循环跳入内层循环，即不允许内外层循环相互交叉。

【例 3-34】两个 6 位 BCD 码数相加，被加数从 40H 内部 RAM 开始存放，加数从 50H 内部 RAM 开始存放，求和，并将结果放在被加数所在单元中。（低位在前）

```
            MOV   R0, #40H
            MOV   R1, #50H
            MOV   R3, #03H
            CLR   C
LOOP：      MOV   A, @R0
            ADDC  A, @R1
            DA A                ；十进制调整
            MOV   @R0, A
```

```
        INC    R0  }
        INC    R1  }              ；地址增量
        DJNZ   R2，  LOOP
        MOV    A, #00H  }
        ADDC   A, #00H  }         ；进位处理
        MOV    @R0, A   }
        SJMP   $
```

相加的结果占据被加数单元，但因可能产生进位，所以三字节相加完成后，还要进行进位位处理，使之也占据一个单元，因此相加的和可能在四个单元中。

【例 3-35】从外部 RAM 单元 block1 向内部 RAM 单元 block2 传送数据，传送到发现“$”字符的 ASCII 码（24H）为止。同时规定数据串的最大长度为 32 个字节。

```
SJCS：   MOV   R0，#block2
         MOV   DPTR，#block1
         MOV   R7，#20H；              ；最大串长
LOOP：   MOVX  A，@DPTR                ；取数据
         CJNE  A，#24H，LOOP1
         AJMP  FH；                    ；相等结束
LOOP1：  MOV   @R0，A；                ；不相等传送
         INC   DPTR
         INC   R0
         DJNZ  R7，LOOP                ；循环控制
FH：     RET                           ；结束，返回主程序
```

3.4.4　子程序调用

子程序是构成单片机应用程序必不可少的部分，由于 51 单片机有 ACALL 和 LCALL 两条子程序调用指令，可以十分方便地用来调用安排在任何地址处的子程序。善于灵活地使用子程序，也是程序设计的重要技巧之一。

在调用子程序时，有以下几点应予以注意：

（1）子程序占用的存储单元和寄存器。如果在调用前主程序已经使用了这些存储单元或寄存器，在调用后，这些寄存器和存储单元又有其他用途，就应先把这些单元或寄存器中的内容压入堆栈保护起来，调用完后再从堆栈中弹出以便加以恢复。如果有较多的寄存器要保护，则应使主程序和子程序使用不同的寄存器组。

（2）入口参数和出口参数。调用之前一定要按子程序的要求设置好入口参数，只有这样才能在调用之后，于出口参数处得到调用后的正确结果。

（3）参数的传递。子程序可以从指定的地址单元或寄存器获得调用程序的数据参数，经过调用后得到的数据可输出到指定地址单元和寄存器，从而实现两者间的参数传递。

（4）嵌套与递归。子程序中还可包括对另外子程序及自身的调用。

【例3-36】编写c = a × a + b × b程序。设a，b，c存在内部RAM的5AH，5BH，5CH三个单元中。假设每个数的平方不大于255。

本题子程序采用查表方法完成一个数的平方的计算，主程序完成入口参数的传递和子程序的两次调用。参数传递通过累加器A传递。

主程序：

```
        ORG   1200H
MAIN：  MOV      A，5AH          ；取第一操作数a
        ACALL    SQR             ；调查表程序
        MOV      R1，A           ；a×a → R1
        MOV      A，5BH          ；取第二操作数b
        ACALL    SQR             ；第二次调查表程序
        ADD   A，R1              ；a×a + b×b → （A）
        MOV      5CH，A          ；结果存于5C中
          ⋮
```

子程序：

```
SQR：MOV   DPTR，#TAB   ；置表首地址
     MOVC A，@A + DPTR
     RET
TAB：DB  0，1，4，9，16，25，36，49，64，81，……
     END
```

本例中子程序入口条件（A）= 待查表的数，出口条件（A）= 平方值。数据表中是所给数据的平方值。

【例3-37】将内部RAM 30H开始的10个单元清零。

本题子程序完成对数据区的清零，主程序完成入口参数的传递和子程序的两次调用。参数的传递采用指针寄存器来传递。

主程序：

```
        ORG   2000H
MAIN：  MOV      R0，#30H     ；传送RAM数据区的起始地址
        MOV      R7，#0AH     ；传送RAM数据区的长度
        ACALL    SUBRT        ；调用清零子程序
        SJMP     $
```

清零子程序：

```
SUBRT：MOV A，#00H
LOOP： MOV  @R0，A
       INC R0
       DJNZ R7，LOOP
       RET
```

习　题

1. 51 单片机指令系统按功能可分为几类？具有几种寻址方式？它们的寻址范围如何？

2. 设内部 RAM 中 59H 单元的内容为 50H，写出当执行下列程序段后寄存器 A，R0 和内部 RAM 中 50H、51H 单元的内容为何值？

```
MOV  A，59H
MOV  R0，A
MOV  A，#00H
MOV  @R0，A
MOV  A，#25H
MOV  51H，A
MOV  52H，#70H
```

3. 设 R0 的内容为 32H，A 的内容为 48H，片内 RAM 的 32H 单元内容为 80H，40H 单元内容为 08H。请指出在执行下列程序段后上述各单元内容的变化。

```
MOV  A，@R0
MOV  @R0，40H
MOV  40H，A
MOV  R0，#35H
```

4. 下列指令执行后，求（A）=？PSW 中 CY、OV、AC 为何值。

（1）当（A）=6BH，ADD　A，#81H

（2）当（A）=6BH，ADD　A，#8CH

（3）当（A）=6BH、CY=0，ADDC　A，#72H

（4）当（A）=6BH、CY=1，ADDC　A，#79H

（5）当（A）=6BH、CY=1，SUBB　A，#0F9H

（6）当（A）=6BH、CY=0，SUBB　A，#0FCH

（7）当（A）=6BH、CY=1，SUBB　A，#7AH

（8）当（A）=6BH、CY=0，SUBB　A，#8CH

5. 假定（A）=83H，（R0）=17H，（17H）=34H，执行以下程序段后（A）=？

```
ANL    A，#17H
ORL    17H，A
XRL    A，@R0
CPL    A
```

6. 阅读下列程序，要求：

（1）说明该程序的功能；

（2）试修改程序，使片内 RAM 的内容成为如图习题 6 所示的结果。

```
        MOV   R2, #0AH
        MOV   R0, #50H
        CLR   A
LOOP:   MOV   @R0, A
        INC   R0
        DJNZ  R2, LOOP
```

⋮	
00	50H
01	51H
02	52H
03	53H
04	54H
05	55H
06	56H
07	57H
08	58H
09	59H
⋮	

习题 6 示意图

7. 分析下列程序段的执行功能。

```
        CLR   A
        MOV   R2, A
        MOV   R7, #04H
LOOP:   CLR   C
        MOV   A, R0
        RLC   A
        MOV   R0, A
        MOV   A, R1
        RLC   A
        MOV   R1, A
        MOV   A, R2
        RLC   A
        MOV   R2, A
        DJNZ  R7, LOOP
        SJMP  $
```

8. 设系统晶振为 12 MHZ，阅读下列程序，分析其功能。

```
START:  SETB  P1.0
NEXT:   MOV   30H, #10H
LOOP2:  MOV   31H, #0FAH
LOOP1:  NOP
        DJNZ  31H, LOOP1
        DJNZ  30H, LOOP2
        CPL   P1.0
        AJMP  NEXT
        SJMP  $
```

9. 阅读下列程序，分析其功能。

```
        MOV   R7,     #0AH
        MOV   A,      #30H
        MOV   DPTR,   #2000H
LOOP:   MOVX  @DPTR, A
        INC   A
        INC   DPL
```

```
        DJNZ    R7，LOOP
        SJMP    $
```

10. 简述下列程序段完成的功能，程序完成后 SP 指针指向哪里。

```
        MOV     SP，     #2FH
        MOV     DPTR，   #2000H
        MOV     R7，     #50H
NEXT：  MOVX  A，       @DPTR
        PUSH    ACC
        DJNZ    R7，NEXT
        SJMP    $
```

11. 分析以下程序段执行结果，程序执行完后，SP 指针指向哪里。

```
        MOV     SP，#3FH
        MOV     R0，#40H
        MOV     R7，#10H
NEXT：  POP     ACC
        MOV     @R0，A
        DEC     R0
        DJNZ    R7，NEXT
        SJMP    $
```

12. 分析以下程序段执行结果。

```
MOV  A，#5AH
MOV  30H，#B6H
XCH  A，30H
MOV  B，A
ANLA，#0FH
MOV  33H，A
MOV  A，B
SWAP A
ANLA，#15H
MOV  34H，A
SJMP $
```

13. 设堆栈指针 SP 中的内容为 60H，内部 RAM 中 30H 和 31H 单元的内容分别为 24H 和 10H，执行下列程序段后，61H，62H，30H，31H，DPTR 及 SP 中的内容将有何变化？

```
PUSH    30H
PUSH    31H
POP     DPL
POP     DPH
MOV     30H，#00H
MOV     31H，#0FH
```

14. 试分析下列程序段，当程序执行后，位地址 01H 中的内容将为何值？P1 口的 8 条 I/O 线为何状态？

```
        CLR   C
        MOV   A，#66H
        JC    LOOP1
        CPL   C
        SETB  01H
LOOP1： ORL   C，ACC.0
        JB    ACC.2，LOOP2
LOOP2： MOV   P1，A
        …
```

15. 阅读（1）、（2）、（3）程序段，分析其功能及运行结果存在哪里？

```
（1）  MOV   A，R2
       ADD   A，R0
       MOV   30H，A
       MOV   A，R3
       ADDC  A，R1
       MOV   31H，A
       MOV   A，#0
       ADDC  A，#0
       MOV   32H，A
       SJMP  $
（2）  CLR   C
       MOV   A，R4
       SUBB  A，R2
       MOV   R0，A
       MOV   A，R5
       SUBB  A，R3
       MOV   R1，A
（3）  MOV   A，R1
       MOV   B，R0
       MUL   AB
       MOV   30H，A
       MOV   31H，B
       MOV   A，R2
       MOV   B，R0
       MUL   AB
       ADD   A，31H
       MOV   31H，A
```

```
        MOV     A，B
        ADDC    A，#0
        MOV     32H，A
        SJMP    $
```

16. 有四个变量 U、V、W、X 分别从 P1.0～P1.3 输入，阅读如下程序，写出逻辑表达式并画出逻辑电路图。

```
    MOV     P1，#0FH
    MOV     C，P1.0
    ANL     C，P1.1
    CPL     C
    MOV     ACC.0，C
    MOV     C，P1.2
    ORL     C，/P1.3
    ORL     C，ACC.0
    MOV     F，C
    SJMP    $
```

17. 用布尔指令，求解逻辑方程。

（1）PSW.5 = P1.3∧ ACC.2∨ B.5∧ P1.1

（2）PSW.5 = P1.5∧ B.4∨ ACC.7∧ P1.0

18. 编程将片内 RAM 30H～39H 单元中内容送到以 3000H 为首的外部 RAM 存储区中。

19. 片内 RAM 60H 开始存放 20 个数据，试统计正数、负数及为零的数据个数，并将结果分别存在 50H、51H、52H 单元中。

片外 RAM 从 2000H 单元开始存有 10 个单字节无符号数，找出最大值存入片外 RAM 3000H 单元，试编写程序。

20. 两个 4 位 BCD 码数相加，被加数和加数分别存于 30H、31H 和 40H、41H 单元中（次序为千位、百位在低地址中，十位、个位在高地址中），和数放在 50H、51H、52H 中（52H 用于存放最高位的进位），试编写加法程序。

第 4 章　单片机中断系统与定时器

【本章导读】

■ 中断的概念与功能
■ 51 单片机中断系统与中断管理
■ 51 单片机定时器/计数器结构
■ 51 单片机定时器/计数器工作方式与应用

4.1　中断系统概述

当 CPU 与外设交换信息时，若采用查询方式，CPU 就要浪费很多时间去等待外设。这样就引出一个快速的 CPU 与慢速的外设之间数据传送的矛盾，这也是计算机在发展过程中遇到的严重问题之一。为解决这个问题，一方面要提高外设的工作速度，另一方面发展了中断概念。中断系统是计算机的重要指标之一。中断又是一项重要的计算机技术，这一技术在单片机中得到了充分继承。其实，中断现象不仅在计算机中存在，就是在我们的日常生活中也同样存在，为了说明这个问题，举一例子。如图 4-1 所示：

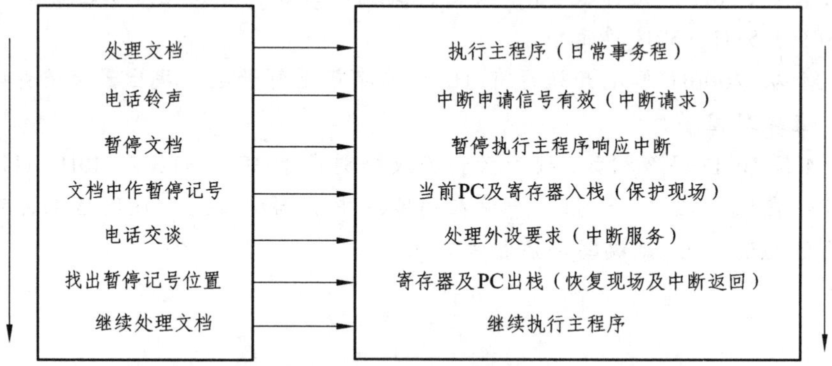

图 4-1　中断过程举例

这是一个很典型的中断现象。从处理文档到接电话，是一次中断过程。为什么会发生上述的中断现象呢？就是因为你在一个特定的时刻，面对着两项任务：处理文档和打电话。但一个人又不可能同时完成多项任务，因此你只好采用中断方法，穿插着去做。计算机也是一样，因为通常计算机中只有一个 CPU，例如以打印输出为例，CPU 传送数据的速度快，而打印机打印的速度慢，如果不采用中断技术，CPU 将经常处于等待状态，效率极低。而采用了中断方式，CPU 可以进行其他的工作，只在打印机缓冲区中的当前内容打印完毕发出中断请求之后，才予以响应，暂时中断当前工作转去执行向缓冲区传送数据，传送完成后又返回执行原来的程序，这样就大大地提高了计算机系统的效率。

把这种方法上升到计算机理论，就是一个资源（CPU）面对多项任务，但由于资源有限，因此就可能出现资源竞争的局面，即几项任务来争夺一个 CPU。而中断技术就是解决资源竞争的有效方法，采用中断技术可以使多项任务共享一个资源，所以中断技术实质上就是一种资源共享技术。

4.2　中断的概念与功能

4.2.1　中断的概念

基于资源共享原理上的中断技术，在计算机中得到了广泛的应用。中断技术能实现 CPU 与外部设备的并行工作，提高 CPU 的利用率以及数据的输入/输出效率；中断技术也能对计算机运行过程中突然发生的故障做到及时发现并进行自动处理如：硬件故障、运算错误及程序故障等；中断技术还能使我们通过键盘发出请求，随时对运行中的计算机进行干预，而不用先停机处理，然后再重新开机等。综合前述，在计算机系统中，有关中断的基本概念总结如下：

（1）中断：外界突然发生了紧急情况，要求 CPU 暂时停下现行程序的执行，转向为临时发生的事件进行处理，处理完后，再返回继续执行原来程序，这个过程叫“中断”。中断是一种在发生了一个外部的事件时调用相应的处理程序（或称服务程序）的过程。中断服务程序与中断时 CPU 正在运行的主程序是相互独立的，相互不传递数据。

（2）中断源：向 CPU 发出中断请求的设备或事件称为“中断源”。

从中断源来看，中断一般可分为三类：

① 由计算机硬件异常或故障引起的中断，也称为内部中断。

② 外部设备（如输入/输出设备）请求引起的中断，也称为外部中断或 I/O 中断。

③ 由程序中执行了中断指令引起的中断，也称为软中断。

单片机主要有前两种中断源。

（3）中断请求：中断源向 CPU 提出的处理请求，称为中断请求或中断申请。

（4）中断响应过程：CPU 暂时中止自身的事务，转去处理事件的过程，称为 CPU 的中断响应过程。

（5）中断服务：对事件的整个处理过程，称为中断服务（或中断处理）。

（6）中断返回：中断处理完毕，执行中断返回指令，自动弹出断点地址到 PC，再回到原来被中止的地方，称为中断返回。

（7）中断优先级：一个系统中，常有多个中断源同时申请中断，这时，CPU 必须确定首先服务的中断源以及服务顺序。在计算机应用系统中，中断源的优先级是根据事件的实时性、重要性和软件处理的方便性来安排的。

（8）中断嵌套：当 CPU 在执行某一个中断处理程序时，若有一优先级更高的中断源请求服务，则 CPU 应该能挂起（用保护断点的方式）正在运行的低优先级中断处理程序，响应这个高优先级中断请求，即在中断过程中发生的又一次中断。在高优先级中断处理完后能自动返回低优先级中断，继续执行原来的中断处理程序。执行中断嵌套的原则是：高级别中断能打断低级别中断，反之不能。

（9）矢量中断：识别中断源的方法。要求提供中断源的信号类型或其中断服务程序的入口地址，又称中断矢量，即每个中断源都预先指定好各自的中断标志和中断矢量。

（10）中断系统：一个计算机系统的中断源有多个，用来管理这些中断源的逻辑电路称为中断系统。

（11）中断屏蔽：指通过设置相应的中断屏蔽位，禁止响应某个中断。

中断屏蔽也是一个十分重要的功能，这样做的目的，是保证在执行一些重要的程序中不响应中断，以免造成迟缓而引起错误。例如，在系统启动执行初始化程序时，就屏蔽键盘中断，使初始化程序能够顺利进行。这时，敲任何键都不会响应。当然对于一些重要的中断是不能屏蔽的，例如，重新启动、电源故障、内存出错、总线出错等影响整个系统工作的中断是不能屏蔽的。因此，从中断是否可以被屏蔽来看，可分为可屏蔽中断和不可屏蔽中断两类。

4.2.2　中断的功能

中断技术在计算机中能实现很多的功能，其中主要有：

1. 实现 CPU 与外设的速度配合

由于许多外部设备速度较慢，无法与 CPU 进行直接的同步数据交换，为此可通过中断方法来实现 CPU 与外设的协调工作。在 CPU 执行程序过程中，如需进行数据输入/输出时，先启动外设，然后 CPU 继续执行程序。与此同时，外设在为数据输入/输出传送做准备。当准备完成后，外设发出中断请求，请求 CPU 暂停正在执行的程序，转去完成数据的输入/输出传送。传送结束后，CPU 再返回继续执行原程序，而外设则为下次数据传送做准备。这种以中断方法完成的数据输入/输出操作，在宏观上看来似乎是 CPU 与外设在同时工作。因此就有了 CPU 与外设并行工作这种说法。

采用中断技术，不但能实现主机和一台外设并行工作，而且还可以实现主机和多台外设并行工作。这样不但提高了 CPU 的利用率，而且也提高了数据的输入/输出效率。例如，CPU 在启动定时器之后，就可继续执行主程序，同时定时器也在工作。当定时器定时时间到时，便向 CPU 发中断请求，CPU 响应中断转去执行定时器服务程序，中断结束后，又返回主程序继续运行。这样 CPU 可以命令定时器以及多个外设同时工作，分时为各中断源提供服务，使 CPU 高效而有序地工作。

2. 实现实时控制

实时处理是自动控制系统对计算机提出的要求。所谓实时处理就是计算机能及时完成被控对象随机提出的分析和计算任务，以便使被控对象能保持在最佳工作状态，达到预定的控制要求。在自动控制系统中，各控制参量可能随机地在任何时刻向计算机发出请求，要求进行某种处理。对此，CPU 必须作出快速响应和及时处理。这种实时处理功能只能靠中断技术才能实现。

有了中断系统便可及时地处理瞬息变化的现场信息，使 CPU 具有随机应变和实时处理能力。在单片机中，中断技术主要用于实时控制。

3. 实现故障的及时处理

计算机在运行过程中，常会突然发生一些事先无法预料的故障，如电源的突变、硬件故障、运算错误及程序故障等。有了中断技术，计算机就能对这些故障及时发现并进行自动处理，不必人工干预或停机，提高了系统的稳定性和可靠性。

4. 实现人机联系

现代计算机再也不用像早期计算机那样随意把机器停下来对其进行干预。而是先通过键盘发出中断请求，在获得机器准许后，即可进行干预。

4.2.3　中断系统需要解决的基本问题

如前所述，良好的中断系统，应具有结构上合理，逻辑上严密，不仅可使 CPU 提高随机应变的能力，高效而有秩序地工作，扩大其应用范围，也是鉴别机器性能重要标志之一。而实现中断功能的关键，需要解决以下中断系统的基本问题：

1. 中断源

中断请求信号的来源，包括中断请求信号的产生及该信号怎样被 CPU 有效地识别，而且要求中断请求信号产生一次，只能被 CPU 接收处理一次，即不允许一次中断申请被 CPU 多次响应。 这就涉及中断请求信号的及时撤除问题。

2. 中断响应与返回

CPU 采集到中断请求信号后，怎样转向特定的中断服务子程序及执行完中断服务子程序后怎样返回被中断的程序继续正确地执行。中断响应与返回的过程中涉及 CPU 响应中断的条件、现场保护等问题。

3. 优先级控制

一个计算机应用系统，特别是计算机实时测控应用系统，往往有多个中断源，各中断源所要求的处理具有不同的轻重、缓急程度。与人处理问题的思路一样，希望重要、紧急的事件先处理，而且如果当前正在处理某个事件的过程中，有更重要、更紧急的事件到来，就应当暂停当前事件的处理，转去处理新事件。这就是中断系统优先级控制所要解决的问题。中断优先级的控制形成了中断嵌套。

4.3　51 单片机中断系统

4.3.1　中断源

51 单片机有 5 个中断源，分别为：内部定时器中断源 T0、T1，发生溢出时，通过内部逻辑申请中断；内部串行口中断源，串行口缓冲器 SBUF 发送或接收完一个字符数据时，可通过内部逻辑申请中断；2 个外部中断源 $\overline{INT0}$、$\overline{INT1}$，可通过对（P3.2、P3.3）输入申请中断。

1. 定时中断

定时中断是为满足定时或计数的需要而设置的。为此在单片机芯片内部有两个定时器/计数器，以对其中的计数结构进行计数的方法，来实现定时或计数功能。当计数结构发生计数溢出时，即表明定时时间到或计数值已满，这时就以计数溢出信号作为中断请求，去置位一个溢出标志位，作为单片机接受中断请求的标志。由于这种中断请求是在单片机芯片内部发生的，因此无需在芯片上设置引入端。

2. 串行中断

串行中断是为串行数据传送的需要而设置的。每当串行口接收或发送完一组串行数据时，就产生一个中断请求。因为串行中断请求也是在单片机芯片内部自动发生的，所以同样不需在芯片上设置引入端。

3. 外中断

外中断是由外部信号引起的，共有 2 个中断源，即外部中断“0”和外部中断“1”。它们的中断请求信号分别由引脚 $\overline{INT0}$（P3.2）和 $\overline{INT1}$（P3.3）引入。常用的外部中断源有以下几种：

（1）输入/输出设备的实时事件中断请求：一般的 I/O 设备（键盘、打印机、A/D 转换器等）在完成自身的操作后，向 CPU 发出中断请求，请求 CPU 为其服务。

（2）掉电和设备等硬件故障：例如，电源断电就要求把正在执行的程序的一些重要信息（如程序计数器、各寄存器的内容以及标志位的状态等）保存下来，以便重新供电后能从断点处继续执行。另外，目前绝大多数计算机的 RAM 是使用半导体存储器，故电源断电后，必须接上备用电源，以保护存储器中的内容。所以，通常在直流电源上并联大容量的电容器，当断电时，因电容的容量大，故直流电源电压不能立即变为 0，而是下降很缓慢，当电压下降到一定值时，就向 CPU 发出中断请求，由计算机的中断系统执行上述各项操作。

（3）实时时钟：在控制中常会遇到定时检测和控制的情况，若用 CPU 执行一段程序来实现延时的话，则在规定时间内，CPU 便不能进行其他任何操作，从而降低了 CPU 的利用率。因此，常采用专门的时钟电路。当需要定时，CPU 发出命令，启动时钟电路开始计时，待到达规定时间后，时钟电路发出中断请求，CPU 响应并加以处理。

（4）为调试程序而设置的中断源：一个新的程序编好后，必须经过反复调试才能正确可靠地工作。在调试程序时，为了检查中间结果的正确与否或为寻找问题所在，往往在程序中设置断点或单步运行程序，一般称这种中断为自愿中断。而上述前三种中断是由随机事件引起的中断，称为强迫中断。

无论外部中断源是哪种类型，外部中断请求信号只有脉冲触发和电平触发两种，可通过设置有关控制位进行定义。对于外部中断源，需要说明的是：

① 对于脉冲触发的外部中断则是脉冲的后沿负跳有效。CPU 在两个相邻机器周期对中

断请求引入端进行的采样，硬件自动判断执行并自动撤除中断请求信号。

② 对于电平触发的外部中断是低电平有效，只要单片机在中断请求引入端 INTX（$\overline{\text{INT0}}$ 和 $\overline{\text{INT1}}$）上采样到有效的低电平时，就激活外部中断。由于 CPU 对 INTX 引脚没有控制作用，也没有相应的中断请求标志位，因此需要外接电路来撤除中断请求信号。如图 4-2 所示是一种可行的参考方案。外部中断请求信号通过 D 触发器加到单片机 $\overline{\text{INTX}}$ 引脚上，当外部中断请求信号使 D 触发器的 CLK 端发生正跳变时，由于 D 端接地，Q 端输出 0，向单片机发出中断请求。CPU 响应中断后，利用一根口线（如 P1.0）作应答线，在中断服务程序中用两条指令来撤除中断请求。

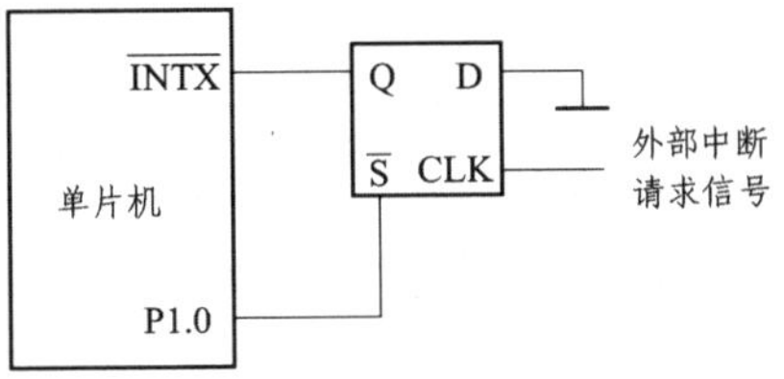

图4-2　撤除外部中断请求的电路

ANL　P1，#0FEH

ORL　P1，#01H

第一条指令使 P1.0 为 0，而 P1 口其他各位的状态不变。由于 P1.0 与直接置 1 端 $\overline{S}$ 相连，故 D 触发器 Q = 1，撤除了中断请求信号。第二条指令将 P1.0 变成 1，从而 $\overline{S}$ = 1，使以后产生的新的外部中断请求信号又能向单片机申请中断。

4.3.2　中断系统

每个中断源都对应一个中断请求标志位，因此这里所说的中断控制实际上就是一些寄存器。

中断源和相关的特殊功能寄存器以及内部硬件构成了 51 单片机的中断系统。其逻辑结构如图 4-3 所示。

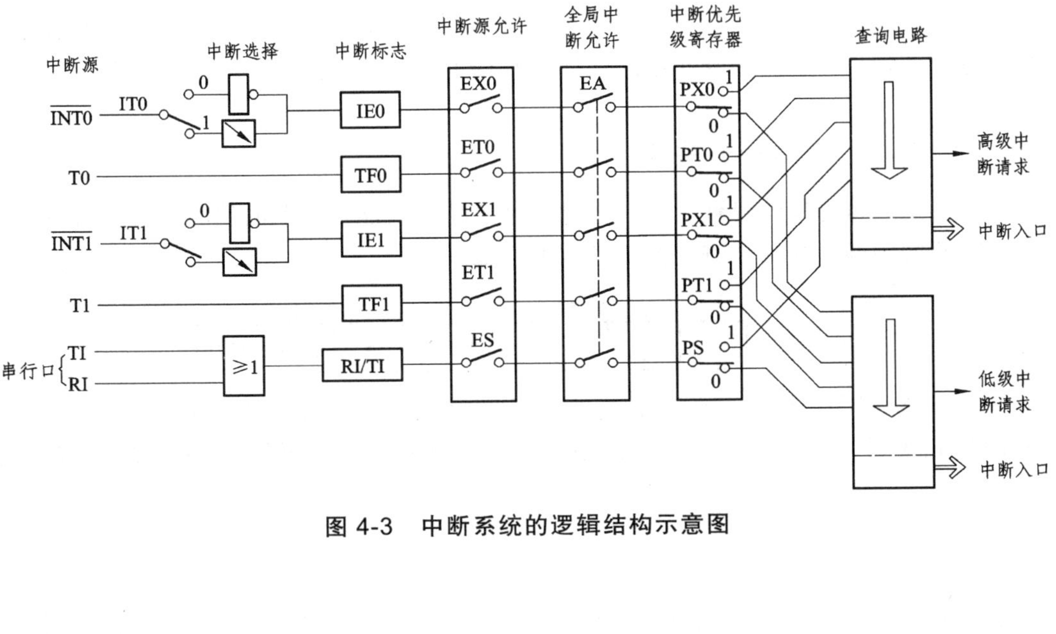

图 4-3　中断系统的逻辑结构示意图

在 51 单片机中，用于此目的的控制寄存器共有 4 个，即定时器控制寄存器 TCON、中断允许控制寄存器 IE、中断优先级控制寄存器 IP 以及串行口控制寄存器 SCON。这 4 个控制寄存器都属于专用寄存器之列。当这些中断源请求中断时，相应的标志分别由 TCON 和 SCON 中的相应位来锁存。下面分别介绍：

1. 中断允许寄存器 IE

可字节寻址，也可以位寻址。用户通过对这个特殊功能寄存器的编程设置，可灵活控制每个中断源的中断允许或禁止。寄存器的各位内容如下：

	7	6	5	4	3	2	1	0
SFR A8H	EA	/	/	ES	ET1	EX1	ET0	EX0

其中：寄存器中各位为“1”时，则表示开放中断；对应位为“0”，则表示禁止中断；

EA：中断总控制位。

EX0/EX1：外部中断源 $\overline{INT0}$ / $\overline{INT1}$ 的中断允许位。

ET0/ET1：内部定时器 T0/T1 的中断允许位。

ES：串行口的中断允许位。

例如：开放外部中断源 $\overline{INT0}$ 与定时器 T0 的中断，可用下面指令实现：

```
MOV    IE，#83H
```

或用位寻址方式：

```
SETB   EA
SETB   ET0
SETB   EX0
```

可见，51 单片机通过中断允许控制寄存器对中断的允许实行两级控制。即以 EA 位作为总控制位，以各中断源的中断允许位作为分控制位。当总控制位为禁止时，关闭整个中断系统，不管分控制位状态如何，整个中断系统为禁止状态；当总控制位为允许时，开放中断系统，这时才能由各分控制位设置各自中断的允许与禁止。51 单片机复位后（IE）= 00H，因此中断系统处于禁止状态。单片机在中断响应后不会自动关闭中断，因此在转中断服务程序后，应根据需要使用有关指令禁止中断，即以软件方式关闭中断。

2. 中断优先级寄存器 IP

可字节寻址，也可以位寻址。用户通过对这个特殊功能寄存器的编程设置，可灵活地控制每个中断源的中断优先级。寄存器的各位内容如下：

	7	6	5	4	3	2	1	0
SFR B8H	/	/	/	PS	PT1	PX1	PT0	PX0

51 单片机有多个中断源，但却只有高、低两个优先级。寄存器中各位为“1”时，相应中断源优先级为“高”，为“0”时，相应中断源优先级为“低”。IP.7、IP.6、IP.5 是保留位。

PS：串行口中断优先级控制位。
PT1：定时器 1 溢出中断优先级控制位。
PX1：外部中断 1 优先级控制位。
PT0：定时器 0 溢出中断优先级控制位。
PX0：外部中断 0 优先级控制位。

【例 4-1】设 AT89C51 的片外中断为高优先级，片内中断为低优先级。试设置 IP 相应值。

解：(a) 用字节操作指令

```
    MOV   IP, #05H
或  MOV   0B8H, #05H
```

(b) 用位操作指令

```
    SETB  PX0
    SETB  PX1
    CLR   PS
    CLR   PT0
    CLR   PT1
```

3. 定时器控制寄存器 TCON

可字节寻址，也可以位寻址。这个寄存器既有定时器/计数器的控制功能又有中断控制功能，用户通过对这个特殊功能寄存器的 IT0、IT1 编程设置，可灵活地控制 2 个外部中断源的请求方式。

	7	6	5	4	3	2	1	0
SFR 88H	TF1		TF0		IE1	IT1	IE0	IT0

其中与中断有关的控制位共 6 位：

IE0/IE1：外部中断 0 和外部中断 1 申请标志位：
=0：没有外部中断申请；
=1：有外部中断申请。

IT0/IT1：外部中断 0 和外部中断 1 请求的触发方式选择位：
=0：在 $\overline{INT0}/\overline{INT1}$ 端申请中断的信号低电平有效；
=1：在 $\overline{INT0}/\overline{INT1}$ 端申请中断的信号负脉冲跳变有效。

TF0/TF1：定时器 T0/定时器 T1 的中断申请位。
=0：没有中断申请；
=1：有中断申请。

4. 串行口控制寄存器 SCON

可字节寻址，也可以位寻址。

	7	6	5	4	3	2	1	0
SFR 98H							TI	RI

其中与中断有关的控制位共 2 位：

TI：串行口发送中断请求标志位

当发送完一帧串行数据后，由硬件自动置“1”；CPU 响应中断后，由用户软件清“0”撤除中断，即 CLR　TI。

RI：串行口接收中断请求标志位

当接收完一帧串行数据后，由硬件自动置“1”；CPU 响应中断后，由用户软件清“0” 撤除中断，即 CLR　RI。

串行中断请求在硬件上，由 TI 和 RI 的“逻辑或”得到。就是说，无论是发送标志 TI 还是接收标志 RI，只要为“1”，都会产生串行中断请求。在中断子程序中判断是哪个标志位产生的“1”。

4.3.3　中断响应的条件、过程与时间

1. 中断响应的条件

单片机响应中断的条件为中断源有请求（中断允许寄存器 IE 相应位置 1），且 CPU 开中断（即 EA = 1）。这样，在每个机器周期的 S5P2 期间，对所有中断源按用户设置的优先级和内部规定的优先级进行顺序检测，并可在 S6 期间找到所有有效的中断请求。如有中断请求，且不满足下列条件之一，则在下一个机器周期的 S1 期间响应中断，否则将丢弃中断采样的结果：

（1）CPU 正处在为一个同级或高级的中断服务中。因为当一个中断被响应时，要把对应的优先级触发器置位，封锁了低级和同级中断。

（2）查询中断请求的机器周期不是当前指令的最后一个机器周期。作此限制的目的在于使当前指令执行完毕后，才能进行中断响应，以确保当前指令的完整执行。

（3）当前指令是返回指令（RET、RETI）或访问 IE、IP 的指令。因为按 51 单片机中断系统的特性规定，在执行完这些指令之后，还应再继续执行一条指令，然后才能响应中断。

51 单片机对中断查询的结果不作记忆，当有新的查询结果出现时，因为以上原因而被拖延的查询结果将不复存在，其中断请求也就不能再被响应了。

2. 中断响应过程

CPU 响应中断后，由硬件自动执行如下的功能操作：

（1）采样中断请求。根据中断请求源的优先级高低，对相应的优先级状态触发器置 1。

采样是中断处理的第一步，它是针对外中断请求信号进行的，因为这类中断发生在单片机芯片的外部，要想知道有没有外中断请求发生，采样是唯一可行的方法。

采样是对芯片引脚 $\overline{\text{INT0}}$（P3.2）和 $\overline{\text{INT1}}$（P3.3）在每个机器周期的 S5P2（第 5 状态第 2 拍节）进行的，根据采样结果来设置 TCON 寄存器中响应标志位的状态，也就是把外中断请求锁定在这个寄存器中。

对于电平方式的外中断请求，若采样为高电平，表明没有中断请求。TCON 寄存器的外中断请求标志位 IE0 或 IE1 继续为“0”；若为低电平，表明有中断请求，应把 IE0 或 IE1 置“1”。由于采样是直接对中断请求信号进行的，因此对中断请求信号就有一定要求。假定系统

的晶振频率为 6 MHz，对于电平方式的外部中断请求，信号电平需至少保持 12 个晶振周期，才能保证中断请求能被采样到。

对于脉冲方式的外中断请求，若在两个相邻机器周期采样到的是先高电平后低电平，则中断请求有效，应把 IE0 或 IE1 置“1”；否则 IE0 或 IE1 继续为“0”。对于脉冲方式的外部中断请求，如果系统的晶振频率为 6 MHz，则负脉冲的宽度也应至少为 12 个晶振周期，才能使负脉冲的跳变被采样到。

（2）对采样到的中断标志进行查询。

所谓查询，就是由 CPU 测试 TCON 和 SCON 中各标志位的状态，以确定有没有中断请求发生以及是哪一个中断请求。中断请求汇集使中断查询变得简单，因为只需针对两个寄存器进行就可以了。

51 系列单片机的设计思想是把所有中断的中断请求都汇集到 TCON 和 SCON 寄存器中。其中外中断是使用采样的方法把中断请求锁定在 TCON 寄存器的相应标志位中，而定时中断和串行中断的中断请求由于都发生在芯片的内部，可以直接去置位 TCON 和 SCON 中各自的中断请求标志位，不存在采样问题。汇集的情况如图 4-3 所示的中断标志。

（3）CPU 响应中断。保护断点，即把程序计数器 PC 的内容压入堆栈保存。把被响应的中断服务程序入口地址送入 PC，从而转入相应的中断服务程序执行。

（4）执行中断服务程序。

（5）中断请求的撤除。内部硬件可清除的中断请求标志位（IE0、IE1、TF0、TF1）。

（6）中断返回。中断返回前还要注意撤除中断请求，否则将在返回后引起新的中断。对于 T0、T1 可由硬件自动撤除。对于串口应将 TI、RI 指令清零。对于 $\overline{\text{INT0}}$、$\overline{\text{INT1}}$应将外部中断引脚恢复为高电平。

中断服务程序的最后一条指令必须是中断返回指令 RETI。CPU 执行该指令时，先将相应的优先级状态触发器清 0，然后从堆栈中弹出断点地址到 PC，从而返回到断点处。

由以上过程可知，51 单片机响应中断后，只保护断点而不保护现场信息（如累加器 A、工作寄存器 Rn、程序状态字 PSW 等），且不能清除串行口中断标志 TI 和 RI，也无法清除电平触发的外部中断请求信号。这都需要用户在编制中断服务程序时予以考虑。

3. 中断响应时间

所谓中断响应时间，是指 CPU 检测到中断请求信号到转入中断服务程序入口所需要的机器周期数。了解中断响应时间对设计实时测控应用系统有重要指导意义。

51 单片机响应中断的最短时间需 3 个机器周期。若 CPU 检测到中断请求信号时正好是一条指令的最后一个机器周期，则不需要等待就可以响应。而响应中断是由内部硬件执行一条长调用指令，需要 2 个机器周期，加上检测所需的一个机器周期，一共需要 3 个机器周期即可执行中断服务程序。

中断响应的最长时间由下列情况所决定：若中断检测时正在执行 RETI 或访问 IE 或 IP 指令的第一个机器周期，则包括检测在内需要 2 个机器周期（以上三条指令均需 2 个机器周期）；若紧接着要执行的指令恰好是执行时间最长的乘除法指令，则这两条指令的执行时间均为 4 个机器周期；再用 2 个机器周期执行一条长调用指令转入中断服务程序，总共需要 8 个机器周期。其他情况下的中断响应时间一般为 3 ~ 8 个机器周期。

4. 中断响应与执行过程

中断响应就是对中断源提出的中断请求的接受，是在中断查询之后进行的，当查询到有效的中断请求时，紧接着就进行中断响应。中断响应的主要内容是由硬件自动生成一条长调用指令 LCALL。其格式为 LCALL addrl6，这里的 addrl6 就是程序存储器中相应中断源的入口地址。在 51 单片机中，这些入口地址已由系统设定。例如，对于外部中断 0 的响应，产生的长调用指令为：

LCALL　　0003H

生成 LCALL 指令后，紧接着就由 CPU 执行。首先将程序计数器 PC 的内容压入堆栈以保护断点，再将中断入口地址装入 PC，使程序执行转向相应的中断区入口地址。但各中断区只有 8 个单元。一般情况下难以安排下一个完整的中断服务程序。因此通常总是在各中断区入口地址处放置一条无条件转移指令，使程序执行转向在其他地址存放的中断服务程序。中断响应必须满足响应条件，并不是查询到的所有中断请求都能被立即响应。进入中断后，首先保护现场，再执行中断服务程序。执行完中断服务程序后，恢复现场并返回主程序。具体过程如图 4-4 所示。

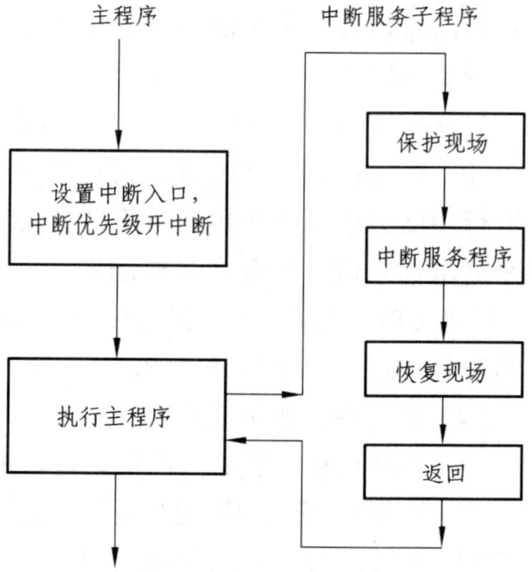

图 4-4　中断响应与执行过程示意图

4.3.4　中断优先级

1. 中断优先级控制

由于 51 单片机有多个中断源，但却只有两个优先级，高优先级中断、低优先级中断，由中断优先级寄存器 IP 确定其优先级，可实现二级中断嵌套。中断系统遵循如下三条规则：

（1）正在进行的中断过程不能被新的同级或低优先级的中断请求所中断，一直到该中断服务程序结束，返回了主程序且执行了主程序中的一条指令后，CPU 才响应新的中断请求。

（2）正在进行的低优先级中断服务能被高优先级中断请求所中断，实现两级中断嵌套。

（3）CPU 同时接收到几个中断请求时，首先响应优先级最高的中断请求。

上述前两条规则的实现是靠中断系统中的两个用户不可寻址的优先级状态触发器来保证的。其中一个触发器用来指示 CPU 是否正在执行高优先级的中断服务程序；另一个触发器则指示 CPU 是否正在执行低优先级的中断服务程序。当某个中断得到响应时，由硬件根据其优先级自动将相应的一个优先级状态触发器置“1”。执行时若高优先级的状态触发器为“1”，则屏蔽所有后来的中断请求；若低优先级的状态触发器为“1”，则屏蔽后来的同一优先级的中断请求。当中断响应结束时，对应优先级的状态触发器被硬件自动清“0”。

2．自然优先级

系统复位时低优先级是默认值。当有若干中断源处于同一中断优先级时，若同时接收到几个同一优先级的中断请求，则 CPU 又该如何响应中断呢？在这种情况下，响应的优先顺序由中断系统的硬件确定，CPU 自动按自然优先级执行，用户无法决定。顺序从高到低如下：

外部中断源 0→定时器 0→外部中断源 1→定时器 1→串口中断

4.3.5　中断程序举例

中断程序的结构及内容与 CPU 对中断的处理过程密切相关，通常分为两大部分。

1．主程序

（1）主程序的起始地址。

51 单片机复位后，（PC）= 0000H，而 0003H～002BH 分别为各中断源的入口地址。所以，编程时应在 0000H 处写一条跳转指令（一般为长跳转指令），使 CPU 在执行程序时，从 0000H 跳过各中断源的入口地址。

主程序是以跳转的目标地址作为起始地址开始编写，一般从 0030H 开始，如图 4-5 所示。

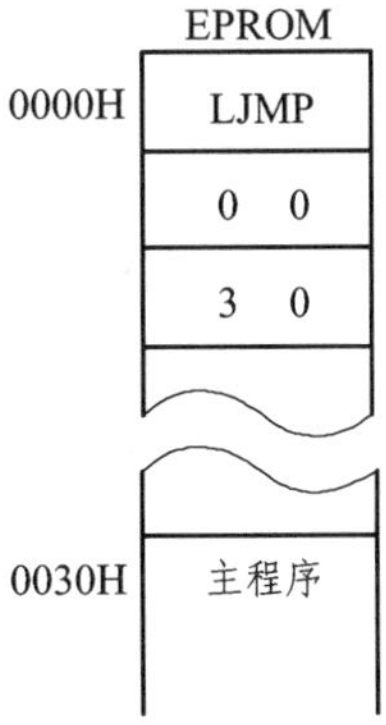

图 4-5　主程序地址安排

（2）主程序的初始化内容。

所谓初始化，是对将要用到的 51 单片机内部部件或扩展芯片进行初始工作状态设定。51 单片机复位后，特殊功能寄存器 IE、IP 的内容均为 00H，所以应对 IE，IP 进行初始化编程，以开放 CPU 中断，允许某些中断源中断和设置中断优先级等。

2．中断服务程序

（1）中断服务程序的起始地址。

当 CPU 接收到中断请求信号并予以响应后，CPU 把当前的 PC 内容压入栈中进行保护，然后转入相应的中断服务程序入口处执行。51 单片机的中断系统对五个中断源分别规定了各自的入口地址（见表 2-5），但这些入口地址相距很近（仅 8 个字节），如果中断程序的指令代码少于 8 个字节，则可从规定的中断服务程序入口地址开始，直接编写中断服务程序；若中断服务程序的指令代码大于 8 个字节，则应采用与主程序相同的方法，在相应的入口处写一条跳转指令，并以跳转指令的目标地址作为中断服务程序的起始地址进行编程。

以 $\overline{\text{INT0}}$ 为例，中断矢量地址为 0003H，中断服务程序从 0200H 开始，如图 4-6 所示。

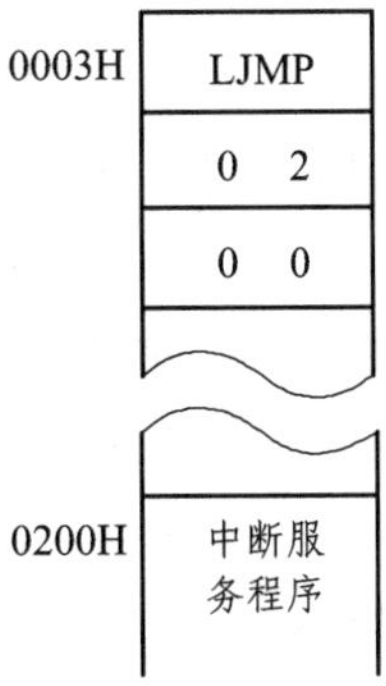

图 4-6　中断服务程序地址

（2）中断服务程序编制中的注意事项：

① 为了使中断服务程序的执行不破坏 CPU 中寄存器或

存储单元的原有内容，以免在中断返回后影响主程序的运行，用户在进入中断服务之后，首先要把 CPU 中有关寄存器或存储单元的内容推入堆栈中保护起来。中断服务结束后，在返回主程序之前，则需把保存的现场内容从堆栈中弹出，以恢复寄存器或存储单元的原有内容。

② 在保护现场和恢复现场时，为了不使现场信息受到破坏或造成混乱，一般应关闭 CPU 中断，使 CPU 暂不响应新的中断请求。这样，在编写中断服务程序时，应注意在保护现场之前要关闭中断，在保护现场之后若允许高优先级中断嵌套，则应开中断。同样，在恢复现场之前关闭中断，恢复之后再开中断。

③ 若要在执行当前中断程序时禁止更高优先级中断，可以先用软件关闭 CPU 中断或禁止某中断源中断，在中断返回前再开放中断。

④ 及时清除那些不能被硬件自动清除的中断请求标志，以免产生错误的中断。

【例 4-2】在 AT89C51 单片机的 $\overline{\text{INT0}}$ 引脚外接脉冲信号，要求每送来一个脉冲，把 30H 单元值加 1，若 30H 单元计满则进位 31H 单元。现利用中断编制脉冲计数程序。

主程序部分：

```
        ORG0000H
        AJMP  MAIN            ; 设置主程序入口地址
        ORG0003H              ; INT0 中断入口地址
        AJMP  SUBG            ; 设置中断服务程序入口地址
        ORG0100H
MAIN:   MOV  A, #00H          ; 30H、31H 两单元清零
        MOV  30H, A
        MOV  31H, A
        MOV  SP, #70H         ; 设置堆栈指针
        SETB  IT0             ; 设 INT0 为边沿触发
        SETB  EA              ; 开中断
        SETB  EX0             ; 允许 INT0 中断
        AJMP  $               ; 等待中断
```

中断服务程序：

```
        ORG0200H              ; 设置中断服务子程序位置
SUBG:   PUSH  ACC             ; 保护现场
        INC   30H             ; 中断后将脉冲计数值加 1
        MOV  A, 30H
        JNZ   BACK
        INC   31H
BACK:   POPACC                ; 恢复现场
        RETI                  ; 返回
```

4.4　51 单片机定时器/计数器

4.4.1　定时器/计数器概述

定时器/计数器是 51 单片机的重要功能模块之一。在检测、控制及智能仪器等应用中，常用定时器作实时时钟来实现定时检测、定时控制；还可用定时器产生毫秒宽的脉冲，来驱动步进电机一类的电器机械。计数器主要用于外部事件的计数。比如，单片机控制的电力拖动系统中，控制的对象是电动机，为了实现闭环控制，就需要定时对转速进行采样，若采用光电脉冲发生器做检测元件,则还应对每个采样周期中光电脉冲发生器发出的脉冲进行计数，然后再通过实时计算，就可求得对应的转速。

1. 定时器/计数器特点

对于定时器/计数器来说，不管是独立的定时器芯片还是单片机内的定时器，大都具有以下特点：

（1）定时器/计数器有多种方式，可以是计数方式，也可以是定时方式。

（2）定时器/计数器的计数值是可变的，当然计数的最大值是有限的，这取决于计数器的位数。计数的最大值也就限定了定时的最大值。

（3）在到达设定的定时或计数值时发出中断申请，以便实现功能控制。

2. 定时方法

在计算机的控制应用中，定时是必不可少的，可供选择的定时方法有：

（1）软件定时。

软件定时是靠执行一个循环程序以进行时间延迟。软件定时的特点是时间不精确，不需外加硬件电路。但软件定时要占用 CPU，增加 CPU 开销，因此软件定时的时间不宜太长。此外，软件定时方法在某些情况下无法使用。有关软件定时的详细内容请参见汇编语言程序设计一章。

（2）硬件定时。

对于时间较长的定时，常使用硬件电路完成。硬件定时方法的特点是定时功能全部由硬件电路完成，不占 CPU 时间，定时精确。但需通过改变电路中的元件参数来调节定时时间，在使用上不够灵活方便。

（3）可编程定时器定时。

这种定时方法是通过对系统时钟脉冲的计数来实现的。计数值通过程序设定,改变计数值，也就改变了定时时间，使用起来既灵活又方便。此外，由于采用计数方法实现定时，因此可编程定时器都兼有计数功能。可以对外来脉冲进行计数。

在单片机应用中，定时与计数的需求较多，为了使用方便并增加单片机的功能，把定时电路集成在芯片中，称之为定时器/计数器。

3. 计数功能的实现

所谓计数是指对外部事件进行计数。外部事件的发生以输入脉冲表示，因此计数功能的实质就是对外来脉冲进行计数。当设置为计数工作方式时，51 单片机有 T0（P3.4）和 T1（P3.5）两个信号引脚，分别是这两个计数器的计数输入端。外部输入的脉冲在负跳变时有效，进行计数器加 1（加法计数）。

计数方式下，单片机在每个机器周期的 S5P2 拍节对外部计数脉冲进行采样。如果前一个机器周期采样为高电平，后一个机器周期采样为低电平，即为一个有效的计数脉冲。在下一机器周期的 S3P1 进行计数。可见采样计数脉冲是在 2 个机器周期进行的。鉴于此，计数脉冲的频率不能高于振荡脉冲频率的 1/24。

4. 定时功能的实现

关于可编程定时器，要强调的是，定时功能也是通过计数器的计数来实现的，不过此时的计数脉冲来自单片机的内部，即每个机器周期产生一个计数脉冲。也就是对片内机器时钟（周期方波）进行计数，每个机器周期计数器加 1。由于一个机器周期等于 12 个振荡脉冲周期，因此计数频率为振荡频率的 1/12。如果单片机采用 12 MHz 晶体振荡，则计数频率为 1 MHz。即每微秒计数器加 1。这样不但可以根据计数值计算出定时时间，也可以反过来按定时时间的要求计算出计数器的预置值。定时时间的长短与计数器事先装入的初值有关，装入的初值越大，定时越短。

4.4.2　定时器/计数器结构及工作原理

1. 定时器/计数器的结构

51 系列单片机内部就有两个定时器/计数器 T0 和 T1。每个定时器/计数器都具有定时和计数两种功能。如图 4-7 定时器/计数器 T0、T1 的结构框图，图中给出了 51 系列单片机定时器 T0、T1 的结构及与 CPU 的关系框图，它反映了定时器/计数器在单片机中的位置和总体结构。它由加法计数器、工作方式寄存器 TMOD 、定时器控制寄存器 TCON 等组成。定时器/计数器的核心是 16 位加法计数器，16 位加 1 计数器由两个八位的特殊功能寄存器组成，分别用 TH0、TL0 及 TH1、TL1 表示。其中 TH0、TL0 是定时器/计数器 T0 加法计数器的高 8 位和低 8 位，TH1、TL1 是定时器/计数器 T1 加法计数器的高 8 位和低 8 位。它们可被程序控制为不同的组合状态（13 位、16 位、两个分开的 8 位等），只需用指令改变 TMOD（工作方式控制寄存器）的相应位，就形成了定时器/计数器不同的四种工作方式，具体如表 4-1 所示。

2. 定时/计数器的工作原理

单片机定时器/计数器的基本逻辑结构框图如图 4-8 所示。由图可见，定时器/计数器的核心是一个加 1 计数器（注意，有的计数器是减 1 计数器，如 8155A 内部定时器），其输入的计数脉冲有两个来源：一个是外部脉冲源，另一个是系统的时钟振荡器。计数器对两个脉冲源之一进行输入计数，每输入一个脉冲，计数值加 1。当加到计数器为全“1”时，再输入一个脉冲就使计数器回零，同时从最高位溢出一个脉冲使特殊功能寄存器 TCON（定时器控制寄存器）中的溢出中断标志 TF0 或 TF1 置 1，并可向 CPU 申请中断。如果定时器/计数器工作于定时状态，则表示定时的时间到，若工作于计数状态，则表示计数回零。所以，加 1 计数器的基本功能是对输入脉冲进行计数，至于其工作在定时还是计数状态，则取决于外接什么样的脉冲源。当脉冲源为时钟振荡器（等间隔脉冲序列）时，由于计数脉冲为一时间基准，所以脉冲数乘以计数脉冲周期就是定时时间，因此是定时功能。当脉冲源为间隔不等的外部脉冲发生器时，就是外部事件的计数器，因此是计数功能。

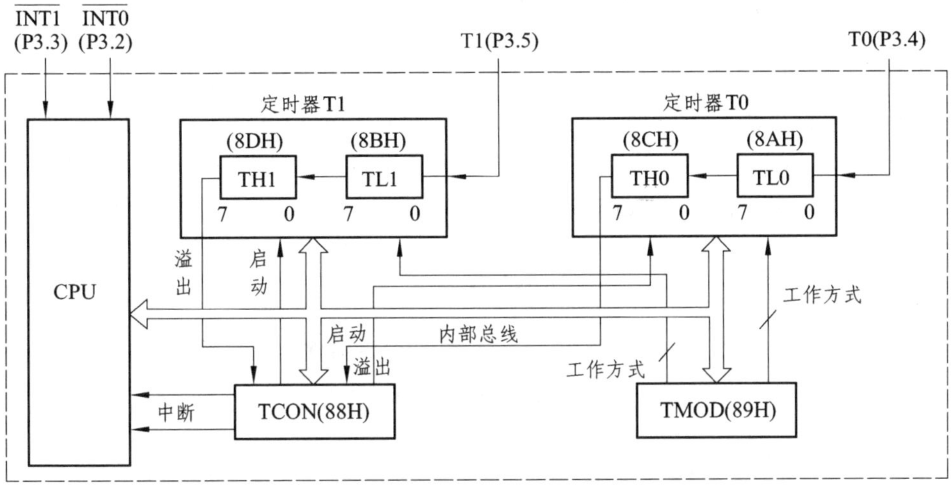

图 4-7　51 单片机定时器 / 计数器结构框图

表 4-1　定时器工作方式

工作方式	定时器0	定时器1
方式 0	13 位定时器/计数器	13 位定时器/计数器
方式 1	16 位定时器/计数器	16 位定时器/计数器
方式 2	8 位自动重装定时器	8 位自动重装定时器
方式 3	2 个 8 位定时器/计数器	串行口波特率发生器

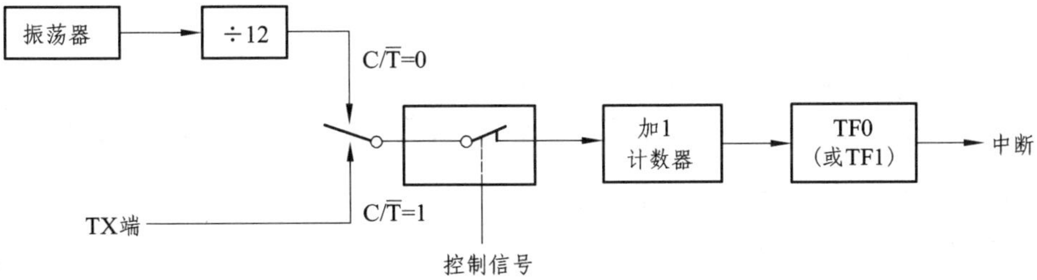

图 4-8　定时器/计数器原理示意图

图 4-8 中有两个模拟的位开关，前者决定定时器/计数器工作状态，是定时还是计数。当开关与振荡器相接则为定时，与 TX 端相接则为计数。后一个开关受控制信号的控制，它实际上决定了脉冲源是否加到计数器输入端，即决定了加 1 计数器的开启与运行。在实际线路中起这两个开关作用的是特殊功能寄存器 TMOD 与 TCON 的相应位。TMOD 和 TCON 是专

门用于定时器/计数器的控制寄存器，用户可用指令对其各位进行写入或更改操作，从而选择不同的工作状态（计数或定时）或启动时间，并可设置相应的控制条件，换言之，定时器/计数器是可编程的。

不管是定时还是计数工作方式，定时器/计数器 T0 或 T1 在对内部时钟或对外部事件计数时，不占用 CPU 时间，除非定时器/计数器溢出，才可能中断 CPU 的当前操作。由此可见，定时器/计数器是单片机中效率高而且工作灵活的部件。

4.4.3　定时器/计数器控制寄存器

如表 4-1 所示，T0 和 T1 有 4 种工作方式。这些方式由 TMOD 寄存器控制。每个定时器也可用作外部脉冲的计数器或其他可控功能方式，这些功能由 TMOD 和 TCON 寄存器控制，由软件写入 TMOD 和 TCON 两个 8 位寄存器，用来设置 T0 或 T1 的操作方式和控制功能。当系统复位时，两个寄存器所有位都被清 0。定时器/计数器的两个控制字分别为：

1. 工作方式控制寄存器 TMOD

TMOD 用于控制 T0 和 T1 的工作方式，可通过对 TMOD 编程设置来选择。其各位的定义格式如下所示（其中，低 4 位用于 T0，高 4 位用于 T1）：

TMOD (89H)	D7	D6	D5	D4	D3	D2	D1	D0
	GATE	C/$\overline{T}$	M1	M0	GATE	C/$\overline{T}$	M1	M0
	定时器T1				定时器T0			

以下介绍各位的功能：

（1）M1 和 M0——工作方式选择位，如表 4-2 所示。

表 4-2　定时器工作方式选择

M1	M0	工作模式	功能描述
0	0	方式 0	13 位计数器
0	1	方式 1	16 位计数器
1	0	方式 2	自动再装入 8 位计数器
1	1	方式 3	定时器 0：分成两个 8 位计数器。定时器 1：停止计数

（2）C/$\overline{T}$— 计数器/定时器方式选择位。

C/$\overline{T}$ = 0，设置为定时方式。

C/$\overline{T}$ = 1，设置为计数方式。

（3）GATE — 门控位，启动方式设定位。

GATE = 0 时，只要用软件使 TR0（或 TR1）置 1 就可以启动定时器，一般情况下 GATE = 0。

GATE = 1 时，只有 $\overline{\text{INT0}}$（或 $\overline{\text{INT1}}$）引脚为高电平且由软件使 TR0（或 TR1）置 1 时，才能启动定时器工作。常用于外部脉冲宽度的测量。

2. 定时器控制寄存器 TCON

定时器控制寄存器 TCON 除可字节寻址外，还可位寻址，各位定义及格式如下所示。

	8FH	8EH	8DH	8CH	8BH	8AH	89H	88H
TCON (88H)	TF1	TR1	TF0	TR0	IE1	IT1	IE0	IT0

（1）TF0/TF1：T0/T1 定时器/计数器溢出中断标志位。当 T0/T1 计数溢出时，由硬件置位，并在允许中断的情况下，向 CPU 发出中断请求信号，CPU 响应中断而转向中断服务程序时，由硬件自动将该位清 0。

（2）TR0/TR1：T0/T1 运行控制位。该位由软件进行设置。

当 TR0/TR1 = 1 时，启动 T0/T1；

当 TR0/TR1 = 0 时，关闭 T0/T1；

例如：启动 T0 工作，用指令

```
SETB    TR0
```

注意：① 复位后 TMOD、TCON 各位均清零。

② TCON 的低 4 位与外部中断有关。IE1、IT1、IE0 和 IT0（TCON.3 ~ TCON.0）分别为外部中断 $\overline{INT0}$，$\overline{INT1}$ 请求及请求方式控制位。

4.4.4 定时器/计数器工作方式及应用

为方便叙述，各工作方式以 T0 为例说明。

1. 工作方式 0

当 M1M0 = 00 时，定时器/计数器设定为工作方式 0，由定时器（T0 或 T1）的高 8 位 THX 和低 5 位 TLX 构成 13 位定时器/计数器。其逻辑结构如图 4-9 所示（图中 X 取 0 或 1，分别代表 T0 或 T1 的有关信号）。

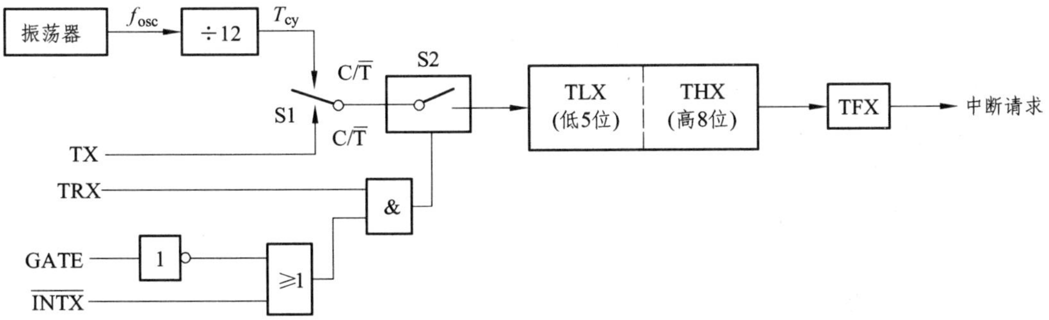

图 4-9　定时器/计数器方式 0 的逻辑结构

在这种模式下，16 位寄存器（TH0 和 TL0）只用了 13 位。其中，TL0 的高 3 位未用，其余位为整个 13 位的低 5 位，TH0 占高 8 位。当 TL0 的低 5 位溢出时，向 TH0 进位；TH0 溢出时，置位中断标志位（硬件置位 TF0），并申请中断。T0 是否溢出可查询 TF0 是否被置位，以产生 T0 中断。

在图 4-9 中，将开关 S2 打在下面，$C/\overline{T}=1$，定时器/计数器工作在计数状态，加法计数器对 TX 引脚上的外部脉冲计数。计数范围 $1\sim2^{13}$（8192）。

计数初始值 = 2^{13}（8192）－外部计数个数

如果开关 S1 打在上面，$C/\overline{T}=0$ 时，定时工作方式控制开关接通振荡器 12 分频输出端，加法计数器对机器周期脉冲计数，定时器/计数器工作在定时状态。

定时时间的计算公式为：

$$(2^{13}-\text{计数初值})\times\text{晶振周期}\times12$$

或

$$(2^{13}-\text{计数初值})\times\text{机器周期}$$

其时间单位与晶振周期或机器周期相同（μs）。

如：晶振频率为 6 MHz，则最小定时时间为：（初始值 = $2^{13}-1$）

$$[2^{13}-(2^{13}-1)]\times\frac{1}{6\times10^6}\times12=2\times10^{-6}=2\ (\mu s)$$

最大定时时间为：（初始值 = 0）

$$(2^{13}-0)\times\frac{1}{6\times10^6}\times12=1\ 6384\times10^{-6}=16\ 384\ (\mu s)$$

GATE = 0 时，由 TR0 位就可控制计数开关，开启或关断 T0。

GATE = 1 时，仅当 $\overline{INT0}=1$ 且 TR0 = 1 时，计数开关闭合，T0 开始计数；当 $\overline{INT0}$ 由 1 变 0 时，T0 停止计数。这一特性可以用来测量在 $\overline{INT0}$ 端出现的正脉冲的宽度。

【例 4-3】设定时器 T0 工作在方式 0，在 P1.0 引脚上输出周期为 2 ms 的方波（定时时间为 1 ms），$f_{osc}=6$ MHz。编程实现其定时功能。

解：当 T0 处于工作方式 0 时，加 1 计数器为 13 位。设 T0 的初值为 X。（1 机器周期 = 2 μs）

（1）计算 T0 初值 X。

$$(2^{13}-X)\times\frac{1}{6\times10^6\ s}\times12=1\times10^{-3}\ s$$

则：$X=7692$；转换为二进制数：1111000001100B；结果为（TH0）= F0H，（TL0）= 0CH。

（2）初始化。

选择 T0 并确定工作方式：（TMOD）= 00H

装入初始值：（TH0）= 0F0H　　（TL0）= 0CH

选择数据传输方式：

中断方式：允许 T0 中断

```
SETB   EA
SETB   ET0
```

查询方式：禁止 T0 中断

```
CLR   ET0
```

（3）程序清单。

将上述的分析过程用指令表示出来。

方法 1：中断法。在定时器初始化时要开放对应的中断允许（ET0 或 ET1）和总允许 EA，在启动后等待中断。当计数器溢出中断，CPU 将程序转到中断服务程序入口，因此应在中断服务程序中安排相应的处理程序。

主程序：

```
        ORG    1000H
PTOMD： MOV    TMOD，#00H       ；T0 方式 0
        MOV    TL0，  #0CH      ；送初值
        MOV    TH0，  #0F0H
        SETB   EA               ；CPU 开中断
        SETB   ET0              ；开 T0 中断
        SETB   TR0              ；启动定时
        SJMP   $                ；等待中断
```

中断服务子程序：

```
        ORG    0120H
ITOP：  MOV    TL0， #0CH       ；重新装入初值
        MOV    TH0，  #0F0H
        CPL    P1.0             ；P1.0 取反输出方波
        RETI
```

方法 2：查询法。在定时器初始化并启动后，在程序中安排指令查询 TF0 的状态。

```
        MOV    TMOD，#00H       ；设置 T0 为模式 0
        MOV    TL0，  #0CH      ；送初值
        MOV    TH0，  #0F0H
        CLR    ET0              ；禁止 T0 中断
        SETB   TR0              ；启动 T0
LOOP：  JBC    TF0，NEXT        ；查询定时时间是否到？
        SJMP   LOOP
NEXT：  MOV    TL0，#0CH        ；重装计数初值
        MOV    TH0，#0F0H
        CPL    P1.0             ；输出取反
        SJMP   LOOP             ；重复循环
```

2. 工作方式 1

当 M1M0 = 01 时，定时器/计数器设定为工作方式 1，构成了 16 位定时器/计数器。此时 TH0、TL0 都是 8 位加法计数器。其他与工作方式 0 相同。定时时间和计数长度均大于方式 0。

当为计数工作方式时，计数值的范围是：

$$1 \sim 2^{16} = 1 \sim 65\,536\text{（个外部脉冲）}$$

$$\text{计数初始值} = 2^{16} - \text{外部计数个数}$$

当为定时工作方式时，定时时间计算公式为：

$$(2^{16} - \text{计数初值}) \times \text{晶振周期} \times 12$$

或

$$(2^{16} - \text{计数初值}) \times \text{机器周期}$$

其时间单位与晶振周期或机器周期相同。

如：晶振频率为 6 MHz，则最小定时时间为：

$$[2^{16}-(2^{16}-1)]\times\frac{1}{6\times10^{6}}\times12=2\times10^{-6}=2\ (\mu s)$$

最大定时时间为：

$$(2^{16}-0)\times\frac{1}{6\times10^{6}}\times12=131\ 072\times10^{-6}\ (s)=131\ 072\ (\mu s)\approx131\ ms$$

【例 4-4】用 AT89C51 单片机产生方波信号，晶振频率为 6 MHz，用 T0 定时，通过并行口 P1.0 输出频率为 1 kHz 的方波的程序（用查询方式）。

```
        ORG     2000H
START:  MOV  TMOD, #01H      ；T0 工作于方式 1
        MOV  TL0,  #06H      ；时间常数初值低 8 位
        MOV  TH0,  #0FFH     ；时间常数初值高 8 位
        CLR  ET0             ；禁止 T0 中断
        SETB TR0             ；启动 T0
LOOP:   JBC  TF0,  DONE      ；检查 T0 溢出否
        SJMP LOOP            ；未计满再查
DONE:   MOV  TL0,  #06H      ；计满重装时间常数初值
        MOV  TH0,  #0FFH
        CPL  P1.0            ；将 P1.0 输出电平反相
        SJMP LOOP
```

中断方式的程序请读者自己思考写出来。

3. 工作方式 2

从前面的讲述可知，工作方式 0 和工作方式 1 的最大特点是计数溢出后，计数器为全“0”。因此循环定时或循环计数应用时就存在反复设置计数初值的问题。这不但影响定时精度，而且也给程序设计带来麻烦。方式 2 就是针对此问题而设置的。它具有自动重新加载功能，即自动加载计数初值，因此也可以说方式 2 是自动重新加载工作方式。在这种工作方式下，把 16 位计数器分为两部分，即以 TL0 作计数器，以 TH0 作预置寄存器，初始化时把计数初值分别装入 TL0 和 TH0 中。当计数溢出后，不是像前两种工作方式那样通过软件方法，而是由预置寄存器 TH0 以硬件方法自动给计数器 TL0 重新加载。变软件加载为硬件加载。

当 M1M0 = 10 时，定时器/计数器设定为工作方式 2。TL0 作为 8 位加法计数器使用，TH0 作为初值寄存器使用，TH0、TL0 的初值都由软件设置。TL0 计数溢出时，不仅置位 TF0 而且发出重装载信号，使三态门打开，将 TH0 中的初值自动送入 TL0，并从初值开始重新计数。重装初值后，TH0 的内容保持不变。其逻辑结构如图 4-10 所示，其中 THX 为 TLX 重新赋值寄存器，TLX 为 8 位定时器/计数器。

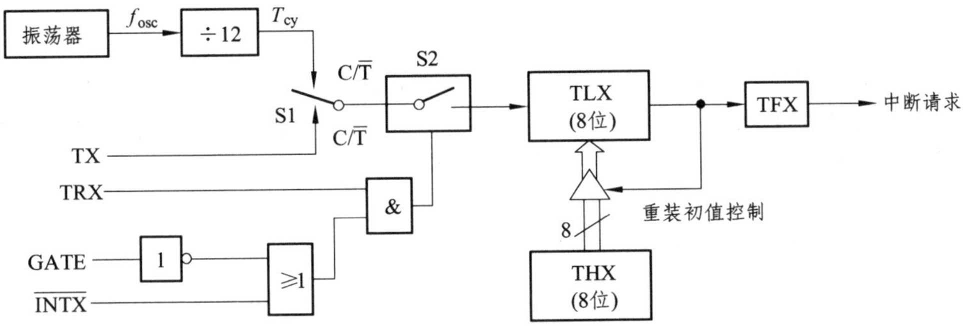

图 4-10　定时器/计数器方式 2 的逻辑结构

在程序初始化时，TLX 和 THX 由软件赋予相同的 8 位计数初值。一旦 TLX 计数溢出，便置位 TFX，并同时把保存在预置寄存器 THX 中的初值再自动装入 TLX，然后 TLX 重新计数，循环重复。这不但省去了用户程序中的重装指令，而且也有利于提高定时精度。但这种工作方式下是 8 位计数结构，计数值有限，最大只能到 255。用于计数工作方式时，最大计数长度（THX 初值 = 0）为 256 个外部脉冲。

用于定时工作方式时，其定时时间（TFX 溢出周期）为：

$$t = (2^8 - \text{THX 初值}) \times \text{振荡周期} \times 12$$

用于计数工作方式时，最大计数长度为：

$$2^8 = 256\text{（个外部脉冲）}$$

这种自动重新加载工作方式非常适用于循环定时或循环计数应用，例如用于产生固定脉宽的脉冲，此外还可以作串行数据通信的波特率发送器使用。

【例 4-5】利用定时器 T1 的模式 2 对外部信号计数。要求每计满 100 次，累加器 A 加 1。

解：计算 T1 的计数初值：$X = 2^8\text{-}100 = 156D = 9CH$。

因此，TL1 的初值为 9CH，重装初值寄存器 TH1 = 9CH。

程序清单：

```
        ORG   0000H
        LJMP  MAIN
        ORG001BH                ；中断服务程序入口
        LJMP  INTT1
MAIN：  MOV   TMOD，  #60H       ；T1 为模式 2 计数方式
        MOV   TL1，   #9CH       ；赋初值
        MOV   TH1，   #9CH
        MOV   IE，    #88H       ；定时器 T1 开中断
        SETB  TR1               ；启动计数器
HERE：  SJMP HERE               ；等待中断
```

中断服务程序：

```
INTT1： ZNCA
        RETI
```

4. 工作方式 3

当 M1M0 = 11 时，定时器/计数器设定为工作方式 3。方式 3 只适用于定时器 T0。在方式 3 下，T0 被分成两个相互独立的 8 位计数器 TL0 和 TH0，方式 3 下的定时器/计数器的逻辑结构如图 4-11 所示。

从图 4-11 看出：

（1）TH0 和 TL0 变成 2 个分开的计数器。

（2）TL0 占用了定时器 T0 的全部控制位（C/$\overline{T}$，GATE，TR0，TF0），可工作在定时或计数方式。

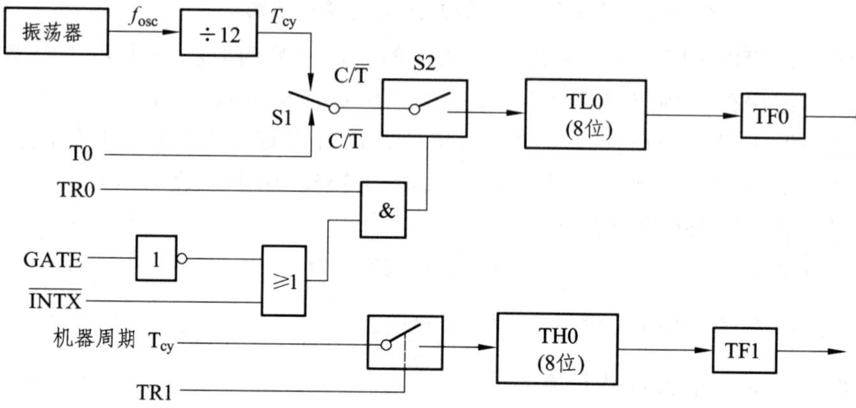

图 4-11　定时器/计数器方式 3 的逻辑结构

（3）TH0 只能用于定时方式，运行控制位和溢出标志位则借用定时器 T1 的 TR1 和 TF1。其启动和关闭仅受 TR1 的控制。

（4）在 T0 设置为方式 3 工作时，一般是将定时器 T1 作为串行口波特率发生器，或用于不需要中断的场合。

在工作方式 0、工作方式 1、工作方式 2 下，T0、T1 两个定时器/计数器的设置和使用是完全相同的。但是在工作方式 3 下，两个定时器/计数器的设置和使用却是不同的。

【例 4-6】用 T0 方式 3，分别产生 200 μs 和 300 μs 的定时，并使 P1.0 和 P1.1 分别产生 400 μs 和 600 μs 的方波。（$fosc$ = 6 MHz）

解：本题需要 2 个定时器 TH0 和 TL0

计数初始值计算：（2^8 − 初始值）× 2 = 200 或 300

TH0 的初值 = 156 = 9CH；TL0 的初值 = 106 = 6AH

初始化：TMOD：03H 且 TR0 = 1 和 TR1 = 1

```
        ORG     0000H
START： AJMP    MAIN            ；转主程序
        ORG     000BH           ；转 TR0 溢出中断
        AJMP    PIT0
        ORG     001BH           ；转 TR1 溢出中断
        AJMP    PIT1
MAIN：  MOV     TMOD，#03H
```

```
        MOV     TH0，#6AH
        MOV     TL0，   #9CH
        MOV     IE，    #8AH
        MOV     TCON，  #50H
        SJMP    $
PIT1:   MOV     TH0，#6AH          ；定时 300 μs
        CPL     P1.1
        RETI
PIT0:   MOV     TL0，#9CH          ；定时 200 μs
        CPL     P1.0
        RETI
```

【例 4-7】用定时器/计数器 T0 监视一生产线，每生产 100 个工件，发出一包装命令，包装成一箱，并记录其箱数。硬件电路如图 4-12 所示。

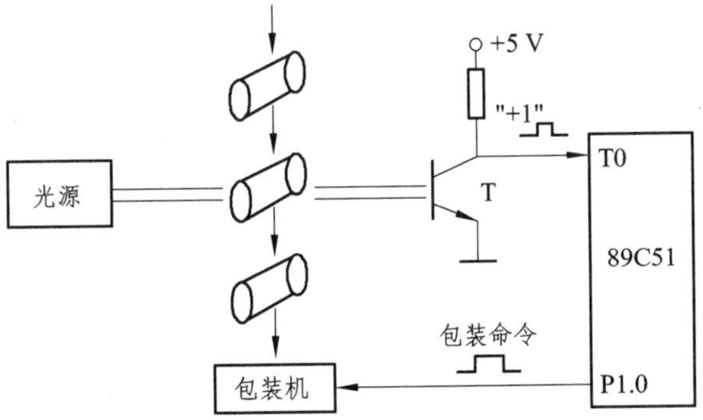

图 4-12　例 4-7 题图

用 T0 作计数器，T 为光敏三极管。当有工件通过时，三极管输出高电平，即每通过一个工件，便会产生一个计数脉冲。

T0 工作于计数器方式的方式 2，方式控制字为 TMOD：00000110B；计数初值为 TH0 = TL0 = 256 − 100 = 156 = 9CH；用 P1.0 启动包装机包装命令；用 R5、R4 作为箱数计数器。

程序如下：

```
        ORG     0000H
        LJMP    MAIN                ；主程序
        ORG   000BH                 ；T0 中断服务程序
        LJMP    COUNT
        ORG     0030H
MAIN:   MOV     SP，     #60H
        CLR     P1.0
        MOV     R5，     #0         ；箱数计数器清“0”
        MOV     R4，     #0
        MOV     TMOD，   #06H       ；置 T0 工作方式
        MOV     TH0，    #9CH
        MOV     TL0，    #9CH
```

```
        SETB    EA                  ; CPU 开中断
        SETB    ET0
        SETB    TR0
        SJMP    $
```

中断服务子程序：

```
COUNT:  MOV     A,    R4            ; 箱数计数器加 1
        ADD     A,    #01H
        MOV     R4,   A
        MOV     A,    R5
        ADDC    A,    #00H
        MOV     R5,   A
        SETB    P1.0                ; 启动包装
        MOV     R3,   #100
DLY:    NOP                         ; 给外设一定时间
        DJNZ    R3,   DLY
        CLR     P1.0
        RETI                        ; 中断返回
        END
```

【例 4-8】设系统时钟频率为 12 MHz，编程实现 P1.1 引脚上输出周期为 1 s，占空比为 20% 的脉冲信号。

分析：根据输出要求，脉冲信号在一个周期内高电平占 0.2 s，低电平占 0.8 s，超出了定时器的最大定时间隔，因此利用定时器 0 产生一个基准定时配合软件计数来实现。取 10 ms 作为基准定时，采用工作方式 1，这样整个周期需要 100 个基准定时，其中高电平占 20 个基准定时，低电平占 80 个基准定时。

程序代码如下：

```
        ORG     0000H
        LJMP    MAIN
        ORG     000BH
        LJMP    T0INT
        ORG     0030H
MAIN:   MOV     SP,   #60H
        MOV     R7,   #0
        MOV     TMOD, #01H          ; 初始化
        MOV     TH0,  #0D8H
        MOV     TL0,  #0F0H
        SETB    EA
        SETB    ET0
        SETB    TR0
        SJMP    $
```

中断服务程序：

```
T0INT: MOV    TH0,   #0D8H        ; 重载初始值
       MOV    TL0,   #0F0H
       INC    R7
       CJNER7, #20, LL1
CLR    P1.1
SJMP   LLEND
LL1:   CJNER7, #100, LLEND
       SETB   P1.1
       MOVR7, #00H
LLEND: RETI
```

如果定时时间长，8 位计数器不够，还可采用 16 位计数器或用更多字节单元计数。使用软件扩展方法，即利用内存单元作溢出次数的计数器。

【例 4-9】试编写利用 T0 产生 1 s 定时的程序。使得由 P1 口控制的 8 个 LED 指示灯每隔一秒轮流闪亮（输出为低电平时亮），设 f_{osc} = 6 MHz。

解：(1) 定时器 T0 工作模式的确定。

因定时时间较长，使用 51 单片机的定时器/计数器进行定时，即使按工作方式 1，其最大定时时间也只能达到 131 ms，离 1 s 还差很远。为此，我们把秒计时用硬件定时和软件计数相结合的方法实现，采用哪一种工作模式合适呢？可以算出：

① 模式 0 最长可定时 16.384 ms；

② 模式 1 最长可定时 131.072 ms；

③ 模式 2 最长可定时 512 μs。

题中要求定时 1s，可选模式 1，每隔 100 ms 中断一次，中断 10 次为 1 s。

初始值 X（设 $f$osc = 6 MHz，振荡脉冲经 12 分频得到机器周期）

因为
$$(2^{16}-X)\times\frac{12}{6\times10^{6}\,\text{Hz}}=100\times10^{-3}\,\text{s}$$

所以
$$X=15\ 536=3CB0H$$

因此，(TL0) = 0B0H，(TH0) = 3CH。

(2) 实现方法。

对于中断 10 次计数，可使 T0 工作在计数方式，也可用循环程序的方法实现。本例采用循环程序法。

(3) 程序设计。

```
       ORG    0000H
       LJMP   MAIN                ; 上电，转向主程序
       ORG    000BH               ; T0 的中断入口地址
       AJMP   DVT0                ; 转向中断服务程序
       ORG    2000H               ; 主程序
MAIN:  MOV    SP,     #60H        ; 设堆栈指针
       MOV    A,      #0FEH       ; 从右到左显示初始值
       MOV    R2,     #0AH        ; 设循环次数
```

```
        MOV    TMOD，#01H         ；设置 T0 工作于模式 1
        MOV    TL0，   #0B0H      ；装入计数值低 8 位
        MOV    TH0，   #3CH       ；装入计数值高 8 位
        SETB   TR0                ；启动定时器 T0
        SETB   ET0                ；允许 T0 中断
        SETB   EA                 ；允许 CPU 中断
        SJMP   $                  ；等待中断
中断服务子程序：
DVT0：  MOV    TH0，#3CH
        MOV    TL0，#0B0H
        DJNZ   R2，RTN            ；10 次未到继续中断
        RL     A                  ；左移一位
        MOV    P1，A
        MOV    R2，#0AH
RTN：   RETI
```

【例 4-10】门控位 GATE 的应用。

利用定时/计数器 T0 的门控位 GATE，测量引脚上出现的脉冲宽度，并将结果（机器周期数）存入内部 RAM 30H 和 31H 单元中。

解：（1）由题意分析，外部脉冲由引脚输入，可设 T0 工作于定时方式 1，计数初值为 0，在一个完整的外部脉冲宽度内对机器周期计数（定时方式），显然计数值乘上机器周期就是脉冲宽度。

（2）设定 GATE = 1，当 TR0 置 1 时，由外部脉冲上升沿启动 T0 开始工作。加 1 计数器开始对机器周期计数；引脚变为低电平时，停止计数，这时读出 TH0、TL0 的值，该计数值即为被测信号的脉冲宽度对应的机器周期数。测试过程如图 4-13 所示。

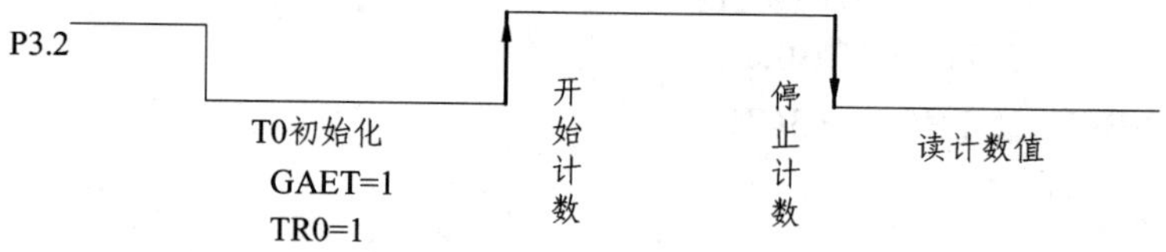

图 4-13　例 4-10 题图

（3）工作方式字 TMOD = 00001001B

计数初值 TH0 = 00H，TL0 = 00H

（4）程序设计：

```
        ORG0000H 菖
        LJMP  MAIN 菖
        ORG0030H 菖
MAIN：  MOV   TMOD，#09H              ；GATE = 1
        MOV   TH0，   #00H            ；置计数初值菖
        MOV   TL0，   #00H 菖
```

```
        MOV   R0,     #30H
WAIT1:  JB    P3.2,   WAIT1         ；等待变低
        SETB  TR0                   ；预启动 T0 蕌
WAIT2:  JNB   P3.2,   WAIT2         ；等待 INT0 变高、启动计数
WAIT3:  JB    P3.2,   WAIT3         ；等待 INT0 再变低蕌
        CLR   TR0                   ；停止计数
        MOV@R0,   TL0               ；读取计数值，存入指定单元
        INC   R0
        MOV@R0,   TH0 蕌
        AJMP  DATA                   ；转数据处理程序蕌
```

4.4.5 定时器/计数器工作方式小结

1. 定时/计数器计数初始化

（1）定时/计数器的初始化方法：初始化的主要内容是对 TCON 和 TMOD 编程，计算和装载 T0 和 T1 的计数初值。

（2）分析定时器/计数器的工作方式，将方式字写入 TMOD 寄存器（选择定/计、内/外启动、工作方式等）。

（3）计算 T0 或 T1 中的计数初值，并将其写入 TH0、TL0 或 TH1、TL1。

（4）根据需要开放 CPU 和定时/计数器的中断，即对 IE 和 IP 寄存器编程送初值。

（5）启动定时器/计数器工作：若要求用软件启动，编程时对 TCON 中的 TR0 或 TR1 置位即可启动；若由外部中断引脚电平启动，则对 TCON 中的 TR0 或 TR1 置位后，还需给外引脚（$\overline{INT0}$/$\overline{INT1}$）加启动电平。

2. 计数器初值的计算

（1）计数器不同工作方式时的计数初值。

$X = 2^M - N$（M 为计数器位数，N 为要求的计数值）

方式 0：$M = 13$，计数器的最大计数值 $2^{13} = 8\ 192$；

方式 1：$M = 16$，计数器的最大计数值 $2^{16} = 65\ 536$；

方式 2：$M = 8$，计数器的最大计数值 $2^8 = 256$；

方式 3：同方式 2。

（2）定时器工作方式时的计数初值。

在定时器方式下，定时器 T0（或 T1）是对机器周期进行计数的。

定时时间为：$t =$（2^M − 计数初值 X）×机器周期

则计数初值 $X = 2^M -$（$t/12 \times fosc$）

注意：不同工作方式下，M 的取值不同。若系统时钟频率 $fosc = 12$ MHz，

则方式 0：$M = 13$，定时器的最大定时值为 2^{13} × 机器周期 = 8 192 μs；

方式 1：$M = 16$，定时器的最大定时值为 2^{16} × 机器周期 = 65 536 μs；

方式 2：$M = 8$，定时器的最大定时值为 $2^8 \times$ 机器周期 = 256 μs；
方式 3 同方式 2。

3. 编写初始化程序的步骤

（1）方式控制字送 TMOD：

```
MOV     TMOD，#命令字
```

（2）计数器的初值送 TH0/TH1、TL0/TL1：

```
MOV     TH0，#初始值高 8 位
MOV     TL0，#初始值低 8 位
```

根据需要开放中断和设定优先级：即对 IE 和 IP 赋初值。

（3） 启动 T0/T1 开始工作：置位 TR0/TR1。

```
SETB    TR0/TR1
```

（4）等待溢出信号的出现（如何进入处理程序？）（查询法或中断法）

注意问题：

① 方式 0，1，3 溢出后要重装初值，方式 2 可自动重装初值。

② 方式 0 时 THX 为 8 位，TLX 为 5 位；方式 1 时 THX 为 8 位，TLX 为 8 位。

习　　题

1. 什么是中断和中断系统？其主要功能是什么？

2. 试编写一段对中断系统初始化的程序，使之允许 $\overline{\text{INT0}}$、$\overline{\text{INT1}}$、T0、串行口中断，且使 T0 中断为高优先级中断。

3. 当正在执行某一中断源的中断服务程序时，如果有新的中断请求出现，试问在什么情况下可响应新的中断请求？在什么情况下不能响应新的中断请求？

4. 51 单片机有五个中断源，但只能设置两个中断优先级，因此，在中断优先级安排上受到一定的限制。试问以下几种中断优先顺序的安排（级别由高到低）是否可能？若可能，则应如何设置中断源的中断级别？否则，请简述不可能的理由。

（1）定时器 0，定时器 1，外中断 0，外中断 1，串行口中断。

（2）串行口中断，外中断 0，定时器 0 溢出中断，外中断 1，定时器 1 溢出中断。

（3）外中断 0，定时器 1 溢出中断，外中断 1，定时器 0 溢出中断，串行口中断。

（4）外中断 0，外中断 1，串行口中断，定时器 0 溢出中断，定时器 1 溢出中断。

（5）串行口中断，定时器 0 溢出中断，外中断 0，外中断 1，定时器 1 溢出中断。

（6）外中断 0，外中断 1，定时器 0 溢出中断，串行口中断，定时器 1 溢出中断。

（7）外中断 0，定时器 1 溢出中断，定时器 0 溢出中断，外中断 1，串行口中断。

5. 阅读 T0、T1 初始化程序，回答下边几个问题（设主频为 6 MHz）

```
MOV     A，     #11H
MOV     TMOD，  A
MOV     TH0，   #9EH
```

```
MOV     TL0,    #58H
MOV     TH1,    #0F0H
MOV     TL1,    #60H
CLR     PT0
SETB    PT1
SETB    ET0
SETB    ET1
SETB    EA
*MOV    A,      #50H
*MOV    TCON,   A
        ⋮
```

（1）T0，T1 各用何方式工作？几位计数器？

（2）T0，T1 各自定时时间或计数次数是多少？

（3）T0，T1 的中断优先级？

（4）T0，T1 的中断矢量地址？

（5）最后两条带*号的指令功能是什么？

6. 单片机用内部定时方法产生频率为 100 kHz 等宽矩形波，假定单片机的晶振频率为 12 MHz，请编程实现。

7. 以 T1 进行外部事件计数。每计数 1 000 个脉冲后，T1 转为定时工作方式，定时 10 ms 后，又转为计数方式，如此循环不止。假定单片机晶振频率为 6 MHz，请使用方式 1 编程实现。

8. 每隔 1 秒钟读一次 P1.0，如果所读的状态为“1”，内部 RAM 10H 单元加 1；如果所读的状态为“0”，则内部 RAM 11H 单元加 1。假定单片机晶振频率为 12 MHz，请以软硬件结合方法定时实现。

第 5 章　单片机串行数据通信

【本章导读】

- 计算机数据通信基础知识
- 51 单片机串行口及控制寄存器
- 51 单片机串行口工作方式及应用
- PC 机与单片机通信原理

5.1　计算机数据通信基础知识

计算机的数据传送共有两种方式：并行数据传送和串行数据传送。

并行数据传送的特点是：各数据位同时传送，传送速度快、效率高。但有多少数据位就需多少根数据线，因此传送成本高。在集成电路芯片的内部、同一插件板上各部件之间、同一机箱内除插件板之间等的数据传送都是并行的，如图 5-1 所示。并行数据传送的距离通常小于 30 米。

串行数据传送的特点是：数据传送按位顺序进行，最少只需一根传输线即可完成，成本低，但速度慢。计算机与远程终端或终端与终端之间的数据传送通常都是串行的。串行数据传送的距离可以从几米到几千公里，如图 5-2 所示。

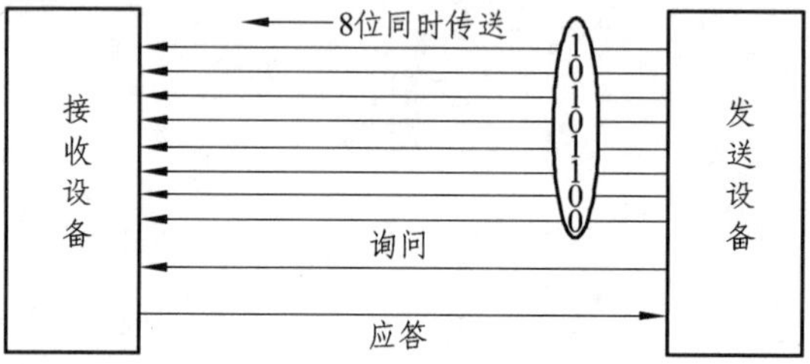

图 5-1　并行数据传送

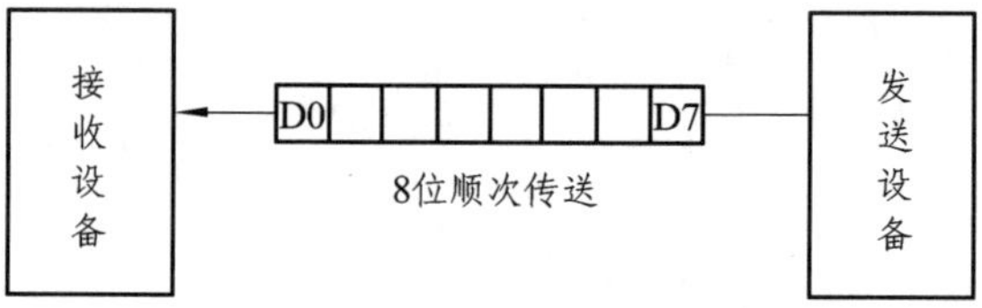

图 5-2　串行数据传送

5.1.1　串行通信基本原理

1．串行通信方式

串行数据传送又分为异步传送和同步传送两种方式。

（1）异步通信。

异步通信是指以字符（帧）为单位传送数据，用起始位和停止位标识每个字符的开始和结束字符，两次传送时间间隔不固定。异步通信为了可靠地传送数据，在每次传送数据的同时，附加了一些标志位。在大量数据传送时，为了提高速度，就去掉这些标志，这就是同步通信。采用同步传送，在数据块开始处要用同步字符来指示，并在发送端和接收端之间要用时钟来实现同步。

（2）同步通信。

同步通信中，在数据开始传送前用同步字符来指示（常约定 1~2 个），并由时钟来实现发送端和接收端同步，即检测到规定的同步字符后，下面就连续按顺序传送数据，直到通信告一段落。同步传送时，字符与字符之间没有间隙，也不用起始位和停止位，仅在数据块开始时用同步字符 SYNC 来指示。

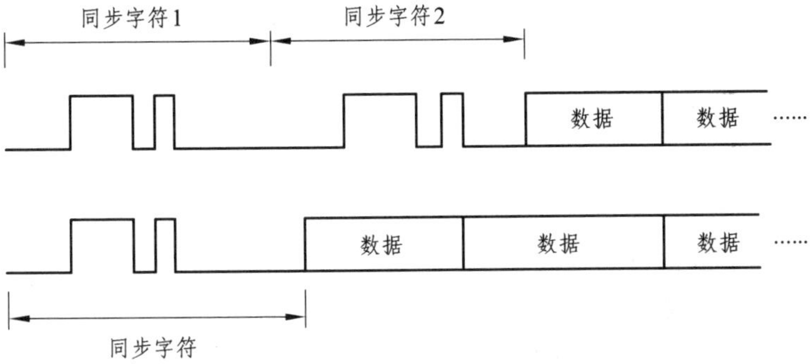

图 5-3　同步传送的数据格式

同步字符的插入可以是单同步字符方式或双同步字符方式，如图 5-3 所示，然后是连续的数据块。同步字符可以由用户约定，当然也可以采用 ASCII 码中规定的 SYNC 代码，即 16H。按同步方式通信时，先发送同步字符，接收方检测到同步字符后，即准备接收数据。在同步传送时，要求用时钟来实现发送端与接收端之间的同步。为了保证接收正确无误，发送方除了传送数据外，还要同时传送时钟信号。

同步传送可以提高传输速率（达 56 Kb/s 或更高），但硬件比较复杂。

在单片机应用系统中，异步串行通信用于单片机之间的通信，以及单片机与计算机、控制器、条码阅读器、IC 读写卡等智能外设之间的通信。因此本章重点介绍异步串行通信。

2. 异步串行通信的字符格式

由于异步串行数据通信以字符（帧）为单位，即一次传送一个字符。那么在一个字符的传送中应包含哪些信息呢？或者说字符传送的通信格式如何呢？如图 5-4 所示就是一个字符的异步串行传送格式。

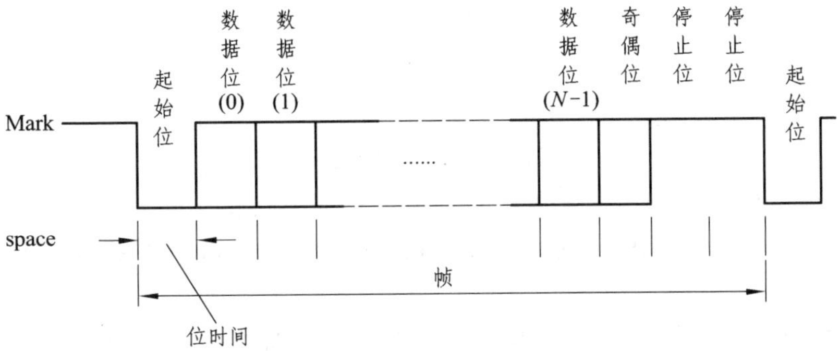

图 5-4　异步串行通信的字符格式

对异步串行数据通信的字符格式作如下说明：

（1）在这种格式标准中，信息的两种状态分别以 mark 和 space 标志。其中“mark”译为“标号”，对应逻辑 1 状态。在发送器空闲时，数据线应保持在 mark 状态；“space”译为“空格”，对应逻辑 0 状态。

（2）起始位。发送器是通过发送起始位而开始一个字符的传送。起始位使数据线处于“space”状态。

（3）数据位。起始位之后就传送数据位。在数据位中，低位在前（左），高位在后（右）。由于字符编码方式的不同，数据位可以是 5、6、7 或 8 位。

（4）奇偶校验位。用于对字符传送作正确性检查。奇偶校验位是可选择的，有 3 种可能，即奇、偶或无校验。由用户根据需要选定。

（5）停止位。停止位在最后，用以标志一个字符传送的结束，它对应于 mark 状态。停止位可能是 1、1.5 或 2 位。在实际应用中根据需要确定。

（6）位时间。一个数据位的时间宽度。

（7）帧（frame）。从起始位开始到停止位结束的时间间隔称之为一帧。就是一个字符的完整通信格式。因此也把串行通信的字符格式称之为帧格式。

异步串行通信是一帧接一帧进行的，传送可以是连续的，也可以是断续的。连续的异步串行通信，是在一个字符格式的停止位之后，立即发送下一个字符的起始位，开始一个新的字符传送。即帧与帧之间是连续的。而断续的异步串行通信，则是在一帧结束之后维持数据线的 mark 状态，使数据线处于空闲。新的起始位可以在任何时刻开始，并不要求整数倍的位时间。

3. 异步串行通信的信号形式

虽然都是串行通信，但近程的串行通信和远程的串行通信在信号形式上却有所不同。因此应按近、远程两种情况分别加以说明。

（1）近程通信。近程通信又称本地通信。近程通信采用数字信号直接传送形式。说得理论化一点，就是在传送过程中不改变原数据代码的波形和频率。这种数据传送方式称之为基带传送方式。如图 5-5 所示就是两台计算机近程串行通信的连接和代码波形图。

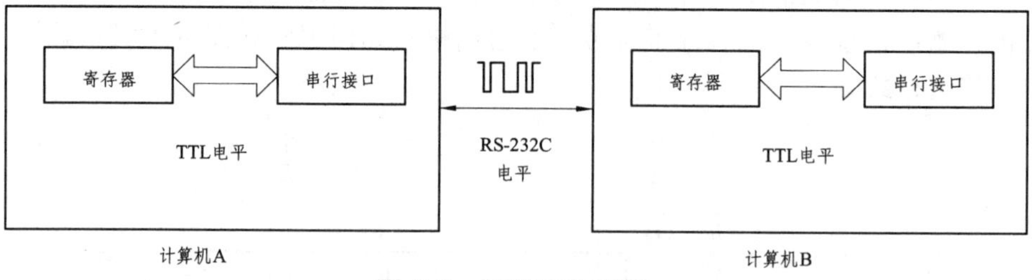

图 5-5 近程串行通信

串行通信可以使用的标准波特率在 RS-232C 标准中已有规定。串行通信使用 RS-232C 标准，它本是美国电子工业协会（Electronic Industry Association）的推荐标准，现已在全世界的范围广泛采用。

从图 5-5 可见，计算机内部的数据信号是 TTL 电平标准，而通信线上的数据信号却是 RS-232C 电平标准。然而尽管电平标准不同，但数据信号的波形和频率并没有改变。近程串行通信只需用传输线把两端的接口电路直接连起来即可实现，既方便又经济。

（2）远程通信。在远程串行通信中，应使用专用的通信电缆，出于经济考虑通常使用电话线作为传输线，如图 5-6 所示。

图 5-6　远程串行通信

远距离直接传送数字信号，信号会发生畸变，为此要把数字信号转变为模拟信号再进行传送。通常使用频率调制法，即以不同频率的载波信号代表数字信号的两种不同电平状态。这种数据传送方式就称之为频带传送方式。

4. 串行通信的数据通路形式

串行数据通信共有以下几种数据通路形式。

（1）单工形式。

单工形式的数据传送是单向的。通信双方中一方固定为发送端，另一方则固定为接收端。该数据通信只需要一条数据线，如图 5-7 所示。例如计算机与打印机之间的串行通信就是单工形式，因为只能有计算机向打印机传送数据，而不可能有相反方向的数据传送。

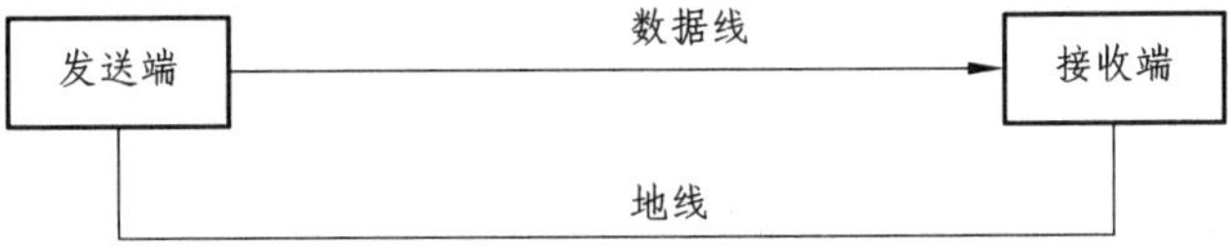

图 5-7　单工形式

（2）全双工形式。

全双工形式的数据传送是双向的，且可以同时发送和接收数据，因此需要两条数据线，如图 5-8 所示。

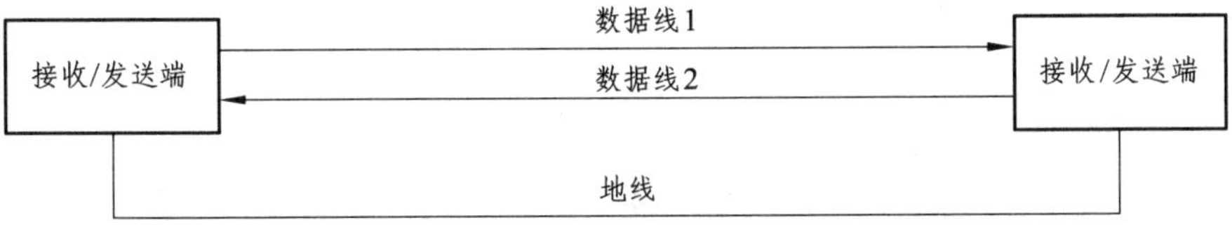

图 5-8　全双工形式

（3）半双工形式。

半双工形式的数据传送也是双向的。但在任何时候只能由其中的一方发送数据，另一方接收数据。因此只需要一条数据线，但也可以采用两条数据线，如图 5-9 所示。

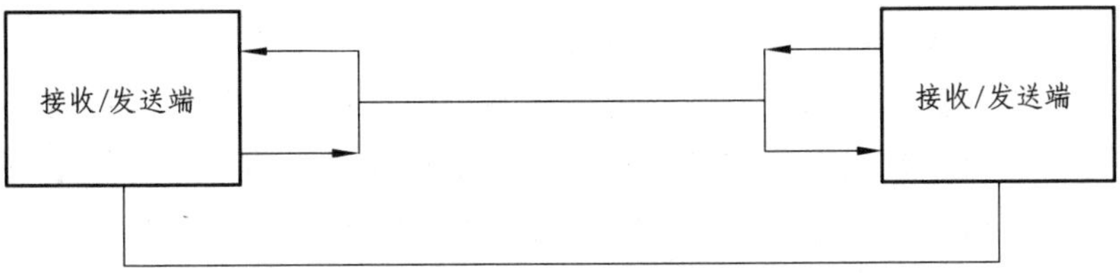

图 5-9　半双工形式

5．波特率和接收/发送时钟

（1）波特率。

波特率，即数据传送速率，表示每秒钟传送二进制代码的位数，即每秒传送一个数据位就是 1 波特。单位是位/秒（b/s）。1 波特 = 1 bps（b/s）

波特率是通信协议的内容之一。假设数据传送速率是 120 字符/秒，而每个字符格式包含 10 个二进制位（1 个起始位，8 个数据位，无校验位，1 个终止位），这时通信波特率为：

$$10 \times 120\ (b/s) = 1\ 200\ (b/s)$$

异步通信的常用波特率在 50 ~ 19 200 b/s。常用于计算机到终端机和打印机之间的通信、直通电报以及无线电通信的数据发送等。使用时应根据速度需要、线路质量以及设备情况等因素选定。波特率选定之后，对于设计者来说，就是如何得到能满足波特率要求的发送时钟脉冲和接收时钟脉冲。

（2）接收/发送时钟。

在串行通信过程中，二进制数字以信号波形的形式出现。不论接收还是发送，都必须有时钟信号对传送的数据进行定位。接收/发送时钟就是用来控制通信设备接收/发送字符数据速度的，该时钟信号由单片机和智能外设内部的时钟电路产生。

在接收数据时，接收器在接收时钟的上升沿对接收数据采样，进行数据位检测；在发送数据时，发送器在发送时钟的下降沿将移位寄存器的数据串行移位输出。在单片机系统中，接收/发送时钟频率一般是波特率的 16 倍或 64 倍。

（3）允许的波特率误差。

假设传递的数据一帧为 10 位，若发送和接收的波特率达到理想的要求，那么接收方时钟脉冲的出现时间保证对数据的采样都发生在每位数据有效时刻的中点。如果接收一方的波特率比发送一方大或小 5%，那么对 10 位一帧的串行数据，时钟脉冲相对数据有效时刻逐位偏移。当接收到第 10 位时，积累的误差达 50%，采样的数据已是第 10 位数据有效与无效的临界状态，这时就可能发生错位，所以 5%是最大的波特率允许误差。对于常用的 8 位、9 位和 11 位一帧的串行传送，其最大的波特率允许误差分别为 6.25%、5.56%和 4.5%。

6．串行通信的过程及通信协议

两个通信设备在串行线路上实现成功的通信必须解决两个问题：一是串 – 并/并 – 串的转换，即如何把要发送的并行数据串行化，把接收的串行数据并行化；二是设备同步，即发送设备和接收设备的工作节拍相同，以确保发送数据在接收端被正确读出。

（1）串 – 并/并 – 串的转换。

串行通信是将计算机内部的并行数据转换成串行数据，将其通过一根通信线传送，并将接收的串行数据再转换成并行数据送到计算机中。

在计算机发送串行数据之前，计算机内部的并行数据被送入移位寄存器并一位一位地移出，将并行数据转换成串行数据。在接收数据时，来自通信线路的串行数据被送入移位寄存器，满 8 位后并行送到计算机内部。在串行通信控制电路中，串 – 并/并 – 串转换逻辑被集成在串行异步通信控制器芯片中。

（2）设备同步。

进行串行通信的两台设备必须同步工作才能有效地检测通信线路上的信号变化，从而采样传送数据脉冲。设备同步对通信双方有两个共同要求：一是通信双方必须采用统一的编码方法；二是通信双方必须能产生相同的传送速率。

（3）串行通信协议。

通信协议是对数据传送方式的规定，包括数据格式定义和数据位定义等。通信方式必须遵从统一的通信协议。串行通信协议包括同步协议和异步协议两种，本书只讨论异步串行通信协议。

要想保证通信成功，通信双方必须有一系列的约定，例如：作为发送方，必须知道什么时候发送信息、发什么、对方是否收到、收到的内容有没有错、要不要重发、怎样通知对方结束等；作为接收方，必须知道对方是否发送了信息、发的是什么、收到的信息是否有错、如果有错怎样通知对方重发、怎样判断结束等。

这种约定就叫做通信规程或协议，它必须在编程之前确定下来。要想使通信双方能够正确地交换信息和数据，在协议中对什么时候开始通信、什么时候结束通信、何时交换信息等问题都必须做出明确的规定。只有双方都正确地识别并遵守这些规定才能顺利地进行通信。

5.1.2　串行接口电路

串行数据通信主要有两个技术问题。一个是数据传送，另一个则是数据转换。数据传送主要解决传送中的标准、格式及工作方式等问题。这些内容已在前面叙述过了。

所谓数据转换是指数据的串并行转换。因为在计算机中使用的数据都是并行数据，因此在发送端，要把并行数据转换为串行数据；而在接收端，却要把接收到的串行数据转换为并行数据。

数据转换由串行接口电路实现，这种电路也称之为通用异步接收发送器（UART）。尽管 UART 芯片的型号不同，但是，从原理上讲，一个典型的 UART 应包括接收器、发送器和控制电路等内容，基本组成如图 5-10 所示。

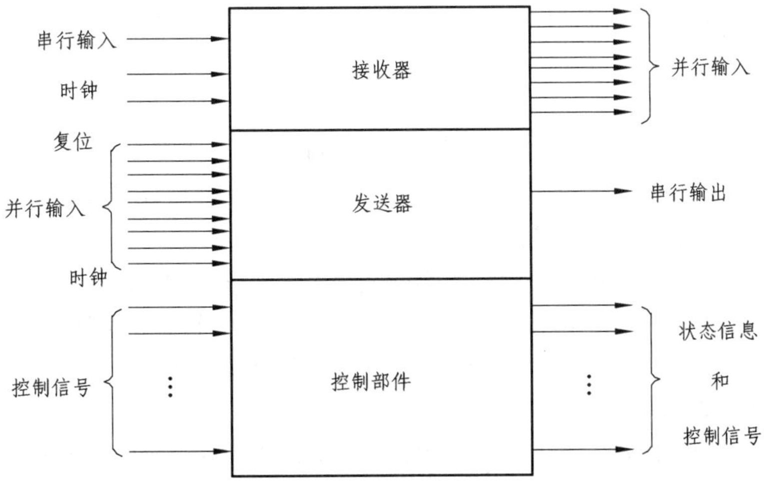

图 5-10　UART 基本组成框图

5.2　51 单片机串行口及控制寄存器

对于单片机来说，为了进行串行数据通信，同样也需要有相应的串行接口电路。只不过这个接口电路不是单独的芯片，而是集成在单片机芯片的内部，成为单片机芯片的一个组成部分。51 系列单片机有一个全双工的串行口，这个口既可以用于网络通信，也可以实现串行异步通信，还可以作为同步移位寄存器使用。

在串行口中可供用户使用的是它的寄存器，因此其寄存器结构对用户来说十分重要。

5.2.1　串行口的结构

51 单片机串行口中寄存器的基本结构如图 5-11 所示。

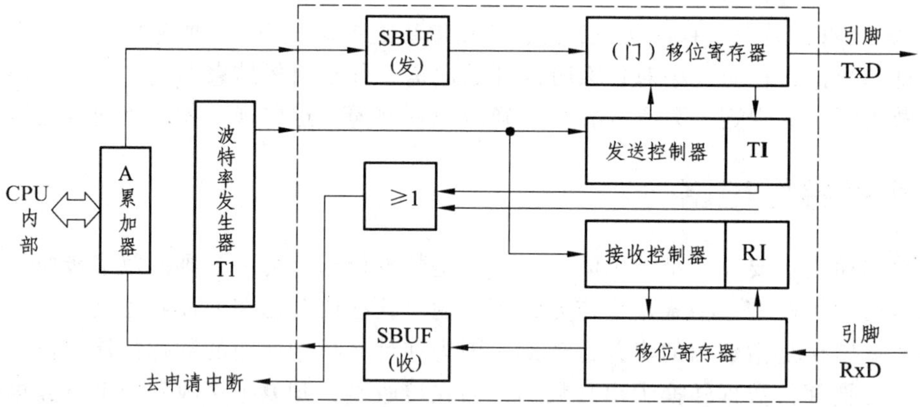

图 5-11　51 单片机串行口寄存器结构

图中共有两个串行口的缓冲寄存器（SBUF），一个是发送寄存器，一个是接收寄存器，使 51 单片机能以全双工方式进行通信。串行发送时，只能从片内总线向发送缓冲器 SBUF 写入数据，不能读出。串行接收时，只能从接收缓冲器 SBUF 向片内总线读出数据，不能写入。它们都是可寻址的寄存器，但因为发送与接收不能同时进行，所以给这两个寄存器赋以同一地址（99H）。

51 单片机通过引脚 RXD（P3.0，串行数据接收端）和引脚 TXD（P3.1，串行数据发送端）与外界进行通信。串行发送与接收的速率与移位时钟同步。51 单片机用定时器 T1 作为串行通信的波特率发生器，T1 溢出率经 2 分频（或不分频）后又经 16 分频作为串行发送或接收的移位脉冲。移位脉冲的速率即是波特率。

从图 5-11 中可看出，在接收寄存器之前还有移位寄存器，从而构成了串行接收的双缓冲结构，以避免在数据接收过程中出现帧重叠错误，即在前一个字节被从接收缓冲器 SBUF 读出之前，第二个字节即开始被接收（串行移入至移位寄存器），但是，在第二个字节接收完毕而前一个字节 CPU 未读取时，会丢失前一个字节。

在满足串行口接收中断标志位 RI（SCON. 0）= 0 的条件下，置允许接收位 REN（SCON. 4）= 1 就会接收一帧数据进入移位寄存器，并装载到接收 SBUF 中，同时使 RI = 1。当发“读”SBUF 命令时（执行“MOV A，SBUF”指令），便由接收缓冲器（SBUF）取出信息通过 51

单片机内部总线送 CPU。

串行口的发送和接收都是以特殊功能寄存器 SBUF 的名义进行读或写的。当向 SBUF 发“写”命令时（执行“MOV SBUF，A”指令），即是向发送缓冲器（SBUF）装载并开始由 TXD 引脚向外发送一帧数据，发送完便使发送中断标志位 TI = 1。与接收数据情况不同，对于发送缓冲器，因为发送时 CPU 是主动的，不会发生帧重叠错误，因此发送电路就不需双重缓冲结构。

5.2.2　串行通信控制寄存器

与串行通信有关的控制寄存器共有 3 个。

1．串行控制寄存器 SCON

SCON 是 MCS－51 的一个可位寻址的专用寄存器，用于串行数据通信的控制。单元地址 98H，位地址 9FH～98H。寄存器内容及位地址表示如下：

位地址	9FH	9EH	9DH	9CH	9BH	9AH	99H	98H
位符号	SM0	SM1	SM2	REN	TB8	RB8	T1	RI

各位功能说明如下：

（1）SM1、SM0——串行口工作方式选择位。

其状态组合所对应的工作方式为：

SM0	SM1	工作方式
0	0	0
0	1	1
1	0	2
1	1	3

（2）SM2——多机通信控制位。

因多机通信是在方式 2 和方式 3 下进行，因此 SM2 位主要用于方式 2 和方式 3。当串行口以方式 2 或方式 3 接收时，如 SM2 = 1，则只有当接收到的第 9 位数据（RB8）为“1”，才将接收到的前 8 位数据送入 SBUF，并置位 RI 产生中断请求；否则，将接收到的前 8 位数据丢弃。而当 SM2 = 0 时，则不论第 9 位数据为“0”还是为“1”，都将前 8 位数据装入 SBUF 中，并产生中断请求。在方式 0 时，SM2 必须为“0”。

（3）REN——允许接收位。

REN 位用于对串行数据的接收进行控制：

REN = 0　　禁止接收

REN = 1　　允许接收

该位由软件置位或复位。

（4）TB8——发送数据位 8。

在方式 2 和方式 3 时，TB8 的内容是要发送的第 9 位数据，其值由用户通过软件设置。在双机通信时，TB8 一般作为奇偶校验位使用；在多机通信中，常以 TB8 位的状态表示主机发送的是地址帧还是数据帧，且一般约定：TB8 = 0 为数据帧，TB8 = 1 为地址帧。

（5）RB8——接收数据位 8。

在方式 2 或方式 3 时，RB8 存放接收到的第 9 位数据，代表着接收数据的某种特征（与 TB8 的功能类似），故应根据其状态对接收数据进行操作。

（6）TI——发送中断标志。

当方式 0 时，发送完第 8 位数据后，该位由硬件置位。在其他方式下，于发送停止位之前，由硬件置位。因此 TI = 1，表示帧发送结束，其状态既可供软件查询使用，也可请求中断。TI 位由软件清“0”。

（7）RI——接收中断标志。

当方式 0 时，接收完第 8 位数据后，该位由硬件置位。在其他方式下。当接收到停止位时，该位由硬件置位。因此 RI = 1，表示帧接收结束。其状态既可供软件查询使用，也可以请求中断。RI 位由软件清“0”。

2. 电源控制寄存器 PCON

PCON 主要是为 CHMOS 型单片机的电源控制而设置的专用寄存器。单元地址为 87H。其内容如下：

位　序	D_7	D_6	D_5	D_4	D_3	D_2	D_1	D_0
位符号	SMOD	/	/	/	GF1	GF0	PD	IDL

（1）SMOD：在串行口工作方式 1、2、3 中，是波特率加倍位。

SMOD = 0 时，波特率不加倍

SMOD = 1 时，波特率加倍

系统复位时，SMOD = 0 （在 PCON 中只有这一个位与串口有关）

（2）GF1，GF0：用户可自行定义使用的通用标志位。

（3）PD：　掉电方式控制位。

PD = 0　工作方式

PD = 1　掉电方式

（4）IDL：　待机方式（空闲方式）控制位。

IDL = 0　常规工作方式

IDL = 1　进入待机方式

PCON 寄存器不能进行位寻址，因此表中写了“位序”而不是“位地址”。

3. 中断允许寄存器 IE

这个寄存器已在第 4 章中介绍过，此处是为串行数据通信的需要又一次列出。IE 各位定义如下：

位地址	AFH	AEH	ADH	ACH	ABH	AAH	A9H	A8H
位符号	EA	/	/	ES	ET1	EX1	ET0	EX0

其中　ES 为串行中断允许位：

ES = 0　禁止串行中断

ES = 1　允许串行中断

5.3　51 单片机串行口工作方式及应用

如前所述，51 单片机串行口的工作主要受串行口控制寄存器 SCON 的控制。另外，也和电源控制寄存器 PCON 有关系。SCON 寄存器用来控制串行口的工作方式，还有一些其他的控制作用。51 单片机的串行口共有 4 种工作方式，4 种方式的基本情况如表 5-1 所示。

表 5-1　串行口 4 种工作方式

SM0 SM1	工作方式	功能简述	波特率
0 0	方式 0	8 位同步移位寄存器输入/输出	f_{osc} / 12
0 1	方式1	10 位异步接收/发送	可变
1 0	方式 2	11 位异步接收/发送	f_{osc} / 32 或f_{osc} / 64
1 1	方式 3	11 位异步接收/发送	可变

从表 5-1 中可以看到，方式 0 和方式 2 的波特率是固定的，而方式 1 和方式 3 的波特率是可变的，其值由定时器 T1 的溢出率控制。下面分别介绍各种工作方式。

5.3.1　工作方式 0 及应用

在方式 0 下，是把串行口作为同步移位寄存器使用，这时以 RXD（P3.0）端作为数据移位的入口和出口，而由 TXD（P3.1）端提供移位时钟脉冲。移位数据的发送和接收以 8 位为一组，低位在前高位在后。其格式为：

…	D_0	D_1	D_2	D_3	D_4	D_5	D_6	D_7	…

1. 数据发送与接收

使用方式 0 实现数据的移位输入输出时，实际上是把串行口变成并行口使用。串行口作为并行输出口使用时，要有“串入并出”的移位寄存器（如 CD4094 或 74LS164，74HC164 等）配合，其电路连接如图 5-12 示。

数据预先写入串行口数据缓冲寄存器，然后从串行口 RXD 端在移位时钟脉冲（TXD）的控制下逐位移入 CD4094。当 8 位数据全部移出后，SCON 寄存器的发送中断标志 T1 被自动置“1”。其后主程序就可以中断或查询的方法，通过设置 STB 状态的控制，把 CD4094 的内容并行输出。

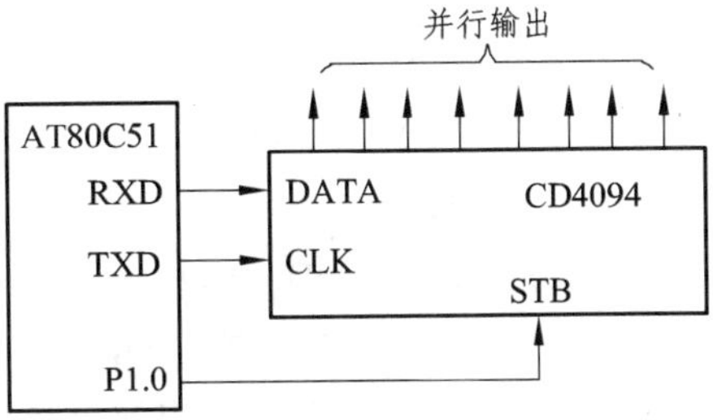

图 5-12　串行口与 CD4094 配合

如果把能实现“并入串出”功能的移位寄存器（如 CD4014 或 74LS165、74HC165 等）与串行口配合使用，就可以把串行口变为并行输入口使用，如图 5-13 所示。

CD4014 移出的串行数据同样经 RXD 端串行输入，还是由 TXD 端提供移位时钟脉冲。8 位数据串行接收需要有允许接收的控制，具体由 SCON 寄存器的 REN 位实现。REN = 0，禁止接收；REN = 1，允许接收。当软件置位 REN 时，即开始从 RXD 端输入数据（低位在前），当接收到 8 位数据时，置位接收中断标志 RI。

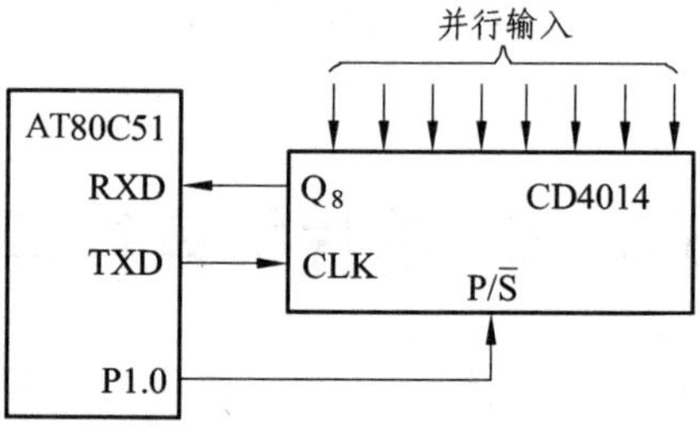

图 5-13　串行口与 CD4014 配合

方式 0 时，移位操作（串入或串出）的波特率是固定的，为单片机晶振频率的 1/12，如晶振频率以 f_{osc} 表示，则：波特率 = $f_{osc}/12$。按此波特率也就是一个机器周期进行一次移位，如 f_{osc} = 6 MHZ，则波特率为 500 K（bps），即 2 μs 移位一次。如 f_{osc} = 12 MHz，则波特率为 1 M（bps），即 1 μs 移位一次。

2．应用举例

串行口方式 0 的数据传送可以采用中断方式，也可以采用查询方式。无论哪种方式，都要借助于 TI 或 RI 标志。在串行口发送时，或者靠 TI 置位后引起中断申请，在中断服务程序中发送下一组数据；或者通过查询 TI 的值，只要 TI 为 0 就继续查询，直到 TI 为 1 后结束查询，进入下一个字符的发送。在串行口接收时，由 RI 引起中断或对 RI 查询来决定何时接收下一个字符。无论采用什么方式，在开始串行通信前，都要先对 SCON 寄存器初始化，进行工作方式的设置。在方式 0 中，SCON 寄存器的初始化只是简单地把 00H 送入 SCON 就可以了。

【例 5-1】利用串行口工作方式 0 扩展出 8 位并行 I/O 口，驱动共阳极 LED 数码管显示 0 ~ 9，电路连接如图 5-14 所示。

把 AT89C51 串行口 8 位状态码串行移位输出后，TI 置“1”，把 T1 作为状态查询标志，则使用查询方法完成的串行口和 CD4094 驱动共阳极 LED 数码管（查表）显示 0 ~ 9 数字的参考子程序如下：

```
DSPLY：MOV    DPTR，#TABLE
       MOVC   A，@A + DPTR
       MOV    SBUF，A
       JNB    TI，$
       CLR    TI
       RET
TABLE：DB 0C0H，0F9H，0A4H 0B0H，99H
       DB 92H，82H，0F8H，80H，90H
```

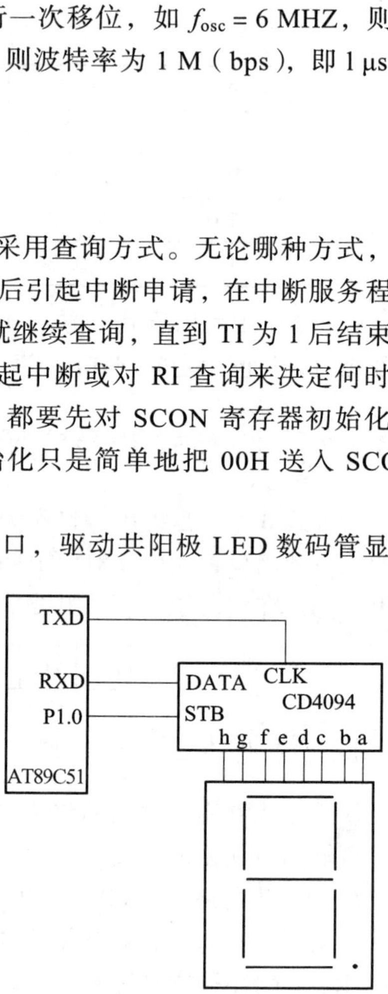

图 5-14　共阳极 LED 与单片机的联接

用方式 0 加上并入一串出移位寄存器可扩展一个 8 位并行输入口。移位寄存器必须带有预置/移位的控制端，由单片机的一个输出端子加以控制，以实现先由 8 位输入口置数到移位寄存器，然后再串行移位从单片机的串行口输入到接收缓冲器，最后再读入到 CPU 中。

【例 5-2】用 51 单片机串行口外加移位寄存器 CD4014（或 74LS165，166）扩展 8 位输入口，输入数据由 8 个开关提供，另有一个开关 K 提供联络信号。当 K = 0 时，表示要求输入数据，输入的 8 位为开关量，提供逻辑模拟子程序的输入信号。如图 5-15 所示。

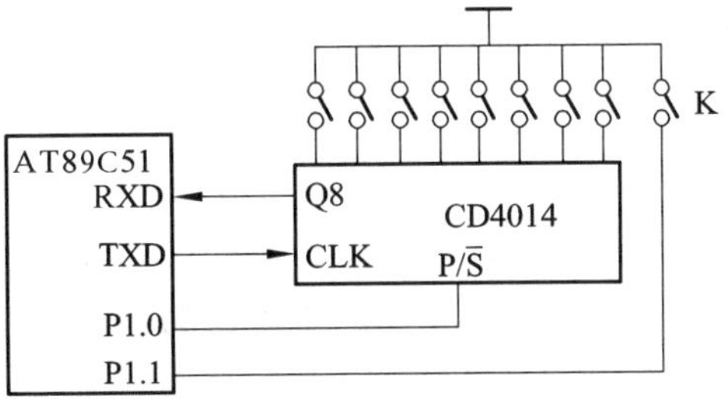

图 5-15　串行移位输入电路连接

解：串行口方式 0 的接收要用 SCON 寄存器中的 REN 位作为开关来控制。因此，初始化时，除了设置工作方式之外，还要使 REN 位为 1，其余各位仍然为 0。

对 RI 采用查询方式来编写程序，当然，先要查询开关 K 是否闭合。

参考程序：

```
START: MOV    SCON，#10H      ；串行口方式 0 初始化
       JB     P1.1，$         ；开关 K 未闭合，等待
       SETB   P1.0            ；P/S̄ = 1，并行置入数据
       CLR    P1.0            ；P/S̄ = 0，开始串行移位
       JNB    RI，$           ；查询 RI
       CLR    RI              ；查询结束，清 RI
       MOV    A，SBUF         ；读数据到累加器
       ACALL  LOGSIM          ；进行逻辑模拟
       SJMP   START           ；准备下一次模拟
```

5.3.2　工作方式 1 及应用

方式 1 是 10 位为一帧的异步串行通信方式。共包括 1 个起始位，8 个数据位和 1 个停止位。其帧格式为：

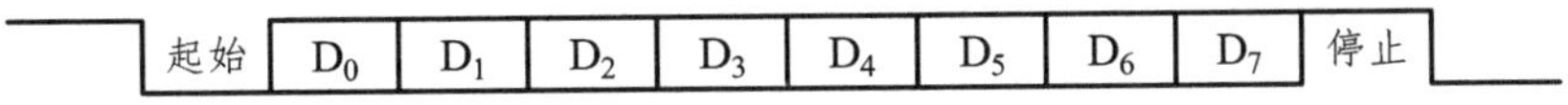

1．数据发送与接收

方式 1 的数据发送是由一条写发送寄存器（SBUF）的指令开始，随后在串行口由硬件自动加入起始位和停止位，构成一个完整的帧格式，然后在移位脉冲的作用下，由 TXD 端串行输出。一个字符帧发送完后，使 TXD 输出线维持在“1”（mark）状态下，并将 SCON 寄存器的 TI 置“1”，通知 CPU 可以接着发送下一个字符。

接收数据时，SCON 的 REN 位应处于允许接收状态（REN = 1）。在此前提下，串行口采样 RXD 端，当采样到从“1”向“0”的状态跳变时，就认定是接收到起始位。随后在移位脉冲的控制下，把接收到的数据位移入接收寄存器中。直到停止位到来之后置位中断标志位 RI，通知 CPU 从 SBUF 取走接收到的一个字符。

2．波特率的设定

方式 0 的波特率是固定的，但方式 1 的波特率则是可变的，以定时器 T1 作波特率发生器使用，其值由定时器 1 的计数溢出率来决定，其公式为：

$$波特率=\frac{2^{smod}}{32}\times(定时器1溢出率)$$

其中，smod 为 PCON 寄存器最高位的值，其值为 1 或 0。

当定时器 1 作波特率发生器使用时，选用工作方式 2（即 8 位自动加载方式）。定时器之所以选择工作方式 2，是因为方式 2 具有自动加载功能，可避免通过程序反复装入初值所引起的定时误差，使波特率更加稳定。假定计数初值为 X，则计数溢出周期为：

$$\frac{12}{f_{osc}}\times(256-X)$$

溢出率为溢出周期的倒数。则波特率计算公式为：

$$波特率=\frac{2^{smod}}{32}\times\frac{f_{osc}}{12\times(256-X)}$$

实际使用时，总是先确定波特率，再计算定时器 1 的计数初值，然后进行定时器的初始化。根据上述波特率计算公式，得出计数初值的计算公式为：

$$X=256-\frac{f_{osc}\times(2^{smod})}{384\times波特率}$$

以 T1 作波特率发生器是由系统决定的，硬件电路已经接好，无需用户在硬件上再做什么工作。用户需要做的只是根据通信所要求的波特率计算出定时器 T1 的计数初值，以便在程序中设置。

【例 5-3】假定甲、乙机以方式 1 进行串行数据通信，其波特率为 1 200 bps。甲机发送，发送数据在外部 RAM 4000H ~ 401FH 单元中。乙机接收，并把接收到的数据块首末地址及数据依次存入外部 RAM 5000H 开始的区域中，如图 5-16 所示。

图 5-16　串行口的双机通信

解题说明：

（1）假设晶振频率为 6 MHz，按 1 200 波特率，计算定时器 1 的计数初值。

$$X=256-\frac{6\times10^{6}\times1}{384\times1\ 200}=256-13=243=\text{F3H}$$

（2）smod = 0，波特率不倍增，则应使 PCON = 00H。

（3）串行发送的内容包括数据块的首末地址和数据两部分内容。对数据块首末地址以查询方式传送，而数据则以中断方式传送。因此在程序中要先禁止串行中断，后允许串行中断。

（4）数据的传送是在中断服务程序中完成的。数据为 ASCII 码形式，其最高位作奇偶校验位使用。51 单片机的 PSW 中有奇偶校验位 P，当累加器 A 中 1 的数目为奇数时，P = 1。

下面是发送和接收的参考程序。

甲机发送主程序：

```
        ORG    0023H
        AJMP   ACINT
        ORG    0030H
        MOV    TMOD, #20H       ；设置定时器 1 工作方式 2
        MOV    TL1, #0F3H       ；定时器 T1 数初值
        MOV    TH1, #0F3H       ；计数重装值
        SETB   EA               ；中断总允许
        CLR    ES               ；禁止串行中断
        MOV    PCON, #00H       ；波特率不倍增
        SETB   TR1              ；启动定时器 1
        MOV    SCON, #50H       ；设置串行口方式 1，REN = 1
        MOV    SBUF, #40H       ；发送数据区首地址高位
SOUT1:  JNB    T1, $            ；等待一帧发送完毕
        CLR    T1               ；清发送中断标志
        MOV    SBUF, #00H       ；发送数据区首地址低位
SOUT2:  JNB    T1, $            ；等待一帧发送完毕
        CLR    TI
        MOV    SBUF, #40H       ；发送数据区末地址高位
SOUT3:  JNB    T1, $            ；等待一帧发送完毕
        CLR    T1               ；清发送中断标志
        MOV    SBUF, #1FH       ；发送数据区末地址低位
SOUT4:  JNB    T1, $            ；等待一帧发送完毕
        CLR    TI
        MOV    DPTR, #4000H     ；数据区地址指针
        MOVX   A, @DPTR         ；读第一个数据
        INC    DPTR
        MOV    R7, #20H         ；数据个数
        SETB   ES               ；开放串行中断
        MOV    SBUF, A          ；启动发送第一个数据
        DEC    R7
AHALT:  AJMP   $                ；等待中断
```

甲机中断服务程序：

```
        ORG     0100H
ACINT:  MOVX    A，@DPTR              ；读数据
        CLR     TI                    ；清发送中断
        MOV     C，P                  ；奇偶标志赋予
        MOV     ACC.7，C              ；送 ASCII 码高位
        MOV     SBUF，A               ；发送字符
        DEC     R7
        CJNE    R7，#00H，AEND2       ；没发送完转 AEND2
        CLR     ES                    ；发送完禁止串行中断
        CLR     TRl                   ；定时器 1 停止计数
        AJMP    AENDl
AEND2:  INC     DPTR
AENDl:  RETI                          ；中断返回
```

乙机接收主程序：

```
        0RG     0023H
        AJMP    BCINT
        ORG     0030H
        MOV     TMOD，#20H            ；设置定时器 1 工作方式 2
        MOV     THl，#0F3H            ；定时器 1 计数初值
        MOV     TL1，#0F3H            ；计数重装值
        SETB    EA                    ；中断总允许
        CLR     ES                    ；禁止串行中断
        MOV     PCON，#00H            ；波特率不倍增
        SETB    TRl                   ；启动定时
        MOV     SCON，#50H            ；设置串行口方式 1，REN = 1
        MOV     DPTR，#5000H          ；数据存放首地址
        MOV     R7，#24H              ；接收数据个数
SINl:   JNB     Rl，$                 ；等待一帧接收完
        CLR     Rl                    ；清接收中断标志
        DEC     R7
        MOV     A，SBUF               ；接收数据区首地址高位
        MOVX    @DPTR，A              ；存首地址高位
        INC     DPTR                  ；地址指针增量
SIN2:   JNB     RI，$
        CLR     RI
        DEC     R7
        MOV     A，SBUF               ；接收数据区首地址低位
        MOVX    @DPTR，A              ；存首地址低位
        INC     DPTR
```

```
SIN3:  JNB     RI, $
       CLR     RI
       DEC     R7
       MOV     A, SBUF              ; 接收数据区末地址高位
       MOVX    @DPTR, A             ; 存末地址高位
       INC     DPTR
SIN4:  JNB     RI, $
       CLR     RI
       DEC     R7
       MOV     A, SBUF              ; 接收数据区末地址低位
       MOVX    @DPTR, A             ; 存末地址低位
       INC     DPTR
       SETB    ES                   ; 开放串行中断
BHALT: AJMP    $                    ; 等待中断
```

乙机中断服务子程序：

```
        ORG     0100H
BCINT:  MOV     A, SBUF              ; 接收数据
        MOV     C, P                 ; 奇偶标志赋予 C
        JNC     BEND3                ; C≠1 为偶数转至 BEND3
        ANL     A, #7FH              ; 为奇数删去校验位
BEND3:  MOVX    @DPTR, A             ; 存数据
        CLR     RI                   ; 清接收中断标志
        DEC     R7
        CJNE    R7, #00H, BENDl      ; 没接收完转 BENDl
        CLR     ES                   ; 接收完禁止串行中断
        CLR     TR1                  ; 定时器 1 停止计数
        AJMP    BEND2
BENDl:  INC     DPTR
BEND2:  RETI                         ; 中断返回
```

5.3.3　工作方式 2 及应用

方式 2 是 11 位为一帧的串行通信方式，即 1 个起始位、9 个数据位和 1 个停止位。

在方式 2 下，字符还是 8 个数据位。而第 9 数据位既可作奇偶校验位使用，也可作控制位使用，其功能由用户确定，发送之前应先在 SCON 的 TB8 位中准备好。这可使用如下指令完成：

```
SETB TB8      ; TB8 位置 1
CLR  TB8      ; TB8 位清 0
```

准备好第 9 数据位之后，再向 SBUF 写入字符的 8 个数据位，并以此来启动串行发送。

一个字符帧发送完毕后，将 TI 位置 1，其过程与方式 1 相同。方式 2 的接收过程也与方式 1 基本类似，所不同的只在第 9 数据位上，串行口把接收到的 8 个数据送入 SBUF，而把第 9 数据位送入 RB8。

方式 2 的波特率是固定的，且有两种。一种是晶振频率的 1/32；另一种是晶振频率的 1/64。即 $f_{osc}/32$ 和 $f_{osc}/64$。如用公式表示则为；

$$波特率 = \frac{2^{smod}}{64} \times f_{osc}$$

即与 PCON 寄存器中 SMOD 位的值有关。当 SMOD = 0 时，波特率为 f_{osc} 的 1/64；当 SMOD = 1 时，波特率等于 $fosc$ 的 1/32。

5.3.4　工作方式 3 及应用

方式 3 同样是 11 位为一帧的串行通信方式，其通信过程与方式 2 完全相同，所不同的仅在于波特率。方式 2 的波特率只有固定的两种，而方式 3 的波特率则可由用户根据需要设定。其设定方法与方式 1 一样，即通过设置定时器 1 的初值来设定波特率。串行口工作方式 3 主要用于多机通信。

串行口工作方式 2 和方式 3 应用举例：

【例 5-4】设计一个发送程序，将片内 RAM 50H～5FH 中的数据串行发送，串行口设定为方式 2 状态。TB8 作奇偶校验位。在数据写入发送缓冲器之前，先将数据的奇偶位 P 写入 TB8，这时第 9 位数据作奇偶校验用。

参考程序如下：

```
TRT:   MOV   SCON，#80H          ；方式 2 设定
       MOV   PCON，#80H          ；取波特率为 fosc 的 1/32
       MOV   R0，#50H            ；首地址 50H 送 R0
       MOV   R7，#10H            ；数据长度 10H 送 R7
LOOP： MOV   A，@R0              ；取数据送 A
       MOV   C，PSW.0
       MOV   TB8，C              ；P 送 TB8
       MOV   SBUF，A             ；数据送 SBUF 启动发送
WALT： JBC   TI，CONT            ；判断发送中断标志
       SJMP WALT
CONT： INC   R0
       DJNZ R7，LOOP
       RET
```

【例 5-5】设计一个接收程序，将接收的 16 个字节数据送入片内 RAM 50H～5FH 单元中。设串行口方式 3 状态工作，波特率为 2 400 bps。定时器 T1 为工作波特率发生器时，SMOD = 0，计数常数为 F4H。

参考程序如下：

```
RVE：MOV  TMOD，#20H            ；T1 编程为方式 2 定时状态
```

```
        MOV  TH1，#0F4H        ；计数常数送 Tl
        MOV  TL1，#0F4H
        SETB TRl              ；启动 Tl
        MOV  R0，#50H          ；R0 置初值
        MOV  R7，#10H          ；数据长度 10H 送 R7
        MOV  SCON，#0D0H       ；串行 El 编程方式 3 接收
        MOV  PCON，#00H        ；置 SMOD = 0
WAIT：  JBC    RI，PRI          ；等待接收到数据
        SJMP WAIT
PRI：   MOV  A，SBUF
        JNB  PSW.0，PNP        ；奇偶校验判 P = R1387
        JNB  RB8，PER          ；出错转至 PER 结束
        SJMP RIGHT
PNP：   JB   RB8，PER
RIGHT： MOV  @R0，A            ；数据送缓冲器
        INC  R0
        DJNZ R7，WAIT          ；判断数据块接收完否
        CLR  PSW.5            ；正确接收完 l6 个字节置标志
PER：   RET
```

5.4　PC 机与单片机的串行通信

实际应用中，有时选用单片机作为下位机，而用计算机作为上位机，组成多机系统。由单片机对数据进行采集，数据处理，同时实现对现场执行机构的直接控制。而计算机则为主控机，负责整个系统的安排，协调各从机之间的工作，完成从机之间的数据传送，对各从机传来的信息，进行综合运算、判断，做出决定，下达命令，对整个系统进行全面的管理。

在单片机应用系统中，经常需要通过 RS-232 串行口与微机进行通信。目前在各种操作系统中，Microsoft 的 Windows 平台较为常见。以往在 Windows 平台上的串行通信多使用其提供的 API 函数来实现，这种方法使用起来需要许多底层设置，因而较为烦琐，并且难以理解。Microsoft 推出的 ActiveX 技术提供了另外一种实现串行通信的方法。这种方法不仅相对较为简单，而且非常实用。

5.4.1　上位机串行通信的实现

Visual Basic 6.0 是基于 Basic 的可视化的程序设计语言，一方面它继承了早期 Basic 所具有的程序设计语言简单易用的特点，另一方面在其编程系统中采用了面向对象、事件驱动的编程机制，用一种巧妙的方法把 Windows 的编程复杂性封装起来，提供了一种所见即所得的可视化的程序设计方法。

1．MSCOMM 控件

MSCOMM 控件，即 Microsoft Communication Control，是 Microsoft 为简化 Windows 下串行通信编程而提供的 ActiveX 控件。它提供了一系列标准通信命令的使用接口，利用它可以建立与串口的连接，并可以通过串口连接到其他通信设备（如调制解调器），发出命令，交换数据以及监视和响应串行连接中发生的事件和错误。MSCOMM 控件可用于创建电话拨号程序、串口通信程序和功能完备的终端程序。

2．MSCOMM 控件提供了两种处理通信的方式

（1）事件驱动方式。当通信事件发生时，MSCOMM 控件会触发 OnComm 事件，调用者可以捕获该事件，通过检查其 CommEvent 属性便可确认发生的是哪种事件或错误，从而进行相应的处理。这种方法的优点是响应及时、可靠性高。

在编程过程中，可以在 OnComm 事件处理函数中加入自己的处理代码。这种方法的优点使程序响应及时、可靠性高。每个 MSComm 控件对应一个串行端口，如果应用程序需要访问多个串行端口，必须使用多个 MSComm 控件。

（2）查询方式。在程序的每个关键功能之后，可以通过检查 CommEvent 属性的值来查询事件和错误。如果应用程序较小，这种方法可能更可取。

查询方式实质上还是事件驱动，但在有些情况下，这种方式显得更为便捷。在程序的每个关键功能之后，可以通过检查 CommEvent 属性的值来查询事件和错误。例如，如果写一个电话拨号程序，则没有必要对每接收一个字符都产生事件，因为唯一等待接收的字符是调制解调器的“确定”响应。

微软为 WINDOWS XP 提供了串行通信控件 MSComm，文件名为 MSCOMM32.OCX。在 VB 通过 MSComm 控件可实现对串口状态、信息格式及协议的设置，并发送和接收串行数据。

CommEvent 的值在 MS2DN 中有明确规定。VB 中的 MSComm 控件所含的主要属性如下：

① CommPort 属性：设置并返回串口序号。

② Settings 属性：以字符串的形式设置并返回波特率、奇偶校验、数据位、停止位。字符串格式为“B，P，D，S”，其中 B 是波特率，P 是校验类型，D 是数据位数，S 是停止位数。该字符串的缺省值为“9600，N，8，1”。

③ PortOpen 属性：设置并返回串行口的状态。通信端口号为 1 ~ 99 的一个正整数，缺省值为 1。

④ Inbuffersize 属性：设置或返回接收缓冲区的容量（以字节为单位）。InBufferSize 表示接收缓冲区的总容量，缺省值为 1024 字节。如果出现溢出错误，再增大接收缓冲区容量以匹配发送速度。

⑤ Inbuffercount 属性：设置或返回接收缓冲区字段个数。设置或返回存放在接收缓冲区中的字符个数。通过设置 InBufferCount 的值为 0，可以将接收缓冲区清零。

⑥ Rthreshold 属性：接收缓冲区字节个数达到或超过 Rthreshold 时，引发 OnComm 事件。

⑦ Inputmode 属性：决定接收数据的格式，可以是二进制格式（默认）或字符格式。

⑧ Input 属性：从接收缓冲区读取并删除字符。

⑨ InputLen 属性：设置并返回 Input 属性一次从接收缓冲区读取的字符数，缺省值是 0。

⑩ Output 属性：向输出缓冲区写一个字符串。将一个字符串写入发送缓冲区或读取最近放入发送缓冲区的值。

⑪ CommEvent 属性，返回最近的通信事件或错误。该属性在设计时无效，在运行时为只读。只要有通信错误或通信事件发生时都会引发 OnComm 事件，CommEvent 属性存有该错误或事件的数值代码。CommEvent 的值是一个表示通信事件或通信错误的数字代码，数字代码与通信事件或通信错误的对应关系在 MSDN 中规定。

3. 编程实现

用 VB 实现串行通信的基本步骤如下：

① 端口初始化，包括设置端口号、波特率、奇偶校验类型、数据位、停止位、接收/发送缓冲区大小、通信事件触发条件等；

② 打开端口；

③ 响应 OnComm 事件，根据 CommEvent 属性值完成数据的接收、发送等功能；

④ 关闭端口。

```
’定义全局变量
  Global Count As Integer
  Global ReceiveData （30000）As Integer
’串口初始化
  Public Sub CommInit（    ）
  Comml. CommPort = 1                ’设置发送端口号
  Comml. Settings = “9600，0，8，1”’波特率：9600’奇校验’8位数据’1位停止位
  Comml. InputLen = 0                  ’读取接收缓冲区所有字符
  Comml. InBufferSize = 256          ’设置接收缓冲区’大小为256 字节
  Comml.OutBufferSize = 256          ’设置发送缓冲区’大小为256 字节
  Comml. SThreshold = 0                ’禁止发送
  Comml. RThreshold = 1                ’每一个字符到接收缓冲
’区都触发OnComm事件
  Comml. PortOpen = True            ’打开串行口1
  End Sub
’事件处理
  Public Sub Comml_OnComm （ ）
  Select Case Comml. CommEvent
  Case comEvReceive
’将接收数据放入数组 ReceiveData 中
  ReceiveData （Count） = Asc （Comm1. Input）
  Count = Count + 1
```

```
' 其他事件处理
  Case Else
' ……
  End Select
  End Sub
' 关闭端口
  Public Sub CommClose ( )
  Comml. PortOpen = False
  End Sub
```

5.4.2 单片机串行通信的实现

下位单片机的通信程序设计：

单片机的数据通信由串行口完成，定时器 T1 作为波特率发生器。程序约定：

（1）波特率设置：9600 波特；

（2）数据传输格式：1 个起始位，8 个数据位，一个可编程位（TB8），1 位停止位；

（3）工作方式设置：定时器 T1 设置为方式 2，串行可设置为工作方式 3；

（4）数据传输格式：单片机通过中断方式发送和接收数据。

系统中每一台单片机都有自己特定的地址码。当某台单片机的地址码与 PC 机发出的地址码相同时，这台单片机就发出应答信号给 PC 机，未被寻址的单片机不发出应答信号。该时刻 PC 机只与一台单片机传输信息。程序流程如图 5-17 所示。

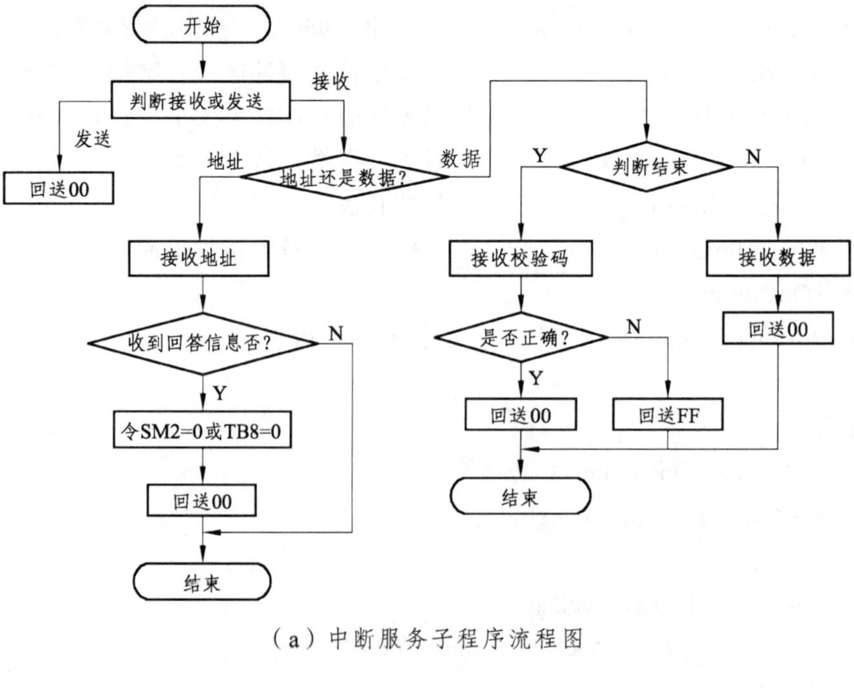

（a）中断服务子程序流程图

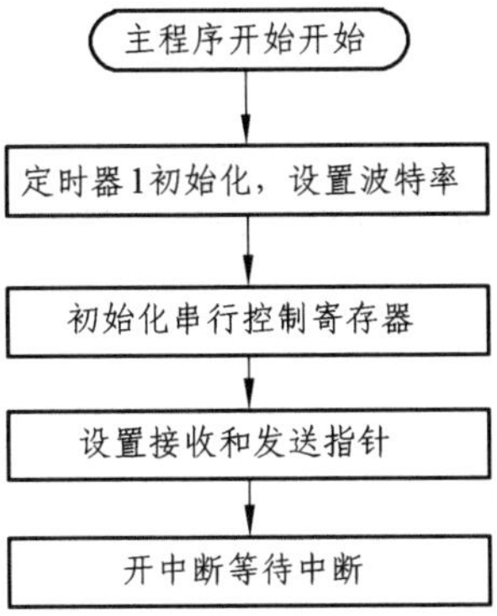

（b）主程序流程图

图 5-17　单片机串行通信程序流程图

RS-232-C 已经得到了非常广泛的应用。但因其规范推出较早，在数据通信中也有非常明显的缺点。例如，RS-232-C 采用的是单端电路，易于引入附加电平，如果两通信设备距离较远或电位差别较大，则这种电压差可达数伏，从而导致接收器接收错误的通信数据。

对于 PC 机与单片机间的远距离通信，则可采用 RS-422A/485 标准接口。

习　题

1. 什么是波特率?

2. 若异步通信，每个字符由 11 位组成，串行口每秒传输 250 个字符，则波特率是多少?

3. 怎样选择串行口的工作方式? REN 位的作用是什么? TI 和 RI 位何时置 1，何时清 0?

4. 试用 AT89C51 串行口扩展 I/O 口，控制 16 个发光二极管发光，画出电路并编写显示程序。

5. 51 单片机 P1 端口上，经驱动接有 8 支发光二极管，若外部晶振是 6 MHz，试编写程序，使这 8 支发光管每隔 2 s 循环发光（要求用 T1 定时）。

第 6 章 单片机外部存储器扩展

【本章导读】

- 单片机系统扩展的主要内容
- 单片机系统的扩展方法
- 存储器扩展的实现
- 51 单片机存储器系统使用特点

6.1 单片机系统扩展概述

单片机的芯片内集成了计算机的基本功能部件，已具备了很强的功能。一块芯片就是一个完整的最小微机系统。在智能仪器仪表、家用电器、小型检测及控制系统中直接使用本身功能就可满足需要，使用极为方便。但对于一些较大的应用系统来说，单片机毕竟是一块集成电路芯片，它的内部资源是有限的，其内部功能略显不足，这时就需要在片外扩展一些外围功能芯片。特别是 80C31 等芯片，必须扩展 EPROM 才能使用。为此应经常根据需要对单片机进行资源扩展，在 51 单片机外围可以扩展存储器芯片、I/O 口芯片及其他功能芯片，从而构成一个功能更强的单片机系统。

所谓系统扩展一般有两项主要任务：其一，是把系统所需的外设和单片机连接起来，使单片机系统能与外界进行信息交换。如通过键盘、A/D 转换器等外部设备向单片机送入数据、命令等有关信息，去控制单片机；通过显示器、发光二极管、打印机等设备把单片机处理的结果送出来，向人们提供各种信息或对外界设备提供控制信息，这项任务实际上就是单片机接口设计。其二，是扩大单片机的存储容量。由于单片机的结构、集成工艺等关系，单片机内的 ROM、RAM 等容量不可能很大，在使用中有时不够，需要在芯片外进行扩展。

那么单片机是如何扩展的？扩展部件是如何连接的？下面我们就这些问题进行讨论。

6.1.1 最小应用系统

单片机系统扩展一般是以基本的最小系统为基础的,故首先应熟悉最小应用系统的结构。所谓最小系统，是指一个真正可用的单片机最小配置系统。对于片内带有程序存储器的单片机（如 AT89C51），只要在芯片上外接时钟电路和复位电路就能达到真正可用，这就是一个最小系统，如图 6-1（a）所示。对于片内不带有程序存储器的单片机（如 80C31）来说，除了在芯片上外接时钟电路和复位电路外，还需外接程序存储器，才能构成一个最小系统，如图 6-1（b）所示。

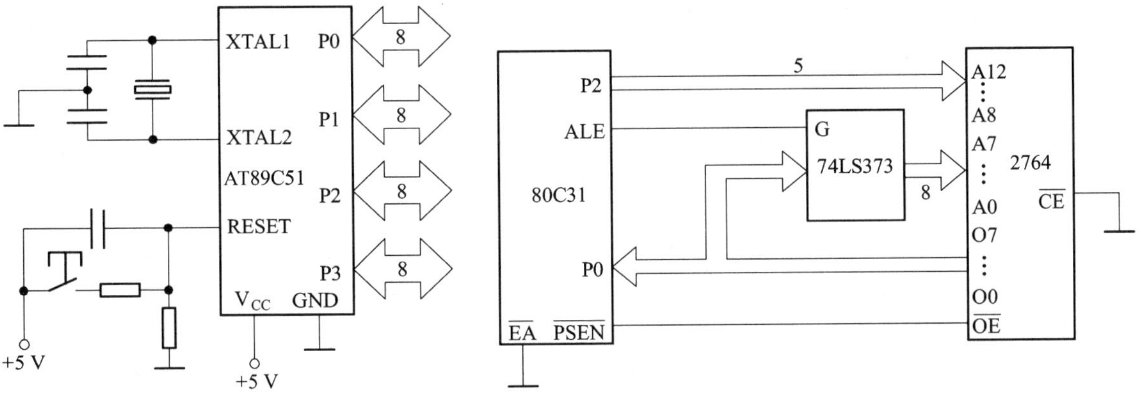

（a）AT89C51最小系统结构图　　（b）80C31最小系统结构图

图 6-1　51 单片机最小化系统

AT89C51 最小应用系统由于集成度的限制，这种最小应用系统只能用作一些小型的控制单元。其应用特点是：

（1）全部 I/O 口线均可供用户使用。

（2）内部程序存储器容量不大（只有 4 KB 地址空间）。

（3）应用系统开发具有特殊性。

6.1.2　单片机系统扩展方法

1．系统总线的基本概念

总线是指连接系统中各扩展部件的一组公共信号线；是传送信息的公共通道。单片机系统同样采用三组总线结构连接扩展的功能部件。

一般来讲，所有与计算机扩展连接的芯片的外部引脚线都可以归为三总线结构。扩展连接的一般方法实际上是三总线对接，不论何种扩展芯片，其引脚都呈三总线结构，要保证单片机和扩展芯片协调一致地工作，既要共同满足其工作时序，也要正确实现与单片机的连接。单片机扩展总线结构如图 6-2 所示。

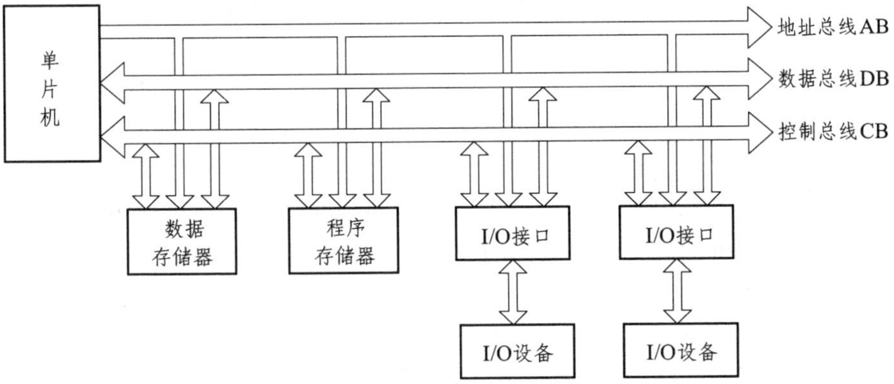

图 6-2　51 单片机系统扩展结构图

整个扩展系统以单片机为核心，通过总线把 ROM、RAM 和 I/O 接口电路等各扩展部件连接起来，其情形犹如各扩展部件“挂”在总线之上一样。因此单片机系统扩展主要包括：一是如何构造单片机的三总线；二是扩展芯片如何“挂”在总线上。

2. 单片机的三总线构造

既然单片机的扩展系统是并行总线结构，因此单片机扩展的首要问题就是构造系统总线，然后再往系统总线上“挂”存储芯片或I/O接口芯片，“挂”存储芯片就是存储器扩展，“挂”I/O接口芯片就是I/O扩展。总之，“挂”什么芯片就是什么扩展。

我们之所以称“构造”总线，是因为单片机与其他微型计算机不同。为了减少芯片的封装引脚，单片机芯片并没有提供专用的地址线和数据线，而是采用I/O口线的复用技术，把I/O口线改造为总线。所以，单片机本身没有三总线，为了使单片机能方便地与各种扩展芯片连接，常将单片机芯片的外部引线变为一般微型计算机的三总线形式。51单片机的三总线构造情况如图6-3所示。

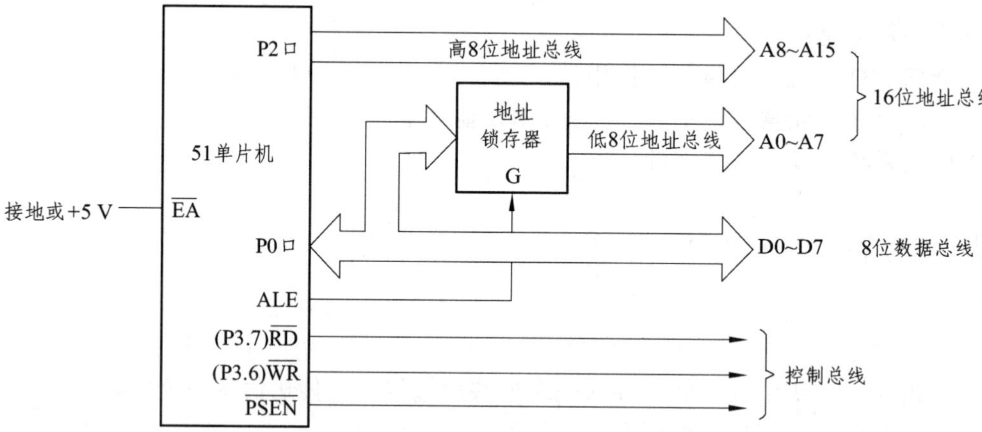

图6-3　51单片机的三总线结构形式

从图6-3可知，三总线的引线组成如下：

（1）地址总线：由P2口提供高8位地址线，具有地址输出锁存的能力；由P0口提供低8位地址线，由于P0口分时复用为地址/数据线，为了将P0口的地址和数据分离，为保持地址信息在访问存储器期间一直有效，需外加地址锁存器锁存低8位地址，用ALE下跳沿将P0口输出的地址信号低8位锁存在地址锁存器中，地址锁存器一般选用74LS373、74LS573、8282等芯片。

对于存储器芯片的地址线，地址线的数目由芯片的容量决定。容量（Q）与地址线数目（N）满足关系式：$Q=2^N$。存储器芯片的地址线与单片机的地址总线（A0～A15）按由低位到高位的顺序顺次相接。一般来说，存储器芯片的地址线数目总是少于单片机地址总线的数目，如此相接后，单片机的高位地址线总有剩余。

（2）数据总线：由P0口提供，此口是准双向、输入三态控制的8位数据输入/输出口。

对于存储器芯片的数据线，数据线的数目由芯片的字长决定。例如，1位字长的芯片数据线有一根，4位字长的芯片数据线有4根，8位字长的芯片数据线有8根。存储器芯片的数据线与单片机的数据总线（P0.0～P0.7）按由低位到高位的顺序顺次相接。

（3）控制总线：除了地址线和数据线之外，在扩展系统中还需要一些控制信号线，以构成扩展系统的控制总线。这些信号有的是单片机引脚的第一功能信号，有的则是第二功能信号。其中包括：

① 使用 ALE 作地址锁存的选通信号，以实现低 8 位地址的锁存。

② 以 $\overline{PSEN}$ 信号作扩展程序存储器的读选通信号。

③ 以 $\overline{EA}$ 信号作为内外程序存储器的选择信号。

④ 以 $\overline{RD}$ 和 $\overline{WR}$ 为扩展数据存储器和 I/O 端口的读写选通信号。

可以看出，尽管 51 单片机号称有四个 I/O 口（共 32 条口线），但是由于系统扩展的需要，真正能作为数据 I/O 口使用的，只剩下 P1 口和 P3 口的部分口线了。

由于采用总线结构形式，因此大大减少了单片机系统中传输线的数目，提高了系统的可靠性，增加了系统的灵活性。此外，总线结构也使扩展易于实现。各功能部件只要符合总线规范，就可以很方便地接入系统，实现单片机扩展。

3．单片机的串行扩展技术

最后还应当说明，随着单片机技术的发展，并行总线扩展已不再是单片机唯一的扩展结构了，近年来在并行总线扩展技术之外又出现了串行总线扩展技术。

串行扩展是通过串行接口实现的，这样可以减少芯片的封装引脚，降低成本，简化系统结构，增加系统扩展的灵活性。

为了实现串行扩展。一些公司（例如 PHILIPS 和 ATMEL 公司等）已经推出了正统单片机的变种产品——非总线型单片机芯片，并且具有 SPI（Serial Periperal Interface）三线总线和 I^2C 共用双总线两种串行总线形式。与此相配套，也出现了串行的外围接口芯片。

6.2　存储器的扩展

6.2.1　存储器扩展概述

当单片机内部的存储器不够用时，必须进行存储器的扩展。目前使用半导体存储器，存储器分类如图 6-4 所示。

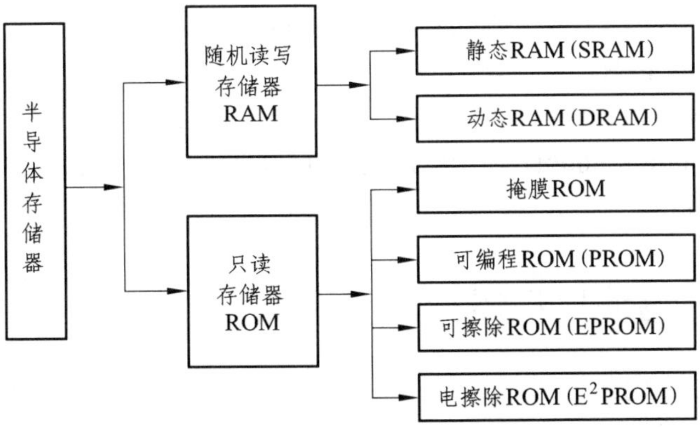

图 6-4　半导体存储器分类

1. 51 单片机的扩展能力

根据 51 单片机地址总线宽度（16 位）可知，在片外可扩展的存储器最大容量为 64KB，地址为 0000H ~ FFFFH。

存储器按读/写特性不同区分，将只读存储器 ROM 称为程序存储器，随机读写存储器 RAM 称为数据存储器。存储器芯片有多种类型，即使是同一种类的存储器芯片，因其容量的不同，则引脚数目也不同。但存储器芯片与单片机扩展连接具有共同的规律。

2. 存储器主要性能指标

存储器的主要性能指标反映了计算机对它们的要求，计算机一般对存储系统提出如下性能指标要求：

（1）存储容量：是指存储器可以存储的二进制信息总量，也可以说是存储单元的数目。目前使用的存储容量达 MB（兆字节）、GB（千兆字节）、TB（兆兆字节）或更大的存储空间。存储容量通常以字节（Byte）为单位来表示，各层次之间的换算关系为：

$1\ KB = 2^{10}\ B = 1\ 024\ B$；　$1\ MB = 2^{20}\ B = 1\ 024\ KB$；

$1\ GB = 2^{30}\ B = 1\ 024\ MB$；$1\ TB = 2^{40}\ B = 1\ 024\ GB$

（2）存取速度：存储器的存取速度可以用存取时间和存取周期来衡量。

① 存取时间：是指完成一次存储器读/写操作所需要的时间，故又称读写时间。具体是指从存储器接收到寻址地址开始，到取出或存入数据为止所需要的时间。

② 存取周期：是连续进行读/写操作的所需的最小时间间隔。当 CPU 采用同步时序控制方式时，对存储器读/写操作的时间安排，应不小于读取和写入周期中的最大值。这个值也确定了存储器总线传输时的最高速率。

（3）价格：存储器的价格也是人们比较关心的指标。一般来说，存储器总价格正比于存储容量，反比于存取速度。速度较快的存储器，其价格也较高，容量也不可能太大。因此，容量、速度、价格三个指标之间是相互制约的。

3. 存储器容量的确定

存储器容量的确定与将要扩展的存储器芯片的地址总线有关。如：地址总线包含 8 根地址线时：$2^8 = 256$，共计 256 B。每根地址线可传送一位二进制信息（0 或 1），当地址总线包含 8 根地址线时，则可传送的最小数字为 00000000B = 00H，最大数字为 11111111B = 255 = FFH。所以地址范围是：00H ~ FFH。

地址总线包含 16 根地址线时：$2^{16} = 64 \times 1024 = 64\ KB$；共计 64 KB。则可传送的最小数字为 0000000000000000B = 0000H，最大数字为 1111111111111111B = 65536 = FFFFH。所以地址范围是 0000H ~ FFFFH。

6.2.2 扩展存储器编址技术

1. 什么是存储器编址

存储器编址就是利用系统提供的地址线，通过适当的连接，最终达到给存储器中每一个存储单元对应唯一地址的目的。由于许多扩展存储器是由多片存储芯片所组成，而一个存储芯片又有众多的存储单元，为此，可以说存储器编址的任务有两个：存储芯片的选择（也称为存储器映象）和芯片内部存储单元的选择。由于芯片内部单元已经编址，因此，所谓的存储器编址，实际上主要是研究芯片的选择问题。为了芯片选择的需要，存储芯片都有片选信号引脚，因此芯片选择的实质就是如何产生芯片的片选信号。

2．存储器编址的实现方法

通常把单片机系统地址笼统地分为低位地址和高位地址。实际上，在 16 位地址线中，高、低位地址线的数目并不是固定的，我们只是把用于存储单元译码使用的都称为低位地址线，剩下多少位就有多少位高位地址线。其中芯片内部存储单元地址译码使用低位地址，剩下的高位地址才作为芯片选择使用，因此芯片的选择都是在高位地址线上做文章。

芯片内部存储单元的编址，是由芯片内的译码电路来完成的。对设计者来说，芯片内部存储器单元的选择，方法很简单，只要把存储芯片的地址引线按位号和相应的系统地址线直接连接即可实现，几乎没什么技术可言。

而芯片的选择不但要由设计者完成，而且比较复杂。一般来说，存储器芯片的地址线数目总是少于单片机地址总线的数目，如此相接后，单片机的高位地址线总有剩余（片内寻址未用的高位地址）。剩余地址线一般作为扩展存储器芯片片选信号，存储器芯片有一根或几根片选信号线，访问存储器芯片时，片选信号必须有效，即选中存储器芯片。片选信号线与单片机系统的译码输出相接后，就决定了存储器芯片的地址范围。因此，单片机的剩余高位地址线与存储器芯片的片选信号线的连接，是存储器扩展连接的关键问题。

3．存储器芯片片选端的处理

进行存储器扩展时，可供使用的编址方法有两种，即线选法和译码法。

（1）线选法。

所谓线选法，就是直接以系统的高地址位作为存储芯片的片选信号。为此只需把片内寻址未用的任何高位地址直接作为各个芯片的片选信号，在寻址时只有一位有效来使片选信号有效的方法称为线选法。线选法编址的特点是简单明了，且不需要另外增加电路。但这种编址方法对存储空间的使用是断续的，各存储芯片的存储地址范围不是唯一的，不能充分有效地利用存储空间。扩充存储容量受限，只适用于小规模单片机系统的存储器扩展。

（2）译码法。

所谓译码法就是使用译码器对系统的高位地址进行译码，以其译码输出作为存储芯片的片选信号。这是一种最常用的存储器编址方法，译码电路可以使用现有的译码器芯片。常用的译码芯片有：74LS139（双 2-4 译码器）和 74LS138（3-8 译码器）等，它们的 CMOS 型芯片分别为 74HC138 和 74HC139，有两种接线方式：

① 部分译码法。

进行译码产生片选信号。就是存储器芯片的地址线与单片机系统的地址线顺次相接后，剩余的高位地址线仅用一部分参加译码。参加译码的地址线对于选中某一存储器芯片有一个确定的状态，而与不参加译码的地址线无关。由于部分译码仍有剩余高位地址线，各存储芯片的存储地址范围不是唯一的，不能完全有效利用存储空间。

② 完全译码法。

用片内寻址未用的全部高位地址译码产生片选信号。这种译码方法中，存储器芯片的地址空间是唯一确定的，能有效利用存储空间。但译码电路相对复杂。完全译码法适用于大容量多芯片的存储器扩展。

这两种译码方法在单片机扩展系统中都有应用。在扩展存储器（包括 I/O 口）容量不大的情况下，可选择部分译码，译码电路简单，可降低成本。

在设计存储器扩展连接或分析扩展连接电路确定存储器芯片的地址范围时，常采用图 6-5 所示的地址译码关系图的方法。假定有一个 2 KB 存储器芯片译码扩展系统具有图中译码地址线的状态，我们来分析其地址范围。

片选择码地址线					与存储器芯片连接的地址线										
A15	A14	A13	A12	A11	A10	A9	A8	A7	A6	A5	A4	A3	A2	A1	A0
·	0	1	0	0	×	×	×	×	×	×	×	×	×	×	×

图 6-5　地址译码关系图

因为 2 KB 的存储器芯片有 11 条地址线，图 6-5 中 CPU 与存储器芯片连接的低 11 位地址线的地址 A0 ~ A10 变化范围为全“0”到全“1”。这是芯片内部存储单元的选择。剩余 A11 ~ A14 参加片选，假设这 4 根地址线的状态 0100 是唯一确定的。不参加片选的 A15 位地址线有两种状态，这两种状态都可以选中该存储器芯片：

当 A15 = 0 时，占用的地址是 0010000000000000B ~ 0010011111111111B，即 2000H ~ 27FFH。

当 A15 = 1 时，占用的地址是 1010000000000000B ~ 1010011111111111B，即 A000H ~ A7FFH。

同理，若有 N 条高位地址线不参加译码，则有 2^N 个重叠的地址范围。重叠的地址范围中真正能存储信息的只有一个，其余仅是占据，所以造成浪费，这是部分译码及线选法的缺点。

4．扩展存储器所需芯片数目的确定

若所选存储器芯片字长与单片机字长一致，则只需扩展容量。所需芯片数目按下式确定：

$$芯片数=\frac{系统扩展容量}{存储器芯片容量}$$

若所选存储器芯片字长与单片机字长不一致，则不仅需要扩展容量，还需扩展字长。所需芯片数目按下式确定：

$$芯片数目=\frac{系统扩展容量}{存储器芯片容量}\times\frac{系统字长}{存储器芯片字长}$$

5．常用译码器介绍

（1）74LS139 译码器。

74LS139 是双 2—4 译码器，其引脚如图 6-6 所示。其中：$\overline{G}$ 为使能端，低电平有效；只有当 $\overline{G}$ 为“0”，译码器才能进行译码输出，否则，译码器的 4 个输出端全为高阻状态；A、B

为选择端，即译码输入，控制译码输出的有效性；$\overline{Y0}$，$\overline{Y1}$，$\overline{Y2}$，$\overline{Y3}$为译码输出信号，低电平有效。

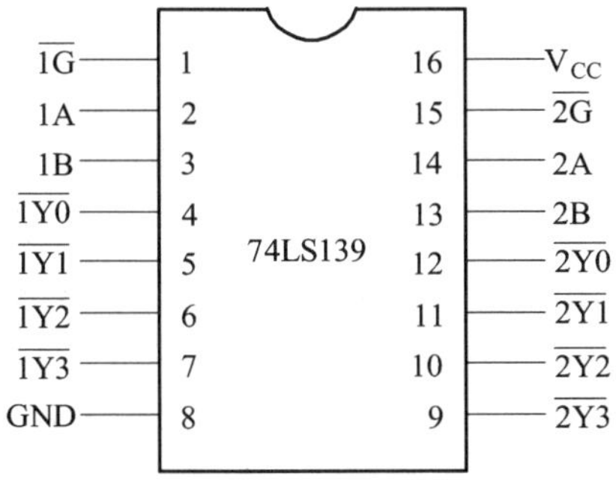

图 6-6　74LS139 译码器引脚图

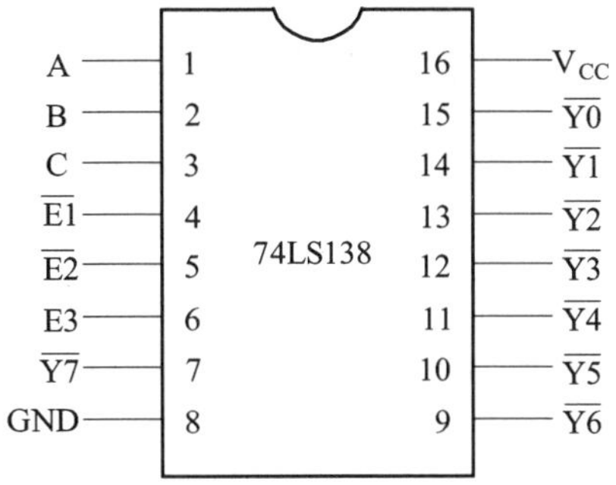

图 6-7　74LS138 译码器引脚图

74LS139 对两个输入信号译码后得 4 个输出状态，其真值表如表 6-1 所示。

表 6-1　74LS139 的真值表

输入端			输出端			
使能	选择		$\overline{Y0}$	$\overline{Y1}$	$\overline{Y2}$	$\overline{Y3}$
$\overline{G}$	B	A				
1	×	×	1	1	1	1
0	0	0	0	1	1	1
0	0	1	1	0	1	1
0	1	0	1	1	0	1
0	1	1	1	1	1	0

（2）74LS138 译码器。

74LS138 为一种常用的 3-8 地址译码器芯片。其引脚如图 6-7 所示。其中，$\overline{E1}$、$\overline{E2}$、E3、为 3 个控制端，只有当 E3 为“1”且$\overline{E1}$、$\overline{E2}$均为“0”时，译码器才能进行译码输出；否则，译码器的 8 个输出端全为高阻状态。译码输入端与输出端的译码逻辑关系如表 6-2 所示。

表 6-2　74LS138 的真值表

输入端						输出端							
使　能			选　择			$\overline{Y0}$	$\overline{Y1}$	$\overline{Y2}$	$\overline{Y3}$	$\overline{Y4}$	$\overline{Y5}$	$\overline{Y6}$	$\overline{Y7}$
E3	$\overline{E2}$	$\overline{E1}$	C	B	A								
1	0	0	0	0	0	0	1	1	1	1	1	1	1
1	0	0	0	0	1	1	0	1	1	1	1	1	1
1	0	0	0	1	0	1	1	0	1	1	1	1	1
1	0	0	0	1	1	1	1	1	0	1	1	1	1
1	0	0	1	0	0	1	1	1	1	0	1	1	1
1	0	0	1	0	1	1	1	1	1	1	0	1	1
1	0	0	1	1	0	1	1	1	1	1	1	0	1
1	0	0	1	1	1	1	1	1	1	1	1	1	0
0	1	1	×	×	×	1	1	1	1	1	1	1	1
0	1	1	×	×	×	1	1	1	1	1	1	1	1
0	1	1	×	×	×	1	1	1	1	1	1	1	1

6.3 程序存储器扩展

6.3.1 只读存储器概述

单片机的程序存储器扩展使用只读存储器芯片。只读存储器简称为 ROM（Read Only Memory）。ROM 中的信息一旦写入之后就不能随意更改，特别是不能在程序运行过程中写入新的内容，而只能读存储单元内容，故称之为只读存储器。ROM 存储器是由 MOS 管阵列构成的，以 MOS 管的接通或断开来存储二进制信息。按照程序要求确定 ROM 存储阵列中各 MOS 管状态的过程叫做 ROM 编程。根据编程方式的不同，ROM 共分为以下 5 种：

（1）掩膜式 ROM：一般由生产厂家根据用户的要求定制的。其编程是由半导体制造厂家完成的，因编程是以掩膜工艺实现的，所以称掩膜 ROM。掩膜 ROM 制造完成后，用户不能更改其内容。这种芯片适用于大批量生产。

（2）PROM：PROM 中的程序是由用户在研制现场写入的。这种芯片使用户自行写入自己所研制的程序成为可能，但这种芯片只能写入一次，其内容一旦写入就不能再修改。

（3）可擦除 ROM：紫外线擦除可改写 ROM 简称为 EPROM，EPROM 芯片的内容也可由用户写入，但允许反复擦除重新写入，是一种用电信号编程而用紫外线擦除的只读存储器芯片。

（4）电擦除可改写 ROM：简称为 EEPROM 或 E^2PROM。EEPROM 芯片的内容也可由用户写入，但允许反复擦除重新写入。EEPROM 是用电信号编程也用电信号擦除的存储器芯片，它可以通过读写操作进行逐个存储单元的读出和写入，且读写操作与 RAM 存储器几乎没有什么差别，所不同的只是写入速度慢一些，但断电后却能保存信息。

（5）快擦写 ROM：简称为 FLASH ROM，FLASH ROM 是不用电池供电的，高速耐用的非易失性半导体存储器。FLASH ROM 可替代 EEPROM，在某些应用场合还可取代 SRAM（静态 RAM），尤其是对于需要配备电池后援的 SRAM 系统，使用 FLASH ROM 后可省去电池。目前应用较多。

6.3.2 EPROM 典型芯片介绍

1．EPROM 芯片 2716

2716 是一种 2 K×8 位（即 2 KB）的紫外线擦除可改写 ROM 芯片。采用单一 +5 V 电源供电，2716 为 24 脚双列直插式封装，如图 6-8 所示。

2716 的引脚功能：

A0 ~ A10：地址线。

D0 ~ D7：数据线。

$\overline{OE}$：输出允许信号输入引脚。

$\overline{CE}$：片选信号输入引脚。

V_{CC}、GND：+5 V 电源接入引脚；接地引脚。

V_{pp}：编程电源接入引脚。

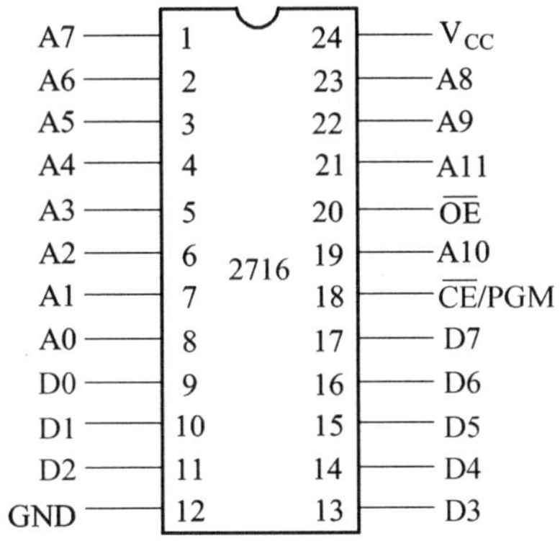

图 6-8　EPROM 芯片 2716 的引脚图

2．2716 的工作方式

工作方工如表 6-3 所示。

表 6-3　2716 的工作方式

方式 \ 引脚	$\overline{CE}$/PGM	$\overline{OE}$	V_{PP}	数据总线状态
读出方式	0	0	+5 V	D_{OUT}（输出）
未选中方式	×	1	+5 V	高　阻
待机方式	1	×	+5 V	高　阻
编程方式	约50 ms宽的正脉冲	1	+25 V	D_{IN}（输入）
校验编程内容方式	0	0	+25 V	D_{OUT}
禁止编程方式	0	1	+5 V	高　阻

（1）读出方式。在 $\overline{OE}=0$ 时，此方式可以将选中存储单元的内容读出。

（2）未选中方式。当 $\overline{OE}=1$ 时，不论 PGM 的状态如何，2716 均未被选中，数据线呈高阻抗。

（3）待机（备用）方式。当 PGM = 1 时 2716 处于待机方式。这种方式和未选中方式类似，但其功耗由 525 mV 下降到 132 mW，下降了 75%，所以又称为功率下降方式。这时数据线呈高阻抗。

（4）编程方式。当 $V_{pp}=+25$ V，在 PGM 端加上约 50 ms 宽的正脉冲时，可以将数据线上的信息写入指定的地址单元。数据线为输入状态。

一种是标准编程。

对双极型电路小容量芯片，如 2716，2764 等，采用标准的 50 ms 脉冲宽度，即采用标准编程。标准编程方式就是每给出一个编程负脉冲就写入一个字节的数据。针对本芯片，编程方式即以上给出的方式。

另一种是快速编程方式。快速编程方式与标准编程的工作过程一样，只是编程脉冲要窄得多。

选用 100 μs 的编程脉冲依次写完所有要编程的单元，然后再从头校验每个所写入的字节。若不正确，则重新写入此单元。写完后再校检，直至写入正确。若连续 10 次仍不能正确写入，则认为芯片已损坏。最后再从头到尾对每一个编程单元校验一编，全部正确，则编程完成。

（5）校验编程内容方式。此方式与读出方式基本相同，只是 $V_{PP}=+25$ V 。在编程后，可将 2716 中的信息读出，与写入的内容进行比较，以验证写出内容是否正确。数据线为输入状态。

（6）禁止编程方式。此方式禁止将数据总线上的信息写入 2716。

当 2716 需要写入信息时，通过专用 EPROM 的编程器对存储器芯片进行编程，且芯片要与电路隔离，在编程器上进行操作。

6.3.3 程序存储器扩展举例

如前所述，不论何种存储器芯片，其引脚都呈三总线结构，与单片机的连接都是三总线对接。另外，电源线应接在对应的电源线上。单片机扩展常用的存储器类型是 EPROM 芯片，主要介绍它的扩展连接方法。程序存储器芯片的三总线结构如下：

存储器芯片的数据线：数据线的数目由芯片的字长决定。例如，1 位字长的芯片数据线有一根，4 位字长的芯片数据线有 4 根，8 位字长的芯片数据线有 8 根。存储器芯片的数据线与单片机的数据总线（P0.0 ~ P0.7）按由低位到高位的顺序顺次相接。

存储器芯片的地址线与单片机的地址总线（A0 ~ A15）按由低位到高位的顺序顺次相接。其中低 8 位经地址锁存器接存储器低 8 位地址线（A0 ~ A7）。

存储器芯片的控制线，一般来说，程序存储器具有读操作控制线（$\overline{\text{OE}}$），它与单片机的 $\overline{\text{PSEN}}$ 信号线相连。除此之外，对于 EPROM 芯片还有编程脉冲输入线（PGM）、编程状态线（READY/BUSY）。PGM 应与单片机在编程方式下的编程脉冲输出线相接。

1. 片选信号的连接与地址译码

当芯片的三组总线连接完后，将地址总线剩下的高位地址线利用线选法、部分译码法或全译码法之一，产生片选信号。下面分三种情况说明程序存储器的扩展方法。

（1）线选法的单片程序存储器的扩展。

【例 6-1】试用 EPROM 2764 构成 80C31 的最小系统。

2764 是 8 K×8 位程序存储器，芯片的地址引脚线有 13 条，顺次和单片机的地址线 A0 ~ A12 相接。由于采用线选法，因此高 3 位地址线 A13、A14、A15 不接，故有 $2^3=8$ 个重叠的 8 KB 地址空间。因只用一片 2764，故其片选信号 $\overline{\text{CE}}$ 可直接接地（常有效）。其连接电路如图 6-9 所示。

① 地址线、数据线和控制信号线的连接。

地址线的连接与存储芯片的容量有直接关系。2764 的存储容量为 8 K 字节，需 13 位地址（A0 ~ A12）进行存储单元的选择，为此先把芯片的 A0 ~ A7 引脚与地址锁存器的 8 位地址输出对应连接，剩下的高位地址（A8 ~ A12）引脚与 P2 口的 P2.0 ~ P2.4 相连。这样 2764 芯片内存储单元的选择问题就解决了。此外，因为这是一个小规模存储器扩展系统，系统只有一片

6264，采用线选法编址比较方便，由于没有使用片选信号，而把芯片选择信号 $\overline{\text{CE}}$ 端直接接地。

数据线的连接则比较简单，只要把存储芯片的 8 位数据输出引脚与单片机 P0 口线对应连接就可以了。

程序存储器的扩展只涉及 $\overline{\text{PSEN}}$（外部程序存储器读选通）信号，把该信号接 2764 的 $\overline{\text{OE}}$ 端，以便进行存储单元的读出选通。

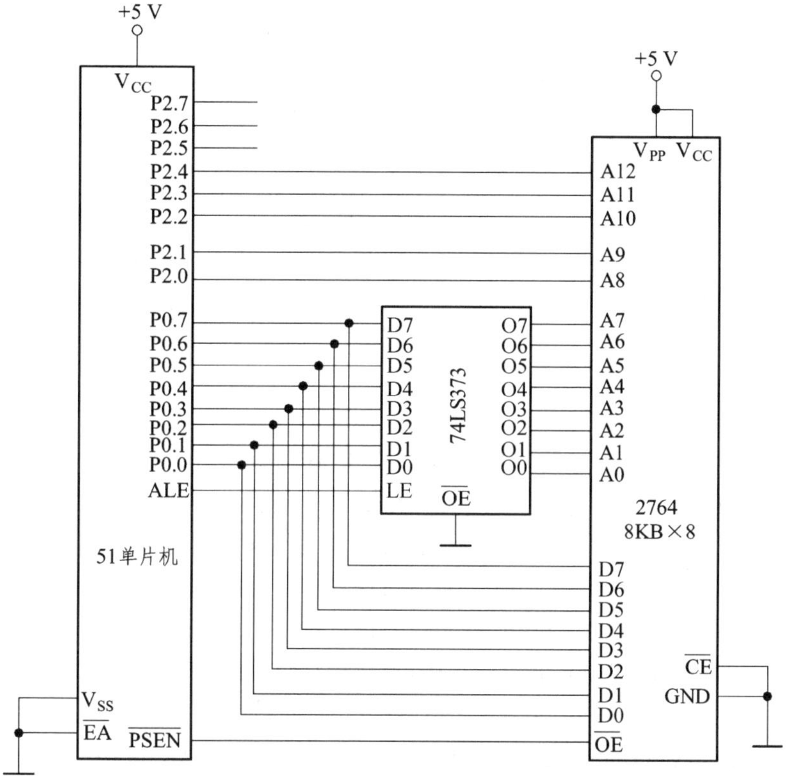

图 6-9　2764 与 51 单片机的扩展连接图

② 存储映象分析。

分析存储器在存储空间中占据的地址范围，实际上就是根据地址线连接情况确定其最低地址和最高地址。则图 6-9 所示连接电路的 8 个重叠的地址范围为：

0000000000000000B ~ 0001111111111111B，即 0000H ~ 1FFFH；

0010000000000000B ~ 0011111111111111B，即 2000H ~ 3FFFH；

0100000000000000B ~ 0101111111111111B，即 4000H ~ 5FFFH；

0110000000000000B ~ 0111111111111111B，即 6000H ~ 7FFFH；

1000000000000000B ~ 1001111111111111B，即 8000H ~ 9FFFH；

1010000000000000B ~ 1011111111111111B，即 A000H ~ BFFFH；

1100000000000000B ~ 1101111111111111B，即 C000H ~ DFFFH；

1110000000000000B ~ 1111111111111111B，即 E000H ~ FFFFH。

以上这些地址范围内都能访问这片 2764 芯片。这种多映象区的重叠现象是线选法本身造成的，因此映象区的非唯一性是线选法编址的一大缺点。

（2）采用线选法的多片程序存储器的扩展。

【例 6-2】使用两片 2764 扩展 16 KB 的程序存储器，采用线选法选中芯片。扩展连接图如图 6-10 所示。

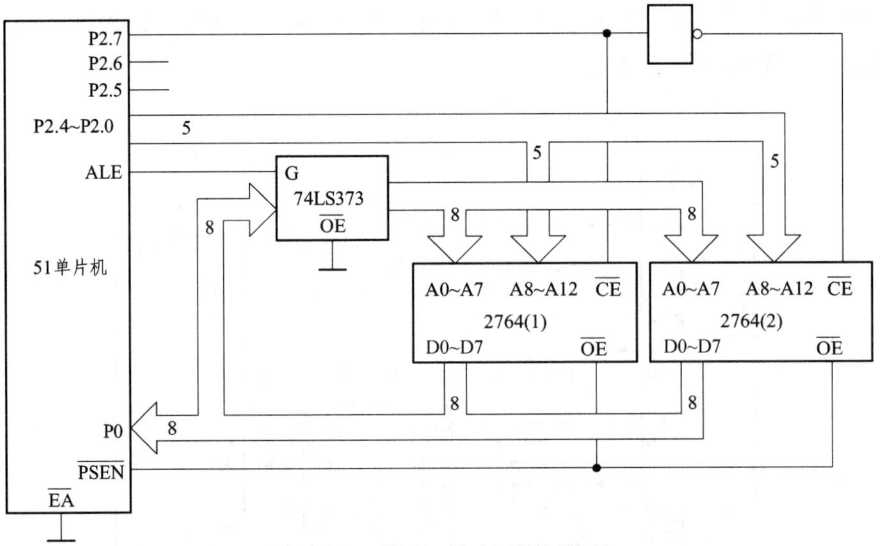

图 6-10　例 6－2 扩展连接图

图 6-10 中，以 P2.7 作为片选，当 P2.7 = 0 时，选中 2764（1）；当 P2.7 = 1 时，选中 2764（2）。因两根线（A13、A14）未用，故两个芯片各有 $2^2 = 4$ 个重叠的地址空间。它们分别为：

2764（1）：0000000000000000B ~ 0001111111111111B，即 0000H ~ 1FFFH；
0010000000000000B ~ 0011111111111111B，即 2000H ~ 3FFFH；
0100000000000000B ~ 0101111111111111B，即 4000H ~ 5FFFH；
0110000000000000B ~ 0111111111111111B，即 6000H ~ 7FFFH。

2764（2）：1000000000000000B ~ 1001111111111111B，即 8000H ~ 9FFFH；
1010000000000000B ~ 1011111111111111B，即 A000H ~ BFFFH；
1100000000000000B ~ 1101111111111111B，即 C000H ~ DFFFH；
1110000000000000B ~ 1111111111111111B，即 E000H ~ FFFFH。

（3）采用地址译码器的多片程序存储器的扩展。

【例 6-3】要求用 2764 芯片扩展片外程序存储器，分配的地址范围为 0000H ~ 3FFFH 共 16KB。要求的地址空间是唯一确定的，所以要采用全译码方法。2764 为 8 KB × 8 位，故需要两片。第 1 片的地址范围应为 0000H ~ 1FFFH；第 2 片的地址范围应为 2000H ~ 3FFFH。

由地址范围确定译码器的连接，为此画出译码关系图如表 6-4 所示。

表 6-4　地址映象表

P2.7	P2.6	P2.5	P2.4	P2.3	P2.2	P2.1	P2.0	P0.7	P0.6	P0.5	P0.4	P0.3	P0.2	P0.1	P0.0
A15	A14	A13	A12	A11	A10	A9	A8	A7	A6	A5	A4	A3	A2	A1	A0
0	0	0	×	×	×	×	×	×	×	×	×	×	×	×	×
0	0	1	×	×	×	×	×	×	×	×	×	×	×	×	×

其中未用高位地址线 A15、A14、A13 用作译码器输入，采用完全译码法编址。由此可

知，选用 74LS138 译码器时，其输出 Y0 接在第 1 片的片选线上，Y1 接在第 2 片的片选线上。扩展连接如图 6-11 所示。

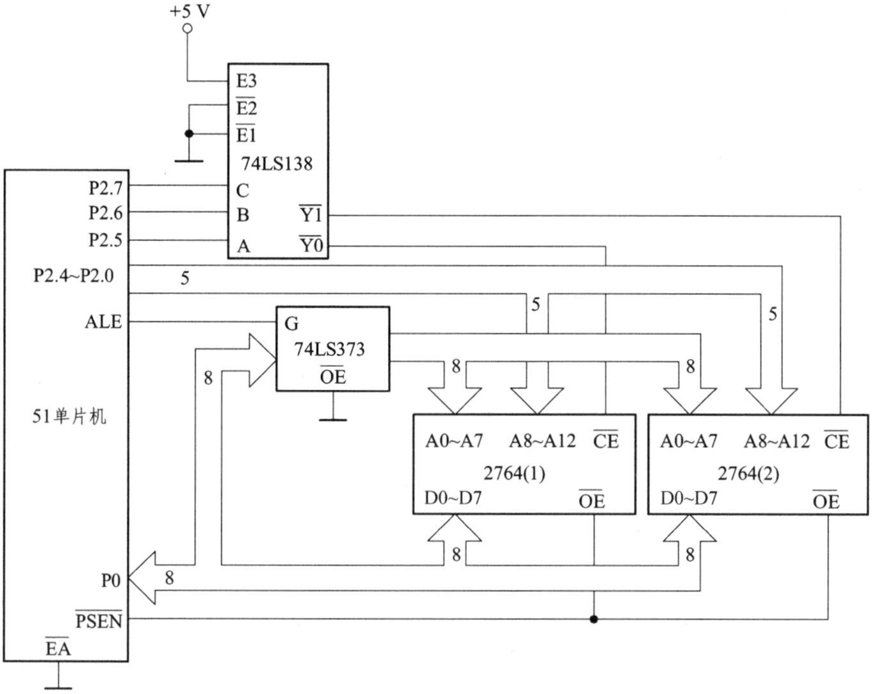

图 6-11　用 2 片 2764 EPROM 的扩展连接图

由表 6-4 或图 6-11 可得出，译码器输入端 C、B、A（P2.7、P2.6、P2.5）为“000”时，$\overline{Y0}$有效，选中 2764（1）芯片，其地址范围为 0000H ~ 1FFFH；当译码器 C、B、A 为“001”时，$\overline{Y1}$有效，选中 2764（2）芯片，2764（2）芯片其地址范围为 2000H ~ 3FFFH。

6.4　数据存储器扩展

6.4.1　数据存储器扩展的必要性

数据存储器就是随机存储器。随机存储器（Random Access Memory）简称为 RAM，在单片机系统中用于存放可随时修改的数据。因此在单片机领域中也称之为数据存储器。与 ROM 不同，对 RAM 可以进行读写两种操作。但 RAM 是易失性存储器，断电后所存信息立即消失。按半导体工艺，RAM 分为 MOS 型和双极型两种。MOS 型集成度高，功耗低，价格便宜，但速度较慢。而双极型的特点则正好相反。在单片机系统中使用的大多数是 MOS 型的随机存储器，它们的输入输出信号能与 TTL 相兼容，所以在扩展中信号连接是很方便的。

按其工作方式，RAM 又分为静态（SRAM）和动态（DRAM）两种。静态 RAM，只要电源加上，所存信息就能可靠保存。而动态 RAM 使用的是动态存储单元，需要不断进行刷新以便周期性地再生，才能保存信息。动态 RAM 的集成密度大，集成同样的位容量，动态 RAM 所占芯片面积只是静态 RAM 的四分之一。此外动态 RAM 的功耗低，价格便宜。但动态存储器要增加刷新电路，因此只适应于较大系统，而在单片机系统中很少使用。

由于 51 单片机片内 RAM 仅 256 B，当系统需要较大容量的 RAM 时，就需要片外扩展数据存储器，最大可扩展 64 KB。由于单片机是面向控制的，实际需要扩展容量不大。因此一般采用静态 RAM 较为方便。

1. 数据存储器典型芯片

常用于单片机扩展的静态数据存储器芯片有 6116（2K×8 位）、6264（8K×8 位），62128（16K×8 位），62256（32K×8 位）等，引脚图如图 6-12 所示。

引脚	62256	62128	6264
1	A14	NC	NC
2	A12	A12	A12
3	A7	A7	A7
4	A6	A6	A6
5	A5	A5	A5
6	A4	A4	A4
7	A3	A3	A3
8	A2	A2	A2
9	A1	A1	A1
10	A0	A0	A0
11	D0	D0	D0
12	D1	D1	D1
13	D2	D2	D2
14	GND	GND	GND

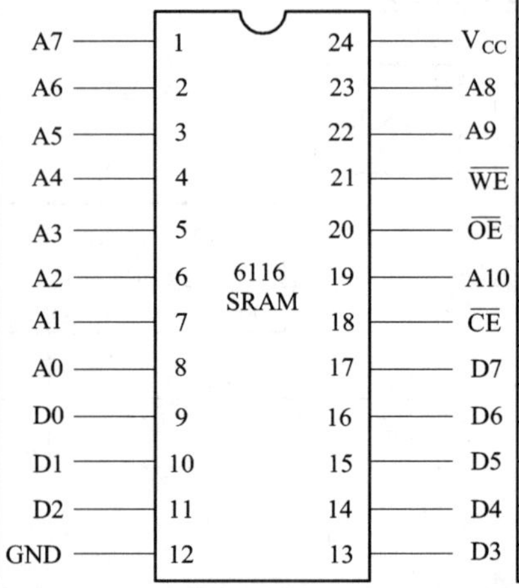

6264	62128	62256	引脚
V_{CC}	V_{CC}	V_{CC}	28
$\overline{WE}$	$\overline{WE}$	$\overline{WE}$	27
CS1	A13	A13	26
A8	A8	A8	25
A9	A9	A9	24
A11	A11	A11	23
$\overline{OE}$	$\overline{OE}$	$\overline{OE}$/RESH	22
A10	A10	A10	21
$\overline{CE}$	$\overline{CE}$	$\overline{CE}$	20
D7	D7	D7	19
D6	D6	D6	18
D5	D5	D5	17
D4	D4	D4	16
D3	D3	D3	15

图 6-12　常用静态 RAM 芯片的引脚图

图 6-12 引脚符号的功能如下：

① A0 ~ Ai——地址输入线，i = 10（6116），12（6264），14（62256）。

② D0 ~ D7——双向三态数据线。

③ $\overline{CE}$——片选信号输入线，低电平有效。6264 的 26 脚（CS1）为高电平，且$\overline{CE}$为低电平时才选中该片。

④ $\overline{OE}$——读选通信号输入线，低电平有效。

⑤ $\overline{WE}$——写允许信号输入线，低电平有效。

⑥ V_{CC}——工作电源，电压为 + 5 V。

⑦ GND——线路地。

静态 RAM 存储器有读出、写入、维持三种工作方式，三种 RAM 电路的主要技术特性见表 6-5。

表 6-5　常用静态电路的主要技术特性

型号	6116	6264	62256
容量/B	2 K	8 K	32 K
引脚数/只	24	28	28
工作电压/V	5	5	5
典型工作电流/mA	35	40	8
典型维持电流/μA	5	2	0.5
存取时间/ns	由产品型号而定*		

对于 CMOS 的静态 RAM 电路，$\overline{CE}$为高电平时，电路处于降耗状态。此时，V_{CC}可降至 3 V 左右。内部所存储的数据也不会丢失。

2．数据存储器的扩展举例

外扩数据存储器与程序存储器相比较，数据存储器的扩展连接在数据线、地址线的连接方法是完全相同的，所不同的只在控制信号线上。扩展时同样由 P2 口提供高 8 位地址，P0 口分时提供低 8 位地址和用作 8 位双向数据总线。区别在于，片外数据存储器 RAM 的读和写由 $\overline{RD}$（P3.7）和 $\overline{WR}$（P3.6）信号控制，而片外程序存储器 EPROM 的输出允许端$\overline{OE}$由读选通$\overline{PSEN}$信号控制。尽管与 EPROM 共处同一地址空间，但由于控制信号及使用的数据传送指令不同，故不会发生总线冲突。

【例 6-4】利用线选法进行一片 6264 静态 RAM 扩展电路，如图 6-13 所示。

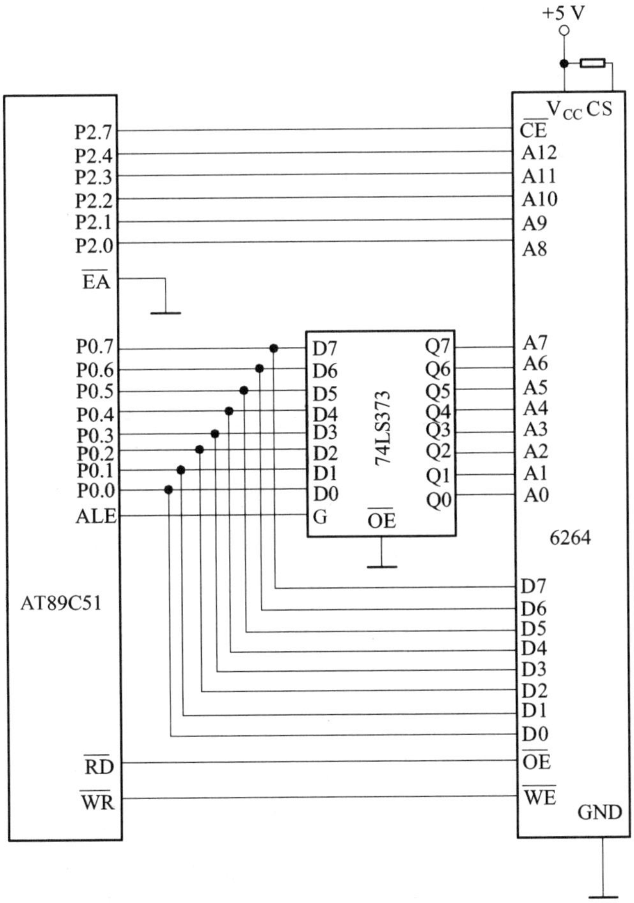

图 6-13　6264 静态 RAM 扩展电路

在扩展连接中，以$\overline{RD}$信号接 6264 的$\overline{OE}$端，以$\overline{WR}$信号接$\overline{WE}$端，进行 RAM 芯片的读写控制。6264 是 8 KB×8 位程序存储器，芯片的地址引脚线有 13 条，顺次和单片机的地址线 A0～A12 相接。由于采用线选法，只用一片 6264，其片选信号$\overline{CE}$可直接接 P2.7（A15）= 0 有效，而高 2 位地址线 A13、A14 不接，故有 $2^2 = 4$ 个重叠的 8 KB 地址空间。其连接电路如图 6-13 所示，连接电路的 4 个重叠的地址范围为：

0000000000000000B ~ 0001111111111111B，　即 0000H ~ 1FFFH；
0010000000000000B ~ 0011111111111111B，　即 2000H ~ 3FFFH；
0100000000000000B ~ 0101111111111111B，　即 4000H ~ 5FFFH；
0110000000000000B ~ 0111111111111111B，　即 6000H ~ 7FFFH。

【例 6-5】线选法多片数据存储器扩展。用 4 片 6116 实现 8 KB 数据存储器扩展。其连接如图 6-14 所示。

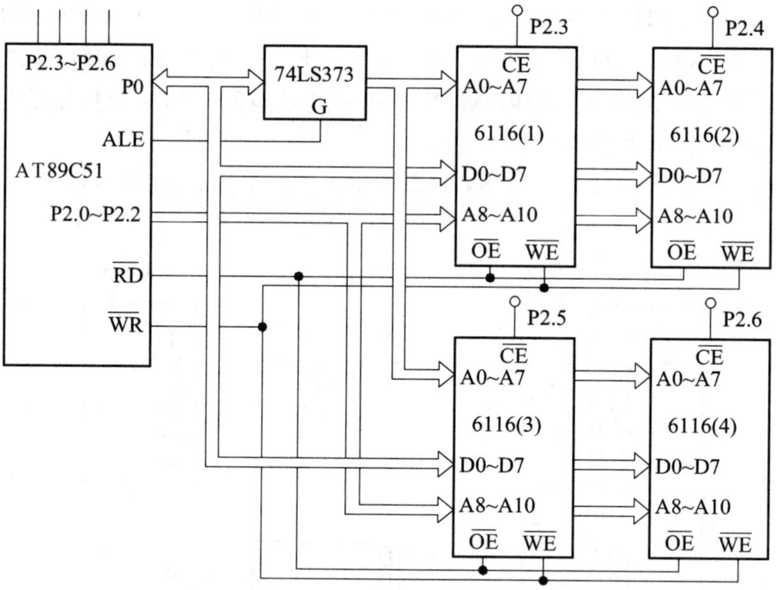

图 6-14　例 6-5 题多片 RAM 扩展连接图

多片 RAM 扩展时，读写选通信号以及 A0 ~ A10 地址引线的连接与单片 6116 扩展相同。特殊的只在于高位地址线的连接。这时 P2 口的高 8 位地址线中 P2.0 ~ P2.2 已用作 RAM 芯片的高 3 位地址（A8 ~ A10）。尚余下 5 条地址线，为此把其中的 P2.3、P2.4、P2.5、P2.6 分别作为 4 片 RAM 的片选信号。从而构成一个完整的线选法编址的 8 KB 的 RAM 扩展存储器。

图 6-14 数据存储器扩展系统中各存储芯片的存储映象如下：

	P2 口	P0 口		
	7 6 5 4 3 2 1 0	7 6 5 4 3 2 1 0		
（1）	0 1 1 1 0 0 0 0	0 0 0 0 0 0 0 0	最低地址	7000H
	0 1 1 1 0 1 1 1	1 1 1 1 1 1 1 1	最高地址	77FFH
（2）	0 1 1 0 1 0 0 0	0 0 0 0 0 0 0 0	最低地址	6800H
	0 1 1 0 1 1 1 1	1 1 1 1 1 1 1 1	最高地址	6FFFH
（3）	0 1 0 1 1 0 0 0	0 0 0 0 0 0 0 0	最低地址	5800H
	0 1 0 1 1 1 1 1	1 1 1 1 1 1 1 1	最高地址	5FFFH
（4）	0 0 1 1 1 0 0 0	0 0 0 0 0 0 0 0	最低地址	3800H
	0 0 1 1 1 1 1 1	1 1 1 1 1 1 1 1	最高地址	3FFFH

注：在本例中，假设未用的 P2.7 = 0。

6.4.2　兼有片外程序存储器和片外数据存储器的扩展举例

在单片机应用系统中，需要同时扩展程序存储器和数据存储器的情况是最常见的。

【例 6-6】如图 6-15 为采用 74LS139 全译码扩展两片 2764（8 K）EPROM 和两片 6264（8 K）RAM 芯片的电路，分析它们的地址范围。

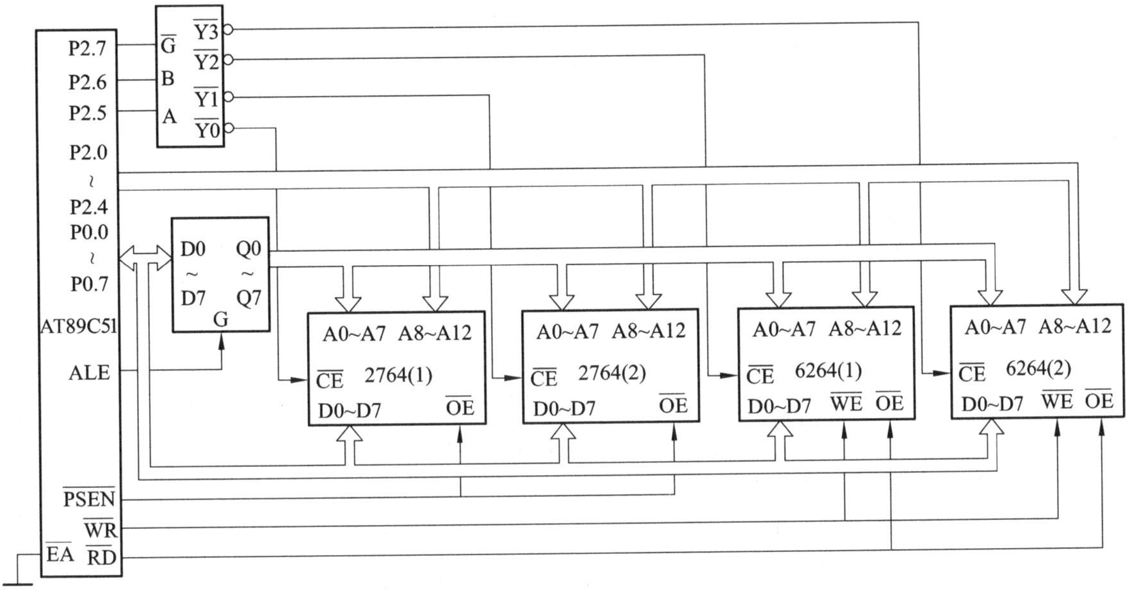

图 6-15　例 6-6 题连接图

图 6-15 中，A15（P2.7）接译码器的使能端 $\overline{G}$ 必须为“0”，A14、A13（P2.6、P2.5）接译码器的输入端，由于采用完全译码法，每个芯片的地址是唯一的，对应关系如表 6-6。

表 6-6　图 6-15 对应的地址映象表

P2. 7	P2. 6	P2. 5	P2. 4	P2. 3	P2. 2	P2. 1	P2. 0	P0. 7	P0. 6	P0. 5	P0. 4	P0. 3	P0. 2	P0. 1	P0. 0
A15	A14	A13	A12	A11	A10	A9	A8	A7	A6	A5	A4	A3	A2	A1	A0
0	0	0	X	X	X	X	X	X	X	X	X	X	X	X	X
0	0	1	X	X	X	X	X	X	X	X	X	X	X	X	X
0	1	0	X	X	X	X	X	X	X	X	X	X	X	X	X
0	1	1	X	X	X	X	X	X	X	X	X	X	X	X	X

注：表中“X”状态从“0”到“1”。

得出：2764（1）：0000H ~ 1FFFH　　2764（2）：2000H ~ 3FFFH

6264（1）：4000H ~ 5FFFH　　6264（2）：6000H ~ 7FFFH

【例 6-7】如图 6-16 为采用 74LS138 译码扩展两片 2716（4K）EPROM 和两片 6116（4K）RAM 芯片的电路，分析每个芯片的地址范围。

由图 6-16 可知，例题采用非全译码，P2.3、P2.4、P2.5 作为译码器的三个输入端进行译码，P2.6、P2.7 未用，故有 $2^2 = 4$ 个重叠的 8 KB 地址空间。

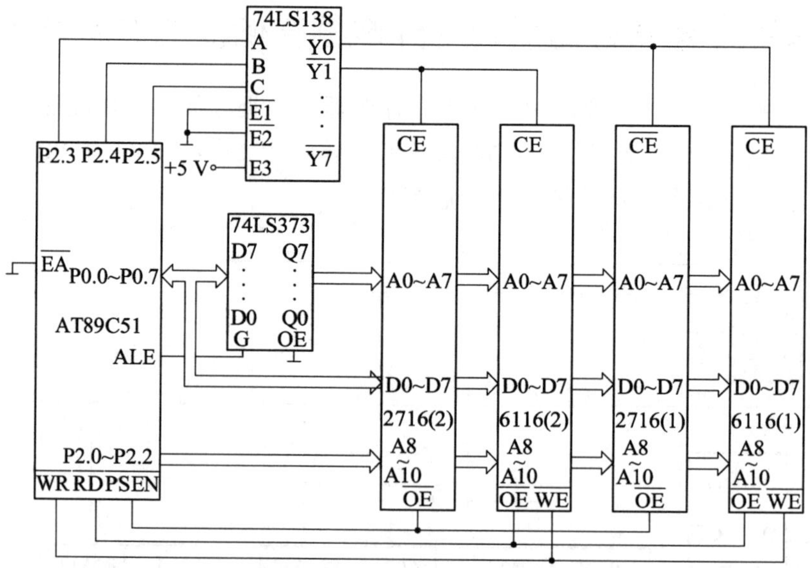

图 6-16　例 6-7 连接图

由于译码器的一个输出端接有 2 个不同性质的芯片，因此，这 2 个芯片的地址范围应相同。假设未用的 P2. 6、P2. 7 状态都为“0”，则地址范围之一为：

2716（1）：0000H ~ 07FFH　　　　2716（2）：0800H ~ 0FFFH

6116（1）：0000H ~ 07FFH　　　　6116（2）：0800H ~ 0FFFH

在该电路中，由于两种存储器都是由 P2 口提供高 8 位地址，P0 口提供低 8 位地址，且译码器的一个输出端同时接有 2716 和 6116 两个芯片，所以它们的地址范围是相同的。但程序存储器的读操作由 $\overline{\text{PSEN}}$ 信号控制，而数据存储器的读和写分别由 $\overline{\text{RD}}$ 和 $\overline{\text{WR}}$ 信号控制，因此不会造成操作上的混乱。

对于多片存储器的扩展，我们可以得出以下几个要点：

（1）各芯片的低位地址线并行连接。

（2）各芯片的数据线并行连接。

（3）各性质相同的芯片的控制信号并行连接。

（4）各性质相同的芯片的片选信号是不同的，需分别产生。

注意到这几点，多片存储器芯片的连接就不会有什么困难了。

系统“写”时用如下指令：

```
MOVX   @DPTR, A
MOVX   @Ri, A
```

系统“读”时用如下指令：

```
MOVX   A, @DPTR
MOVX   A, @Ri
```

6.5　51 系列单片机存储器系统的特点和使用

在第 2 章我们讲了 51 内部存储器的结构，本章又讲了外部存储器的扩展结构。学过之后，大家可能有一个感觉，那就是单片机的存储器比较复杂，特别是学习和使用过微型计算机的读者可能感觉更深。

6.5.1　51 单片机存储器的复杂性

可以把复杂性作为单片机存储器的特点，而其复杂性又表现在三个方面：一是存储器的种类（程序存储器和数据存储器同时存在），二是存储器的位置（内外存储器同时存在），三是存储器的地址空间（存储器地址空间的重叠和连续）。

1．程序存储器与数据存储器同时存在

在单片机系统中，程序存储器与数据存储器同时存在并截然分开，程序存储器是为了存放程序，而数据存储器是为了运行程序。

其实任何计算机都有程序存放的问题，但因为微型机有磁盘（硬盘和软盘）作为外存储器来存放程序，所以微型机的内存基本上是数据存储器，用来运行程序，而这些程序是在开机时由磁盘调入内存的。

单片机的情况却有所不同，它不能配备磁盘等外存储设备，因此只能使用 ROM 构成的程序存储器来解决程序的存放问题。但程序存储器是只读存储器，不能进行写操作，只能运行程序，为此 RAM 构成的数据存储器又是不可缺少的。由此就形成单片机系统中程序存储器和数据存储器这两类存储器并行存在的结果。

2．内外存储器同时存在

单片机芯片的内部虽然已经有了一定数量的 ROM 与 RAM，但在实际使用中，只要系统稍具规模，就需要外部扩展存储器。从而形成了单片机系统既有内部存储器又有外部存储器，内部存储器有 ROM 和 RAM 之分，外部存储器也有 ROM 和 RAM 之分，ROM 存储器有内外之分，RAM 存储器也有内外之分，这样一种特殊的存储器交叠配置现象，是任何其他计算机都不曾出现过的。

3．存储器地址空间的重叠和连续

两种类型的内外存储器，构成了单片机系统的 4 个物理存储空间，即：片内程序存储空间、片外程序存储空间、片内数据存储空间及片外数据存储空间。

对于程序存储器来说，为了运行程序的需要，要求内外程序存储器连续编址，形成一个完整的地址空间；而数据存储器，为了使用的方便，要求内外数据存储器分开各自编址，都是从“0”单元开始。从而形成了用户使用角度上的 3 个逻辑存储空间，即：片内外统一编址的 64 KB 的程序存储空间、256 B 的片内数据存储空间以及 64 KB 的片外数据存储空间。4 个物理存储空间和 3 个逻辑存储空间是 51 存储器系统的最大特点，同时也给使用带来很大的不便。

6.5.2　51 单片机存储器的使用

为了正确使用 51 存储器，首先要学会如何区分 4 个不同的存储空间，使之不发生混淆，

其次还要学会内外程序存储器的衔接。

1．存储空间的区分

在 51 系列单片机中，为区分不同的存储空间采用了硬件和软件两种措施。所谓硬件措施是指对不同的存储空间使用不同的控制信号；而软件措施则指访问不同的存储空间使用不同的指令。

（1）内部程序存储器与数据存储器的区分。

芯片内部的 ROM 与 RAM 是通过指令来相互区分的。读 ROM 时使用“MOVC”指令，而读 RAM 时则使用“MOV”指令，如图 6-17 所示。

	内部	外部
数据存储器	MOV指令	MOVX指令 $\overline{RD}$、$\overline{WR}$选通
程序存储器	MOVC指令 $\overline{EA}$=1	MOVC指令 $\overline{PSEN}$ 选通 $\overline{EA}$=0

图 6-17　51 系列单片机存储器的 4 个物理存储空间和 3 个逻辑存储空间

（2）外部程序存储器与数据存储器的区分。

对外部扩展 ROM 与 RAM，同样使用指令来加以区分，读外部 ROM 使用指令“MOVC”，而读外部 RAM 则使用指令“MOVX”。此外在电路连接上还提供了两个不同的选通信号，以 $\overline{PSEN}$ 作为外部 ROM 的读选通信号，以 $\overline{RD}$ 和 $\overline{WR}$ 作为外部 RAM 的读、写选通信号。

（3）内外数据存储器的区分。

内部 RAM 和外部 RAM 是分开编址的，因此就造成了 256 个单元的地址重叠。但由于有不同的指令加以区分，访问内部 RAM 使用“MOV”指令，访问外部 RAM 使用“MOVX”指令，因此不会发生操作混乱。

2．内外程序存储器的衔接

出于连续执行程序的需要，内外程序存储器应统一编址（内部占低位，外部占高位），并使用相同的读指令“MOVC”。因此内外 ROM 不是区分问题而是衔接的问题。但是在 51 单片机系列芯片中，有的有内部 ROM，有的没有内部 ROM。为此 51 单片机专门配置了一个 $\overline{EA}$（访问内外程序存储器控制）信号。

对于像 AT89C51 这样有内部 ROM 的单片机，应使 $\overline{EA}$ = 1（接高电平）。这时，当地址为 0000H ~ 0FFFH 时，在内部 ROM 寻址；等于或超过 1000H 时，在外部 ROM 中寻址，使内外程序存储器成为一个连续的统一体。

由于 0000H ~ 0FFFH 地址空间已被内部 ROM 占据，外部 ROM 就不能再利用了。因此相当于外部 ROM 损失了 4 KB 的地址空间。

对于像 80C31 这样没有内部 ROM 的单片机，应使 $\overline{EA}$ = 0（接地），这样只对外部 ROM

进行寻址，寻址范围为 0000H ~ FFFFH，是一个完整的 64 KB 外部 ROM 地址空间。总结上述内容，我们看到，51 系列单片机系统在物理结构上共有 4 个存储空间，但是在逻辑上，也即从用户使用的角度上，则只有 3 个存储空间，对这 3 个不同的存储空间，使用不同的访问指令。

虽然存储器的交叠提高了单片机的寻址能力，但同时也给学习和使用单片机带来了一些困难。例如增加了指令的类型和控制信号的数目，给程序设计和电路连接增加了麻烦，使程序设计容易出错，且出错后又不易查找，加大了程序调试的难度。

习　题

1. 简述单片机系统扩展的基本原则和实现方法。

2. 什么是 RAM？有什么特点？

3. 什么是完全译码？什么是部分译码？各有什么特点？

4. 以 AT89C51 为主机的系统，拟采用 6264 的 RAM 芯片扩展 l6KB 数据存储器。请设计出硬件结构图，并说明芯片的地址范围。

5. 采用 2764（8 K×8 位）芯片，扩展程序存储器容量，分配的地址范围为 8000H ~ BFFFH。采用完全译码，试选择芯片数，分配地址，画出与单片机的连接电路。

6. 设单片机采用 AT89C51，未扩展片外 ROM，片外 RAM 采用一片 6116。请编程将其片内 ROM 从 0100H 单元开始 10 个字节的内容依次外移到片外 RAM 从 0100H 单元开始的 10 个字节中去。

7. 下图是四片 8 K×8 位存储器芯片的连接图。请确定每片存储器芯片的地址范围。

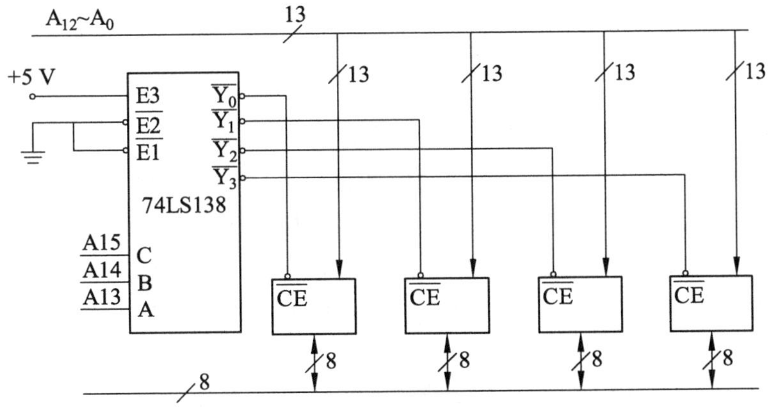

习题 7 图　扩展四片存储器芯片连接图

第 7 章　单片机 I/O 口扩展及应用

【本章导读】

- I/O 口扩展概述
- 可编程并行 I/O 接口芯片 8255A
- 人-机接口技术

7.1　I/O 口扩展概述

51 单片机有 4 个 8 位并行口，具有很强的 I/O 功能，然而当我们真的需要建立一个应用系统的时候就会发现，实际情况会有所不同。

虽然单片机本身的 I/O 口能实现简单的数据 I/O 操作，但其功能毕竟十分有限。因为在单片机的口电路中，只有数据锁存和缓冲功能，而没有控制功能。因此难以满足复杂的 I/O 操作要求。

再者，单片机本身的 I/O 功能有限，除了结构及功能上的原因之外，还有数量上的原因。单片机虽号称有 4 个 8 位双向 I/O 口，但在实际应用中，这些口并不能全部用于 I/O 目的。例如 P0 口被作为低 8 位地址线和数据线使用。P2 口被作为高 8 位地址线使用，而 P3 口线的第二功能是重要的控制信号，更是系统扩展必不可少的。这样，剩下来真正能作为数据 I/O 使用的就只有 P1 口了。

同时，在单片机系统中主要有两类数据传送操作，一类是单片机和存储器之间的数据读写操作；另一类则是单片机和其他设备之间的数据输入/输出（I/O）操作。由于存储器与单片机具有相同的电路形式和信号形式，能相互兼容直接使用，因此存储器与单片机之间采用同步定时工作方式，它们之间只要在时序关系上能相互满足就可以正常工作。但是单片机的 I/O 操作却十分复杂。其复杂性主要表现在速度差异大、设备种类繁多、数据信号形式多种多样等几个方面。

正是由于这些原因，单片机的 I/O 操作单靠单片机本身的口电路是无法实现的。为此，必须扩展接口电路，对单片机与设备之间的数据传送进行协调和控制。因此接口电路扩展就成了单片机应用系统设计中十分重要的环节。通过扩展可以增加 I/O 端口，满足系统对端口数量的要求，还可选择配置具有特殊功能的专用接口，进一步强化系统功能，方便系统的软硬件设计。

7.1.1　单片机芯片 I/O 口的直接使用

其实，不进行 I/O 扩展，只使用单片机芯片本身的 I/O 口，也能实现一些简单的数据输入输出传送。对于 51 系列单片机，当不需要扩展外部存储器时，P0 口、P1 口、P2 口和 P3 口均可作为通用 I/O 口使用。由于 51 单片机的 P0 ~ P3 口输入数据时可以缓冲，输出时能够锁存，并且有一定的带负载能力，所以，在有些场合 I/O 口可以直接接外部设备，如开关、LED 发光二极管、BCD 码拨盘和打印机等。

如图 7-1 所示为 AT89C51 单片机与开关、LED 发光二极管的接口电路。

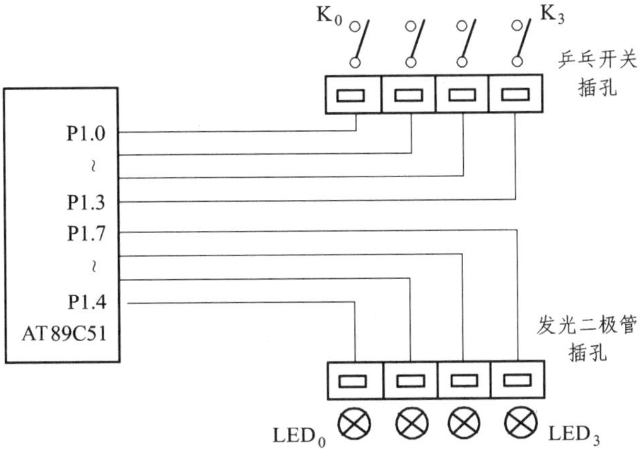

图 7-1　AT89C51 单片机与开关（键）和 LED 接口

用 51 单片机 P1 口的 P1.3 ~ P1.0 作为数据输入口，连接到实验装置逻辑开关 K_0 ~ K_3 的插孔内。P1.4 ~ P1.7 作为输出口，连接到实验装置发光二极管（逻辑电平指示灯）LED_0 ~ LED_3 的插孔内。编写一个程序，使开关 K_0 ~ K_3 表示 0 或 1 开关量，由 Pl.0 ~ P1.3 输入，再由 Pl.4 ~ P1.7 输出开关量到发光二极管（逻辑电平指示灯）上显示出来。在执行程序时，不断改变开关 K_0 ~ K_3 的状态，可观察到发光二极管（逻辑电平指示灯）的变化。

开关状态输入显示实验参考程序如下：

```
LOOP:  MOV    A, #0FH     ; P1 口为输入，先送 1
       MOV    P1, A
       MOV    A, Pl       ; P1 口状态输入
       SWAP   A           ; 开关状态到高 4 位
       MOV    P1, A       ; 开关状态输出
       AJMP   LOOP        ; 循环
```

7.1.2　扩展 I/O 口的功能

在单片机应用系统中，I/O 口的扩展不是目的，而是为外部通道及设备提供一个输入、输出通道。因此，I/O 口的扩展总是为了实现某一测控及管理功能而进行的，例如，连接键盘、显示器、驱动开关控制、开关量监测等。扩展 I/O 接口电路主要有如下几项功能：

1. 速度协调

外部设备的工作速度快慢差异很大。慢速设备如开关、继电器、机械传感器等每秒钟提

供不了一个数据；而高速设备如磁盘、显示器等，每秒钟可传送几十位数据。由于速度上的差异，使得数据的 I/O 传送方式只能以异步方式进行，即只能在确认外设已为数据传送做好准备的前提下才能进行 I/O 操作。如要知道外设是否准备好，就需要通过接口电路产生或传送外设的状态信息，以此进行 CPU 与外设之间的速度协调。

2．数据锁存

数据输出都是通过系统的公用数据通道（即数据总线）进行的，但是由于 CPU 的工作速度快，数据在数据总线上保留的时间十分短暂，无法满足慢速输出设备的需要。为此在接口电路中需设置数据锁存器。以保存输出数据直至为输出设备所接收。

3．三态缓冲

数据输入时，输入设备向 CPU 传送的数据也要通过数据总线。为了维护数据总线上的数据传送的“秩序”，因此只允许当前时刻正在进行数据传送的数据源使用数据总线，其余数据源都必须与数据总线处于隔离状态。为此，要求接口电路能为数据输入提供三态缓冲功能。

4．数据转换

CPU 只能输入和输出并行的数字信号，但是有些外部设备所提供或所需要的并不是这种信号形式。为此需要使用接口电路进行数据信号的转换。其中包括：模-数转换、数-模转换、串-并转换和并-串转换等。

由此可见，接口电路对数据的 I/O 传送是非常重要的，因此接口电路也就成为 I/O 数据传送的核心内容，是计算机中不可缺少的组成部分。

7.1.3 I/O 口扩展相关技术

1．接口与端口

“接口”一词是从英文 Interface 翻译来的，具有界面、相互联系等含义。接口这个术语在计算机领域中应用十分广泛。时常听到诸如机械接口、电气接口、功能接口、用户接口等说法。而这里讲述的接口则是特指计算机与外设之间在数据传送方面的联系。其功能主要是通过电路实现的。因此称之为接口电路。

为了实现接口电路在数据 I/O 传送中的功能，在接口电路中应该包含有数据寄存器以保存输入输出数据、状态寄存器以保存外设的状态信息、命令寄存器以保存来自 CPU 的有关数据传送的控制命令。由于在数据的 I/O 传送中，CPU 需要对这些寄存器进行读写操作，因此这些寄存器都是可读写的编址寄存器，对它们像存储单元一样进行编址。我们通常把接口电路中这些已编址并能进行读或写操作的寄存器称之为端口（port）或简称口。

一个接口电路中可能包括有多个口，例如保存数据的数据口、保存状态的状态口和保存命令的命令口等，因此，一个接口电路就对应着多个口地址。

口是供用户使用的，用户在编写有关数据输入输出程序时，要用到接口电路中的各个口，因此要知道它们的设置和编址情况。

2. 数据总线隔离问题

计算机的 I/O 操作中，输入输出的数据都要通过系统的数据总线进行传送，为了正确进行数据的 I/O 传送，就必须解决数据总线的隔离问题。

站在总线的角度上看，数据总线上连接着多个数据源设备（输入数据）和多个数据负载设备（输出数据）。但是在任一时刻，只能进行一个源和一个负载之间的数据传送，当一对源和负载的数据传送正在进行时，要求所有其他不参与的设备在电性能上必须同数据总线隔开。即对于输出设备的接口电路，要提供锁存器，当允许接收输出数据时闩锁打开，当不允许接收输出数据时闩锁关闭。而对于输入设备的接口电路，要使用三态缓冲电路或集电极开路电路。

3. I/O 编址技术

在计算机中，凡是需要进行读写操作的设备都存在着编址的问题。具体地说，在单片机中存在两个需要编址的子系统，一个是存储器，另一个就是接口电路。

存储器是对存储单元进行编址，而接口电路则是对其中的寄存器（口）编址。对口编址是为 I/O 操作而进行的，因此也称为 I/O 编址。常用的 I/O 编址共有两种方式：独立编址方式和统一编址方式。

（1）独立编址方式。

所谓独立编址，就是把 I/O 口和存储器分开进行编址。这样在一个计算机系统中就形成了两个独立的地址空间：存储器地址空间和 I/O 地址空间。从而使存储器读写操作和 I/O 操作是针对两个不同存储空间的数据操作。因此在使用独立编址方式的计算机指令系统中，除存储器读写指令之外，还有专门的 I/O 指令以进行数据输入/输出操作。此外，在硬件方面还需要在计算机中定义一些专用信号，以便对存储器访问和 I/O 操作进行硬件控制。

独立编址方式的优点是 I/O 地址空间和存储器地址空间相互独立，界限分明。但为此却要专门设置一套 I/O 指令和控制信号。从而增加了系统的开销。

（2）统一编址方式。

统一编址就是把系统中的 I/O 口和存储器统一进行编址。在这种编址方式中，把 I/O 接口中的寄存器（端口）与存储器中的存储单元同等对待。为此也把这种编址称之为存储器映象（Memory Mapped）编址方式。采用这种编址方式的计算机只有一个统一的地址空间，该地址空间既供存储器编址使用，也供 I/O 口编址使用。

统一编址方式的优点是不需要专门的 I/O 指令，直接使用存储器指令进行 I/O 操作，不但简单方便功能强，而且 I/O 地址范围不受限制。但这种编址方式使存储器地址空间变小，16 位端口地址也较长，会使地址译码变得复杂。此外存储器指令比起专用的 I/O 指令来，指令长且执行速度慢。

51 单片机使用统一编址方式，在应用系统中，扩展的 I/O 口采取与数据存储器相同的寻址方法。因此在 51 单片机接口电路中的 I/O 编址也采用 16 位地址，和存储单元的地址长度一样。所有扩展的 I/O 口或通过扩展 I/O 口连接的外围设备均与片外数据存储器统一编址。任何一个扩展 I/O 口，根据地址线的选择方式不同，占用一个片外 RAM 地址，而与外部程序存储器无关，并使用同一套指令传送系统。在使用时 51 单片机将片内并行 I/O 口（P0、P1、P2、P3）视同片内 RAM，传送数据时可使用片内寄存器传送指令“MOV”。若在片外扩展并行 I/O 口，也可以视同片外扩展的数据存储器 RAM，传送数据时可使用片外 RAM 传送指令“MOVX”。连接方法及地址空间安排也与片外存储器一样，而且要与片外存储器统一考虑，以免重叠。具体见图 7-2 所示。

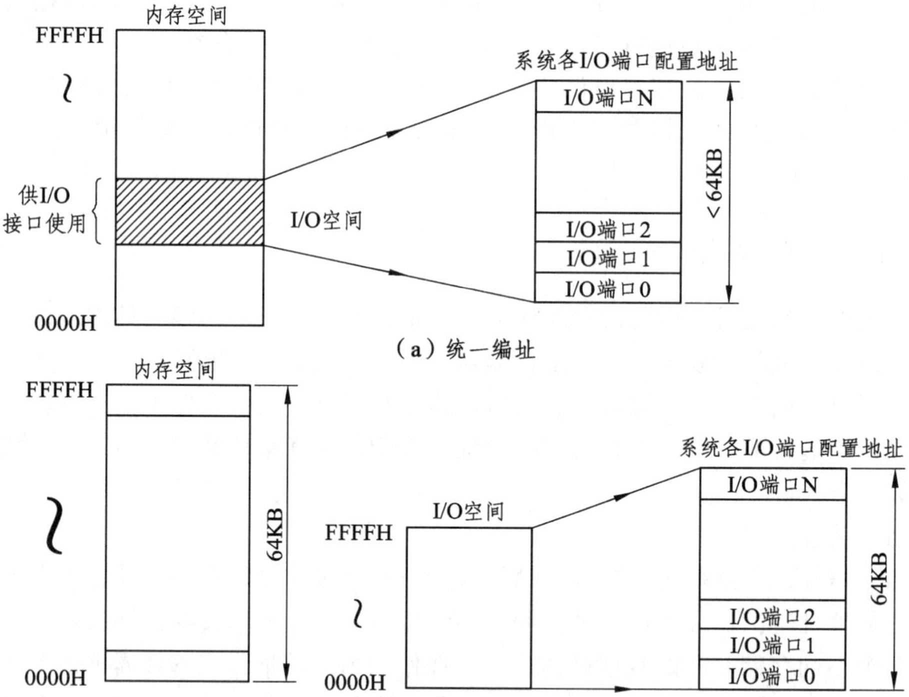

（b）独立编址

图 7-2　I/O 两种编程技术

7.1.4　单片机 I/O 口的控制方式

由于外部设备工作速度和工作方式的不同，计算机与输入/输出设备之间的数据传送方式也不同。选用不同的 I/O 口扩展芯片或外部设备时，扩展 I/O 口的操作方式不同，因而应用程序应有不同，如入口地址、初始化状态设置、工作方式选择等。微型计算机与输入/输出设备之间的数据传送方式有无条件传送方式、查询方式、中断方式和直接存储器存取（DMA）方式四种，在单片机中主要使用前三种方式。下面分别介绍：

1. 无条件传送方式

无条件传送也称为同步程序传送。只有那些能一直为数据 I/O 传送做好准备的设备，才能使用无条件传送方式。因为在进行 I/O 操作时，不需要测试设备的状态，可以根据需要随时进行数据传送操作。无条件传送适用于以下两类设备的数据输入/输出：

（1）具有常驻的或变化缓慢的数据信号的设备。例如：机械开关、指示灯、发光二极管、数码管等。可以认为它们随时为数据输入/输出处于“准备好”状态。

（2）工作速度非常快，足以和单片机同步工作的设备。例如数/模转换器（DAC），由于它是并行工作的，速度很快，因此单片机可以随时向其传送数据，进行数/模转换。

这种传送方式的优点是程序简单，节省硬件，但要求程序员对外设工作情况有清楚的了解，否则容易出错。

2. 查询方式

查询方式又称有条件传送方式，即数据的传送是有条件的。在 I/O 操作之前，要先检测设备的状态，以了解设备是否已为数据输入/输出做好了准备，只有在确认设备已“准备好”的情况下，单片机才能执行数据输入/输出操作。通常把以程序方法对外设状态的检测称之为“查询”，所以就把这种有条件的传送方式称之为查询方式。查询的流程如图 7-3 所示。

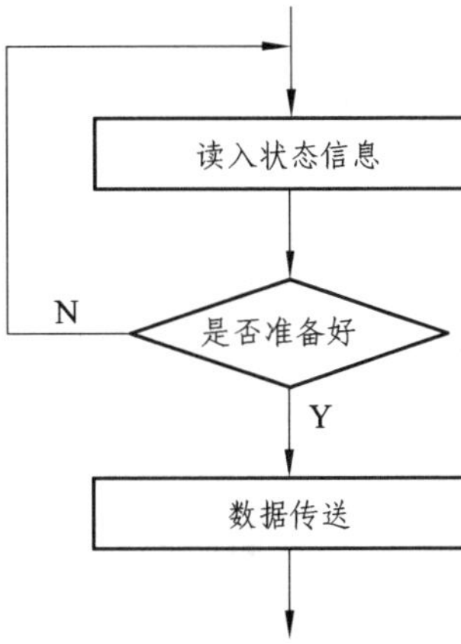

图 7-3　查询流程示意图

为了实现查询方式的数据输入/输出传送，需要由接口电路提供设备状态，并以软件方法进行状态测试。因此这是一种软硬件方法结合的数据传送方式。

程序查询方式能协调 CPU 与外设之间的不同步问题，而且硬件电路简单，控制软件也容易编写，因此适用于各种设备的数据输入/输出传送。其主要缺点是 CPU 要不断地询问外设，即用程序不断查询外设的状态，直至外设准备就绪为止。这种查询过程对单片机来说毕竟是一个无用的开销，使 CPU 的工作效率不能充分发挥。因此查询方式只能适用于单道作业、规模比较小的单片机系统。

3. 中断方式

中断方式又称程序中断方式，它与查询方式的主要区别在于如何知道设备是否为数据传送作好了准备，查询方式是单片机的主动形式，而中断方式则是单片机等待通知（中断请求）的被动形式。

在中断方式中，CPU 启动外设后，CPU 和外设可并行工作。当外设为数据传送做好准备之后，就向单片机发出中断请求（相当于通知单片机）。单片机接收到中断请求之后，即作出响应，暂停正在执行的原程序，而转去为外设的数据输入/输出服务。待服务完成之后，程序返回，单片机再继续执行被中断的原程序，CPU 又与外设并行工作。

使用程序中断方式进行 I/O 数据传送的过程可用图 7-4 来说明。

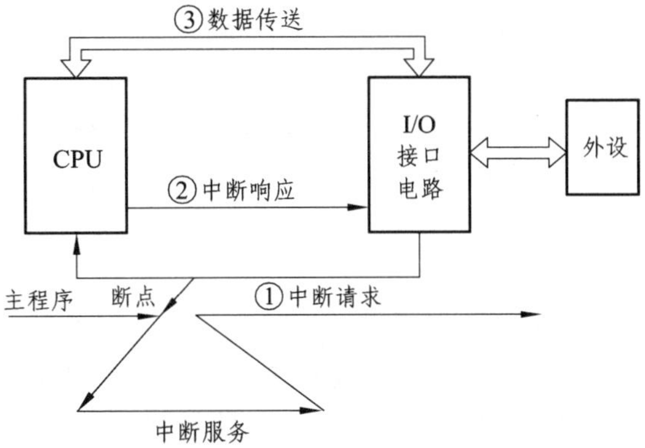

图 7-4　中断方式数据传送示意图

每当设备的准备工作就绪，可以和单片机进行数据传送时，即发出中断请求（图中

①），使单片机暂停原程序的执行，并作出中断响应（图中②）。然后执行 I/O 操作，通过接口电路进行单片机与设备之间的数据传送（图中③）。当 I/O 操作结束之后，程序返回，单片机继续执行被中断的原程序。

中断方式实际上是将状态信息位作为中断请求信号，在执行中断服务程序之前，CPU 一直在进行其他工作，大大提高了 CPU 的工作效率，所以在单片机中被广泛采用。

4. 直接存储器存取（DMA）

DMA（Direct Memory Access）是指从一个外围设备中传输数据，例如一个硬盘驱动，到内存中而不需要数据通过中央处理器。DMA 高速传输数据到内存中而不需要经过处理器。因此，在某些场合，直接存储器存取的控制方法体现了在数据传输速率比中断方法上具有更大的优势。由 DMA 控制器替代处理器控制系统总线，不需通过累加器，控制存储器数据的直接存取并和外设进行交换，同时由硬件完成计数器减量和地址增量的过程。数据在存储器与 I/O 设备之间或存储器与存储器之间的传输速率仅仅受到存储器件或 DMA 控制器的速度限制。采用高速 RAM 存储器件，DMA 传输速度可以达到每秒 40 MB。

DMA 常用于 DRMA 刷新、视频显示屏幕刷新以及磁盘存储系统的读和写。DMA 还用于控制高速存储器之间的数据传送，主要应用于 PC 机以上的机型。

7.2　可编程并行 I/O 接口芯片 8255A

7.2.1　可编程并行 I/O 接口概述

除了可使用中小规模集成电路实现最简单的 I/O 接口扩展，如：不可编程的输出锁存器 74LS373，74LS377 等，输入缓冲器 74LS244，74LS245 等。常用的则是使用可编程接口芯片实现复杂的 I/O 接口扩展。

一个计算机系统是由软件和硬件组成的。软件的特点是具有极高的灵活性，只要硬件允许，用户就可通过编程构成任意功能的软件。硬件则很不灵活，一旦电路设计完成，其功能也就确定了，很难更改。这样，在一定程度上就降低了一个计算机系统功能的发挥。当然也希望硬件接口电路最好也具有一定的可变性，即希望存在这么一种芯片，当这个芯片和 CPU 三总线相连后，尽管电路不可能改变，但其功能可以通过程序来改变。比如在设计某一端口时，使其同时具有输入和输出的能力，用户可以根据需要通过指令来选择输入接口或输出接口，就可以大大提高计算机系统的灵活性。这种可被用户通过程序来改变其功能的电路芯片，称为可编程芯片，而用程序改变芯片工作方式的过程称为芯片编程或芯片初始化。

为了便于读者的理解，如图 7-5 所示给出了一个简单的具有输入功能和输出功能的可编程接口电路方案。

这个电路包括：一个输入接口，其组成主要是 8 位三态门；一个输出接口，其组成主要是 8 位锁存器；另外还有 8 位多路转换开关及控制这个开关的寄存器 FF。

当寄存器 FF 为 0 时，多路转换开关接位置 0，I/O 线接锁存器，这个电路作为输出接口；当寄存器 FF 为 1 时，多路转换开关接位置 1，I/O 线接三态门，这时电路作为输入接口。这样，用户通过指令把寄存器 FF 写入“0”或“1”，就可选取所需要的接口工作状态。

上述方案就是可编程芯片设计的主要思想。用户对寄存器 FF（此地址是假设的，具体应根据硬件电路连接）写入的内容称为命令字或方式控制字，而寄存器 FF 称为命令寄存器，相应的端口称为命令端口或控制端口。对可编程芯片初始化的过程实际上就是对芯片的控制端口写入各种命令字的操作过程。

尽管上述电路比较简单，但具有可编程器件的共性。比如，器件内部已集成用户可选的各种功能的电路模块及其可以控制选择这些功能的命令寄存器。

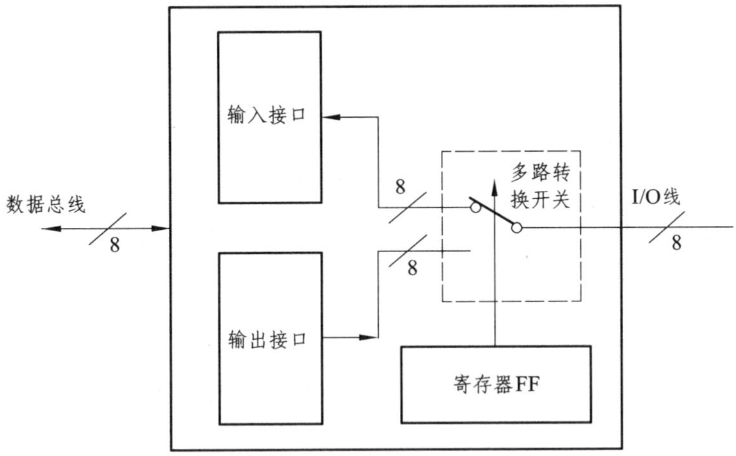

图 7-5　一个可编程接口电路方案

目前常用的通用可编程接口芯片有：

（1）8255A 可编程通用并行接口；

（2）带 RAM 和定时器/计数器的可编程并行接口 8155A；

（3）可编程中断控制器 8259A；

（4）可编程键盘/显示器接口 HD7279；

（5）可编程通用定时器 8253A；

这些芯片都是 Intel 公司 8080/8085 微型计算机系列的外围接口芯片，它们的最大特点是工作方式的确定和改变要由程序以软件方法实现，因此称之为可编程接口芯片。由于 51 单片机与 80/85 系列微型机有着相同的总线结构，因此这些芯片都能与 51 单片机直接连接使用，用来为单片机完成复杂的 I/O 接口扩展。

7.2.2　8255A 的内部结构及引脚功能

8255A 是一种通用的可编程并行 I/O 接口芯片，广泛用于几乎所有系列的微型机系统中，如 8086、MCS-51、Z80CPU 系统等。8255A 具有 3 个带锁存或缓冲的数据端口，可与外设进行并行数据交换。用户可用程序来选择多种操作方式，通用性强，使用灵活，可为 CPU 与外设之间提供并行输入/输出通道。

8255A 是一个 40 引脚的双列直插式集成电路芯片，8255A 的各端口内具有中断控制逻辑，在外设与 CPU 之间可用中断方式进行信息交换，使用条件传输方式时可用“联络”线进行控制。8255A 的并行数据宽度为 8 位。其引脚排列如图 7-6 所示。

1．8255A 的内部结构

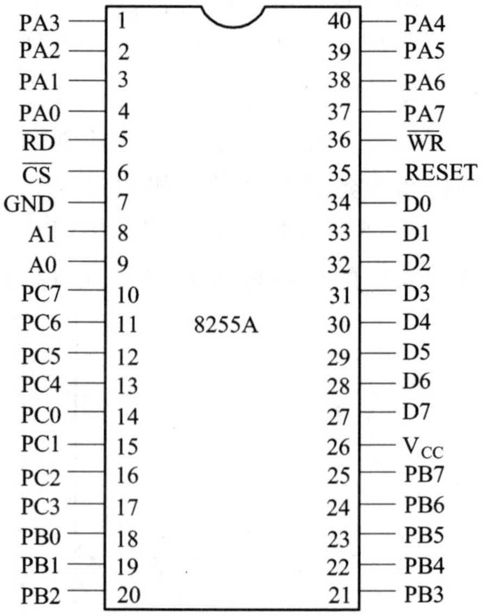

图 7-6　8255A 引脚图

8255A 内部结构框图如图 7-7 所示。可以看到，在8255A 内部结构中，厂家除了把输入/输出接口电路集成在一块芯片中，还包括这些接口电路的控制部分以及与 CPU 接口的总线接口部分。按功能可分为 3 个逻辑电路部分，即口电路、总线接口电路和控制逻辑电路。

（1）口电路。

8255A 芯片中包含 3 个 8 位端口，称为 A 口、B 口和 C 口。其中 A 口和 B 口是单纯的数据口，供数据 I/O 使用。而 C 口既可以作数据口，又可以作控制口使用，用于实现 A 口和 B 口的控制功能。使用时这 3 个端口均可作为 CPU 与外设通信时的缓冲器或锁存器。一般来说，它们作为缓冲器使用时，就是输入接口；作为锁存器使用时，就是输出接口。

由于条件传输方式需要“状态”或“联络”信号，中断传输方式需要“中断”信号。而8255A 没有预先从芯片引脚给出这些信号，因此当用户选择这两种工作方式时，8255A 将从C 口的 8 位 I/O 线中提取若干根线作为“状态”、“联络”或“中断”线。在这种情况下，C 口剩余的线可以作为 I/O 线。3 个端口通过各自的输入/输出线与外设联系。

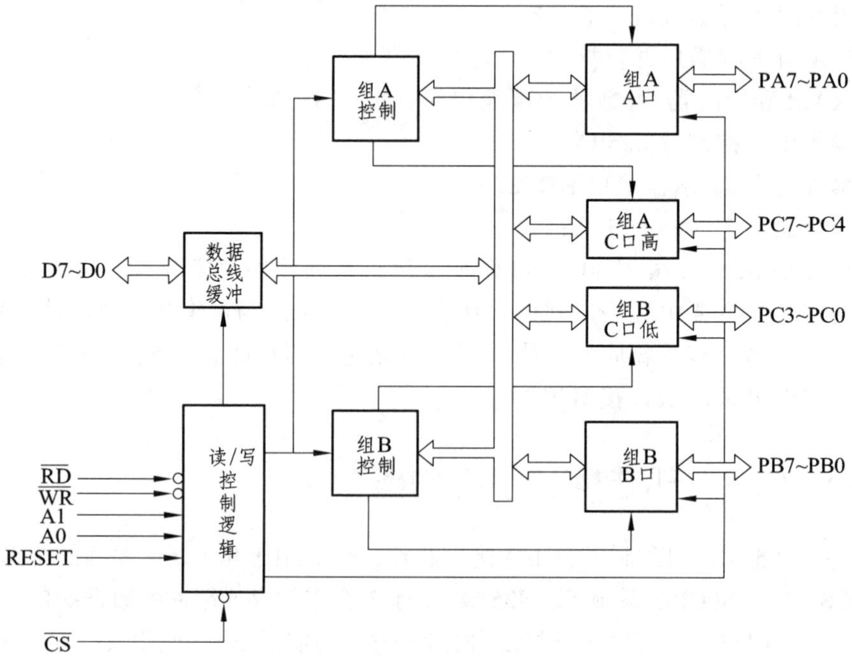

图 7-7　8255A 的逻辑结构

8255A 有 3 个端口，但不是每个端口都有自己独立的控制部件。实际上，它只有两个控制部件，这样 8255A 内部的 3 个端口就分为两组。A 组由 A 口和 C 口的高 4 位（PC4～PC7）

组成，数据传送中 A 口所需的控制信号由 C 口高 4 位部分提供。B 组由 B 口和 C 口的低 4 位（PC0～PC3）组成。数据传送中 B 口所需的控制信号由 C 口低 4 位部分提供。A 组和 B 组分别有自己的控制部件，可同时接收来自读/写控制电路的命令和 CPU 送来的控制字，并且根据它们来定义各个端口的操作方式。

（2）总线接口电路。

总线接口电路用于实现 8255A 和单片机芯片的信号连接。其中包括：

① 数据总线缓冲器。

数据缓冲器为 8 位双向三态缓冲器，可直接和 51 单片机的数据线相连，与 I/O 操作有关的数据、控制字和状态信息都是通过该缓冲器进行传送。CPU 执行输出指令时，可将控制字或数据通过该缓冲器传送到 8255A 的控制口或数据端口；CPU 执行输入指令时，8255A 可将数据端口的状态信息或数据通过它传输给 CPU。因此，数据总线缓冲器是 CPU 与 8255A 交换信息的必经之路。

② 读/写控制逻辑。

8255A 的读/写控制电路接收来自 CPU 的控制命令，并根据命令向片内各功能部件发出操作命令。与读写有关的控制信号有：

a. $\overline{CS}$——片选信号（低电平有效）。表示 8255A 芯片被选中。该片选信号则由 CPU 的地址线通过译码产生。

b. $\overline{RD}$——读信号（低电平有效）。

c. $\overline{WR}$——写信号（低电平有效）。

读、写信号 $\overline{RD}$ 和 $\overline{WR}$ 控制 8255A 与 CPU 之间的数据或信息传输方向。

d. A0、A1——端口选择信号。8255A 共有 4 个可寻址的端口（即 A 口、B 口、C 口和控制寄存器），用 2 位地址编码即可实现选择。端口选择控制则由 A1 和 A0 的组合状态提供；在 I/O 扩展连接时通常把 A1 和 A0 通过地址锁存器与单片机 P0.0 和 P0.1 相连，以确定口地址。

e. RESET——复位信号（高电平有效）。复位之后，控制寄存器清除，各端口被置为输入方式。

读写控制逻辑用于实现 8255A 的硬件管理，其内容包括：芯片的选择，口的寻址以及规定各端口和单片机之间的数据传送方向。详见表 7-1。

表 7-1　8255A 读 / 写控制表

$\overline{CS}$	A1	A0	$\overline{RD}$	$\overline{WR}$	所选端口	操　作
0	0	0	0	1	A口	读端口A
0	0	1	0	1	B口	读端口B
0	1	0	0	1	C口	读端口C
0	0	0	1	0	A口	写端口A
0	0	1	1	0	B口	写端口B
0	1	0	1	0	C口	写端口C
0	1	1	1	0	控制寄存器	写控制字
1	×	×	×	×	/	数据总线缓冲器输出高阻抗

（3）控制逻辑电路。

控制逻辑电路包括 A 组控制和 B 组控制，合在一起构成 8 位控制寄存器。用于存放各口的工作方式控制字。具体逻辑电路不再介绍。

2. 8255A 的管脚连接方式

8255A 是一个标准的 40 管脚芯片，可分为 3 个部分：与外设连接的 I/O 线，与 CPU 连接的系统总线、电源线。

（1）与外设连接的管脚。

我们已经知道 8255A 有三个数据端口，每个端口是 8 位的，由此可推算与外设相连接的管脚共有 24 位。其中 A 口有 PA0 ~ PA7 八个 I/O 引脚，B 口有 PB0 ~ PB7 八个 I/O 引脚，C 口有 PC0 ~ PC7 八个 I/O 引脚。特别是对于 PC0 ~ PC7，其中有若干根复用线可用于“联络”信号或状态信号，其具体定义与端口的工作方式有关。与 I/O 口有关的引脚（用于连接外设）：

A 口：8 位，PA0 ~ PA7 作输入/输出口；

B 口：8 位，PB0 ~ PB7 作输入或输出口；

C 口：8 位，PC0 ~ PC7 作输入或输出口，或是 A 口、B 口与 CPU 或外设连接的状态联络线。

（2）与 CPU 连接的管脚。

包括数据线 D0 ~ D7，读写控制线和复位线 RESET，以及和 CPU 地址线相连接的片选信号 $\overline{CS}$、端口地址控制线 A0 和 A1。

数据线：D7 ~ D0

控制线：$\overline{RD}$、$\overline{WR}$、RESET

8255A 端口地址控制引脚：

$\overline{CS}$（片选）	A1	A0	I/O 口地址分配
0	0	0	A 口地址低 2 位
0	0	1	B 口地址低 2 位
0	1	0	C 口地址低 2 位
0	1	1	控制口地址低 2 位

（3）电源线和地线。

8255A 的电源引脚为 V_{CC} 和 GND。V_{CC} 为电源线，一般取 +5 V。GND 为电源地线。

7.2.3 8255A 的工作方式及数据 I/O 操作

1. 8255A 的工作方式

8255A 有 3 种工作方式：

（1）方式 0：基本输入/输出方式。

方式 0 主要工作在无条件的输入/输出方式下，不需要“联络”信号。A 口、B 口和 C 口均可工作在此方式下。在方式 0 下，C 口的输出位可由用户直接独立设置为“0”或“1”。

（2）方式 1：选通输入/输出方式。

方式 1 主要工作在异步或条件传输方式（必须先检查状态，然后才能传输数据）下。此时，仅有 A 口和 B 口可工作于方式 1。由于条件传输需要联络线，所以在方式 1 下 C 口的某些位分别为 A 口和 B 口提供 3 根联络线。当外设速度慢于 CPU 时，C 口可用查询或中断方式进行有条件异步传送（需查询外设是否准备好），具体定义见表 7-2。

表 7-2　C 口联络信号定义

C口位线	方式1		方式2	
	输入	输出	输入	输出
PC7		$\overline{\text{OBFA}}$		$\overline{\text{OBFA}}$
PC6		$\overline{\text{ACKA}}$		$\overline{\text{ACKA}}$
PC5	IBFA		IBFA	
PC4	$\overline{\text{STBA}}$		$\overline{\text{STBA}}$	
PC3	INTRA	INTRA	INTRA	INTRA
PC2	$\overline{\text{STBB}}$	$\overline{\text{ACKB}}$		
PC1	IBFB	$\overline{\text{OBFB}}$		
PC0	INTRB	INTRB		

由表中可见 A 口和 B 口的联络信号都是 3 个，因此在具体应用中，如果 A 或 B 只有一个口按方式 1 使用，则剩下的 C 口的另外 5 位口线仍然可按方式 0 使用。如果两个口都按方式 1 使用，C 口则还剩下 2 位口线，这两位口线仍然可以进行位状态的输入输出。

所以，方式 1 适用于查询或中断方式的数据输入/输出。

（3）方式 2：双向数据传送方式。

方式 2 的双向传输方式是指在同一端口内分时进行输入/输出的操作。8255A 中只有 A 口可工作在这种方式下，当 A 口工作在方式 2 时，它需要 5 个控制信号进行“联络”，这 5 个信号由 C 口的 PC3 ~ PC7 提供。故此时 B 口只能工作在方式 0 或方式 1。当 B 口工作在方式 1 时，又需要 3 根联络线。所以当 A 口工作在方式 2 时，同时 B 口又工作在方式 1 时，8255A 的 C 口 8 根线将全部作为联络线使用，C 口也就因没有 I/O 功能而“消失”了。方式 2 适用于查询或中断方式的双向数据传送。关于 C 口“联络”信号的定义下面将详细讨论。

2．数据输入操作

用于输入操作的联络信号有：

（1）$\overline{\text{STB}}$（STroBe）——选通脉冲（输入），低电平有效。

当外设送来 $\overline{\text{STB}}$ 信号时，输入数据装入 8255A 的锁存器。

（2）IBF（Input Buffer Full）——输入缓冲器满信号（输出），高电平有效。

此信号有效，表明数据已装入锁存器，因此它是一个状态信号。

（3）INTR（INTerrupt Request）——中断请求信号（输出），高电平有效。

当 IBF 为高，$\overline{\text{STB}}$ 信号由低变高（后沿）时，中断请求信号有效。向单片机发出中断请求。

数据输入过程说明：

当外设准备好数据输入后，发出 $\overline{\text{STB}}$ 信号，输入的数据送入缓冲器，然后 IBF 信号有效。如使用查询方式，则 IBF 即作为状态信号供查询使用；如使用中断方式，当 $\overline{\text{STB}}$ 信号由低变高时，产生 INTR 信号，向单片机发出中断请求。单片机在响应中断后执行中断服务程序时读入数据，并使 INTR 信号变低，同时也使 IBF 信号同时变低，以此通知接口设备准备下一次数据输入。

3．数据输出操作

用于数据输出操作的联络信号有：

（1）$\overline{ACK}$（Acknowledge）——外设响应信号（输入），低电平有效。

当接口设备取走输出数据，并处理完毕后向单片机发回的响应信号。

（2）$\overline{OBF}$（Output Buffer Full）——输出缓冲器满信号（输出），低电平有效。

当单片机把输出数据写入 8255A 锁存器后，该信号有效，并送去启动接口设备以接收数据。

（3）INTR——中断请求信号（输出），高电平有效。

数据输出过程说明：

外设接收并处理完一组数据后，发回$\overline{ACK}$信号。该信号使$\overline{OBF}$变高，表明输出缓冲器已空（实际上是表明输出缓冲器中的数据已无保留之必要）。如使用查询方式，则$\overline{OBF}$可作为状态信号供查询使用；如使用中断方式，则当$\overline{ACK}$信号结束时，INTR 有效，向单片机发出中断请求。在中断服务过程中，把下一个输出数据写入 8255A 的输出缓冲器。写入后$\overline{OBF}$有效，表明输出数据已到，并以此信号启动接口设备工作，取走并处理 8255A 中的输出数据。

7.2.4　8255A 的控制字

8255A 是可编程接口芯片，所谓 8255A 编程，就是用户在使用 8255A 前，可用软件来定义端口的工作方式，选择所需要的功能。掌握 8255A 编程是正确使用该芯片的前提，为此须先了解 8255A 的控制命令。8255A 共有两种控制字，即工作方式控制字和 C 口位置位/复位控制字。还有一个用于查询 8255A 工作的状态字。

1．工作方式控制字

工作方式控制字用于确定各口的工作方式及数据传送方向。其格式如图 7-8 所示。对工作方式控制字作如下说明：

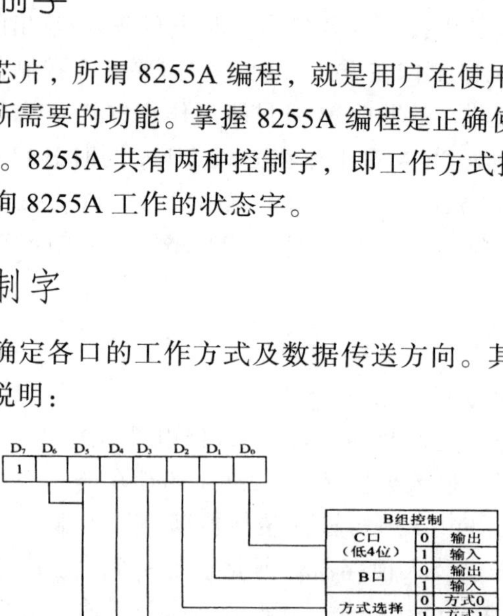

图 7-8　工作方式控制字格式

A 口有三种工作方式，而 B 口只有两种工作方式。

在方式 1 或方式 2 下，对 C 口的定义（输入或输出）不影响作为联络线使用的 C 口各位功能。

最高位（D7）是标志位，其状态固定为“1”，为该控制字的标志，用于表明本字节是方式控制字。工作方式控制字未规定 C 口的工作方式，只规定了 C 口数据的传输方向，这就说明 C 口要么作为联络线用，要么就只工作在方式 0。

例如：某个外设工作在无条件传输方式，通过 8255A 与 CPU 交换数据，设某片 8255A 的端口地址是 60H～63H，工作于方式 0，端口 A 和端口 C 高 4 位输出，端口 B 和端口 C 低 4 位输入，设置该 8255A 的方式选择控制字，则：方式选择控制字 = 1000 0011B

2. C 口位置位 / 复位控制字

在一些应用情况下，C 口用来定义控制信号和状态信号，因此 C 口的每一位都可以进行置位或复位。对 C 口各位的置位或复位是由位置位/复位控制字进行的。8255A 的位置位/复位控制字格式如图 7-9 所示。

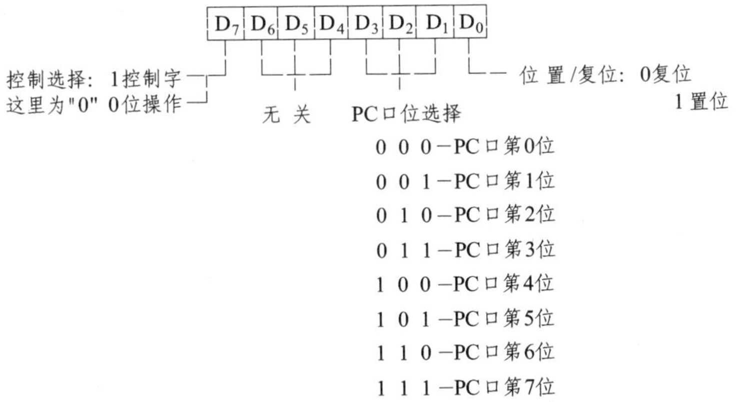

图 7-9　8255A　C 口的置位、复位控制字

其中 D_7 是该控制字的标志，其状态固定为“0”。在使用中，控制字每次只能对 C 口中的一位进行置位或复位。置“1”又称为置位操作，而清“0”称为复位操作。我们举一个例子，让读者先有一个置位/复位的概念。

例如，在某个外设接口电路中，8255A 的 C 口为输出，控制 8 个继电器。设定 C 口的 I/O 线为“1”，表示继电器闭合；为“0”，表示继电器断开。现在要求某个继电器闭合，如与 PC2 对应的继电器闭合，而其他继电器状态不变。如何实现呢？一个可选的方案如下：

```
MOV     DPTR，#C 口地址
MOVX    A，    @DPTR          ；取 C 口开关信息
ORL     A，#00000100B         ；设置 A 的第 2 位为 1
MOVX    @DPTR，  A            ；重设 C 口开关状态
```

虽然上面程序段的第 3 条语句对 C 口的 8 根线重新进行了设置，但由于前两条语句操作的实际效果是只有 PC2 发生了变化，即 PC2 = 1，所以 C 口的其他位并未发生变化。

如果要求 PC2 对应的继电器由闭合转为断开，只要把语句“ORL　A，#00000100B”改为“ANL　A，#11111011B”即可。

这就是典型的置位/复位操作，其特点是只有指定位发生变化，其他位保持不变。对于上述例子，有一个更直接的方案来实现，这就是采用 8255A 的 C 口置位/复位控制字，它仅对 C 口有效，可以直接对 C 口的指定位置“1”或清“0”。

用 8255A 的置位/复位控制字完成上例要求，即 PC2 = 1 的程序段如下：

```
MOV    A，#00000101B
MOV    DPTR，#控制口地址
MOVX   @DPTR，A
```

显然这种操作更为简捷。但要注意，该控制字是通过写入 8255A 的控制寄存器来达到对 C 口的指定位进行置位/复位操作的。

3．读出状态字

前面已经指出，当 8255A 由程序设定在方式 1 或方式 2 工作时，C 口就根据不同的情况产生或接收“联络”信号。如果这时对 C 口进行读操作，则读出的内容就包含两部分内容，一部分是那些作为 I/O 线上的内容，另一部分是与“联络”状态有关的内容。通过读取 C 口的内容，程序员可测试或检查外部设备的状态，相应的改变程序流程。状态字格式如下：

D_7	D_6	D_5	D_4	D_3	D_2	D_1	D_0
I/O	I/O	IBFA	INTEA	INTRA	INTEB	IBFB	INTRB
		A组			B组		

有关状态字中各符号的意义，将在下面有关章节中结合实例进行详细说明。

4．初始化编程

8255A 初始化的内容就是向控制字寄存器写入工作方式控制字和 C 口位置位/复位控制字，由于这两个控制字标志位的状态不同，8255A 自身能加以区别。为此，两个控制字可按同一地址写入且不受先后顺序限制。

【例 7-1】对 8255A 各口作如下设置：A 口方式 0 输入，B 口方式 1 输出，C 口高位部分为输出，低位部分为输入。设控制寄存器地址为 003AH。

按各口的设置要求，工作方式控制字为 10010101B，即 95H。初始化程序段应为：

```
MOV   A，#95H
MOV   DPTR，#003AH
MOVX  @DPTR，A
```

7.2.5　8255A 与单片机的硬件连接

8255A 是一种与 51 系列单片微型计算机兼容性很高的接口芯片，在最简单的情况下可以将 8255A 与 51 单片机直接连接，甚至不需要附加任何电路。考虑到在一般情况下，8255A 往往同时与存储器和其他接口芯片一起为系统所扩展，这时 8255A 与 AT89C51 的连接可采用常规方法：通道选择 A1，A0 接系统地址线的最低位，片选 $\overline{CS}$ 由地址信息的高位译码电路提供，如图 7-10 所示。8255A 的三个端口和控制口地址分别为 8500H（PA 口）、8501H（PB 口）、8502H（PC 口）和 8503H（控制口）。

在实际应用系统中，必须根据外围设备的类型选择 8255A 的操作方式，并在初始化程序中把相应的控制字写入操作口。下面根据图 7-10，举例说明 8255A 的编程方法。

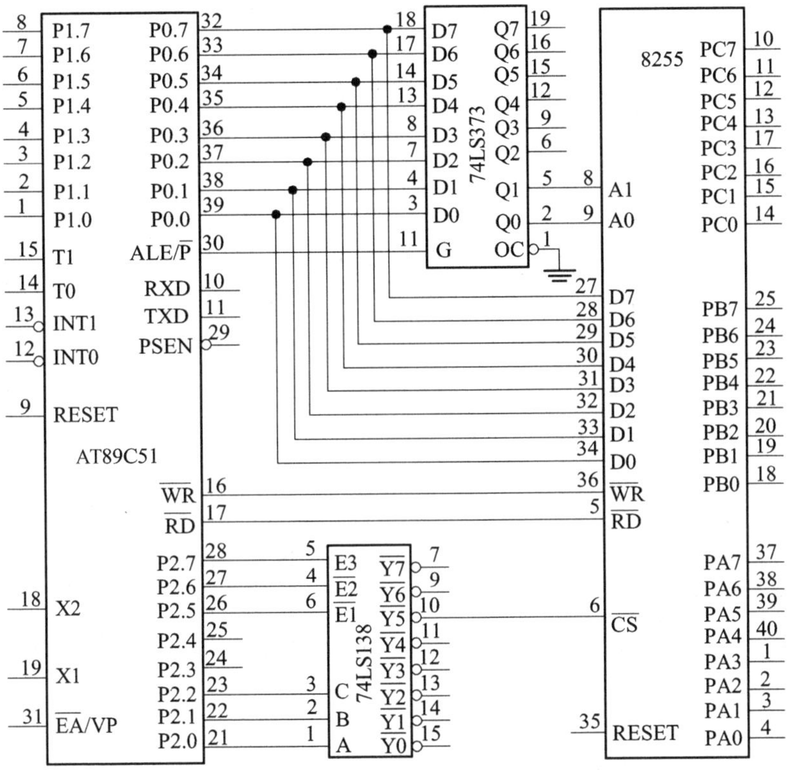

图 7-10　8255A 与 AT89C51 的接口方法

【例 7-2】若要求 8255A 工作在方式 0，且 A 口作为输入口，B 口、C 口作为输出口，则 8255A 的程序如下。

```
ORG     3000H
MOV     A，#90H             ；置方式控制字
MOV     DPTR，#8503H        ；控制寄存器地址
MOVX    @DPTR，A            ；写控制字
MOV     DPTR，#8500H        ；A 口地址
MOVX    A，@DPTR            ；从 A 口读数据
INC     DPTR                ；B 口地址
MOV     A，#DATA1           ；需要输出的数据
MOVX    @DPTR，A            ；将数据送 B 口输出
INC     DPTR                ；C 口地址
MOV     A，#DATA2           ；需要输出的数据
MOVX    @DPTR，A            ；将数据送 C 口输出
```

对 8255A 的 C 口 8 位中的任意一位，都可用指令来置位或复位。

【例 7-3】若想把 C 口的第 4 位 PC4 置 1，相应的控制字为：00001001B = 09H，程序为：

```
MOV     DPTR，#8503H          ；设控制寄存器地址为 8503H
MOV     A，#09H               ；控制字
MOVX    @DPTR，A              ；把控制字送到控制口
```

【例 7-4】已知 8255A 的端口地址为 02E1H ~ 02E4H，请实现对端口 C 的 PC2 置位和 PC4 复位。

解：
```
MOV     DPTR，#02E4H          ；控制端口地址送 DX
MOV     A，#05                ；位操作控制字 = 0000 0101B
MOVX    @DPTR，A              ；置位 PC2
MOV     A，#08H               ；位操作控制字 = 0000 1000B
MOVX    @DPTR，A              ；复位 PC4
```

【例 7-5】请在 8255A 端口 C 的 PC7 位输出一个正脉冲（设原来 PC7 = 0）。

解：程序段如下

```
MOV     A，  #0FH              ；置位 PC7，操作控制字 = 00001111
MOV     DPTR，#CTRL_PORT       ；控制端口地址
MOVX    @DPTR，  A             ；写入控制端口
ACALL   DELAY                  ；延时产生脉宽
MOV     A，  #0EH              ；复位 PC7，操作控制字 =  00001110
MOVX @DPTR，  A                ；写入控制端口
```

注意：一个 C 口置位/复位控制字只对端口 C 的某一个位进行操作，其他位不受影响。应写入控制端口。

7.2.6　8255A 的应用举例

1．8255A 方式 0 的应用

【例 7-6】8255A 的 A 口和 B 口工作在方式 0，A 口为输入端口，接有四个开关。B 口为输出端口，接有一个七段发光二极管，连接电路如图 7-11 所示。试编一程序要求七段发光二极管显示开关所拨通的数字（显示字符与对应代码如表 7-3 所示）。

解：分析题意：

（1）A 口方式 0 输入，B 口方式 0 输出。

（2）将 A 口输入信息从 B 口输出。

（3）8255A 工作需初始化，即写入相应的方式控制字（包括工作方式控制字和 C 口置位/复位控制字，写入同一控制口中，无顺序）。

（4）8255A 有 4 个 I/O 口，应有 4 个对应的口地址。

（5）从图 7-11 可知，8255A 有 A1、A0 两个地址端，可接 CPU 的 A1、A0，得出 A 口、B 口、C 口及控制口的低 8 位地址，高 8 位由片选信号得出。由硬件可得：

A15	A14 ~ A7	A6	A5	A4	A3	A2	A1	A0	I/O 口	口地址
1	0 ~ 0	0	0	1	0	0	0	0	A 口	8010H

1	0 ~ 0	0	0	1	0	0	0	1	B 口	8011H
1	0 ~ 0	0	0	1	0	0	1	0	C 口	8012H
1	0 ~ 0	0	0	1	0	0	1	1	控制口	8013H

注释：未用到地址 A14 ~ A7 假设都为“0”

表 7-3　显示字符与对应代码

显示字行	0	1	2	3	4	5	6	7	8	9	A	b	c	d	E	F
七段代码（H）	3F	06	5B	4F	66	6D	7D	07	7F	6F	77	7C	39	5E	79	71

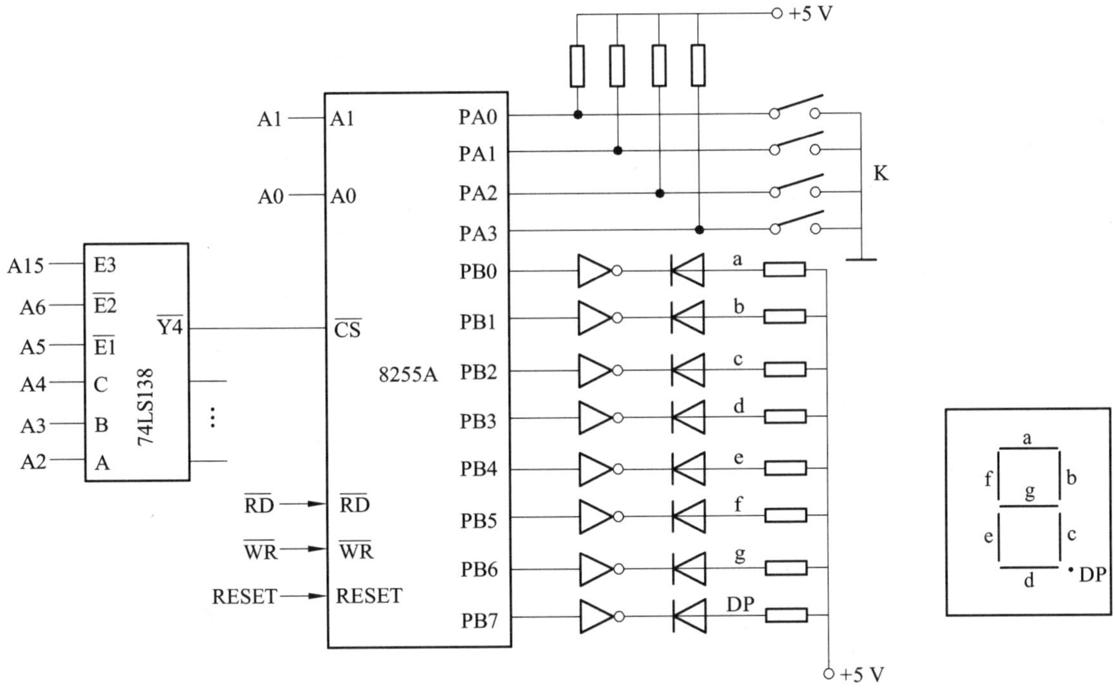

图 7-11　例 7-6 题电路连接图

（6）8255A 控制字为 90H（C 口没有用假设为 0），则：8255A 初始化程序为：

```
MOV     DPTR,  #8013H
MOV     A,     #90H
MOVX@DPTR,   A
```

（7）PA3 ~ PA0 输入不同二进制 0000B ~ 1111B，PB7 ~ PB0 所接七段数码管，显示相应的十六进制数 0 ~ F，可用“MOVC”查表指令。

```
MOV     A，#90H              ；设置 8255A 方式字
MOV     DPTR，#8013H
MOVX@DPTR，  A
MOV     DPTR，#8010H         ；取 A 口地址
MOVXA，@DPTR                 ；取键盘信息
ANL   A，  #0FH              ；屏蔽高 4 位
```

```
MOV     DPTR，#TABLE1          ；取段码表首地址
MOVC    A，  @A＋DPTR          ；查表得段码
MOV     DPTR，  #8011H         ；取B口地址
MOVX@DPTR，  A                 ；输出显示
```

2．8255A 的方式 1 应用

对于 8255A 工作在方式 1（输入），当 A 口已接受外设数据后，有两种方式通知 CPU 取数：其一用条件查询方式，通过查询缓冲器是否“满”，即 IBFA 是否为高电平来取数。其二用中断方式。

在条件传送中，一般要有所谓的“握手”信号来协调数据的传送。“握手”信号至少要有两位信号线，其中一位是由接口电路发给外设，功能是向外设提供接口的信息。另一位是由外设发给接口，功能是向接口提供外设的信息。显然在 8255A 的选通输入方式中 $\overline{STBA}$ 和 IBFA 是一对“握手”信号。

【例 7-7】8255A 的 A 口和 B 口分别工作在方式 1 和方式 0，A 口为输入端口，接有 8 个开关。B 口为输出端，接有 8 个发光二极管，连接电路如图 7-12 所示。现要求用方式 1 把改变后的键信息输入到 CPU 并通过 B 口显示。

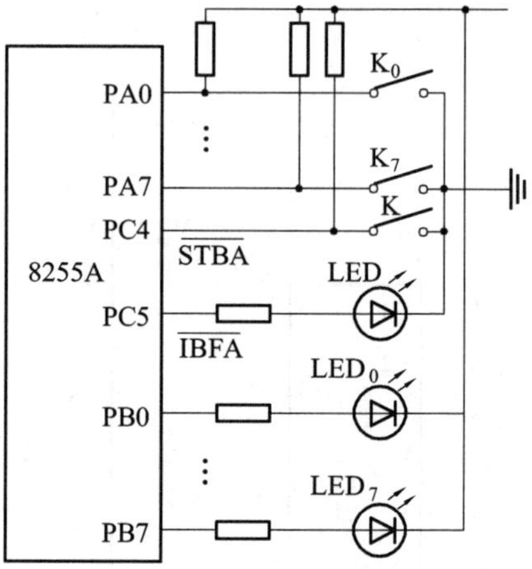

图 7-12　例 7-7 题电路连接图

解：这个电路的工作过程如下：

（1）用户通过改变 K0～K7，产生新的键信息。

（2）按下开关 K，产生选通信号，数据进入 A 口的缓冲器，此步骤实际上告诉 CPU，8255 的 A 口来了一个新数据。

（3）IBFA 有效使 LED 点亮。这里含有两个信息，一个是 8255A 通知 CPU 其 A 口来了一个新数据，另一个是告诉用户 CPU 尚未取走这个数据，用户不得再送其他数据（是一个 A 口的“忙”信息）。

（4）CPU 取走这个数据，LED 熄灭。

（5）转步骤（1）。

设 8255A 的 I/O 地址分布为 88H～8BH，相应的程序段如下：

```
        MOV     A，  #10111001B       ；命令字设置A口为方式1的输入
        MOV     R0，#8BH              ；控制口地址
        MOVX@R0，  A                  ；命令字送入控制口
LOOP1：MOV     R0，  #8AH             ；C口地址
        MOVX    A，  @R0              ；取C口的状态线
        ANL   A，  #00100000B         ；测试IBFA信息（高为“忙”）
        JZ      LOOP1                 ；等待用户设定新的键值
        MOV     R7，  #0FFH           ；延时，LED灯亮（相对于步骤3）
```

```
LOOP3: MOV    R6, #0FFH        ;(为了使用户看清楚)
LOOP2: NOP
       DJNZ   R6, LOOP2
       DJNZ   R7, LOOP3
       MOV    R0, #88H         ; A 口地址
       MOVXA, @R0              ; 取数，LED 灯灭（相对于步骤 4）
       MOV    R0, #89H         ; B 口地址
       MOVX   @R0, A           ; 更新 B 口的显示
       AJMP   LOOP1            ; 重复
```

同样，8255A 接口芯片在 51 单片机应用系统中广泛用于连接其他外部设备，如打印机、键盘、显示器以及作为控制信息的输入输出口。

7.3 人-机接口技术

单片机应用系统通常都需要进行人-机对话。这包括人对应用系统的状态干预与数据输入，还有应用系统向人显示运行状态与运行结果等。如键盘、显示器就是用来完成人-机对话活动的人-机通道。

7.3.1 键盘及其与单片机接口

键盘是计算机不可缺少的输入设备，是实现人机对话的纽带。按其结构形式键盘可分为非编码键盘和编码键盘，前者用软件方法产生键码，而后者则用硬件方法产生键码。

在单片机中使用的都是非编码键盘，因为非编码键盘结构简单成本低廉。键盘上的键按行、列构成矩阵，在行列的交点上都对应有一个键。所谓键实际上就是一个机械开关，被按下则其交点的行线和列线接通。非编码键盘接口技术的主要内容就是如何确定被按键的行列位置，并据此产生键码。这就是所谓键的识别问题。

非编码键盘可以分为独立联接式和矩阵式两种形式。

1. 键盘输入及去抖动

为了实现键盘的数据输入功能和命令处理功能，每个键都有一个处理子程序。为此每个键对应一个码——键码，以便根据键码转到相应的键处理子程序。为了得到被按键的键码，有专门的键识别方法。常用的键识别方法有两种；行扫描法和线翻转法，其中以行扫描法使用较为普遍。现以行扫描法为例，说明行扫描法键识别的全过程。键识别流程如图 7-13 所示。

现以图 7-14 所示的 4 行 × 8 列键盘为例，说明键识别流程：

（1）测试有没有键被按下。

如图 7-15 所示，键盘的行线一端经电阻接 + 5 V 电源，另一端接单片机的输入口。各列线的一端接单片机的输出口，另一端悬空。为判断有没有键被按下，可先经输出口向所有列线输出低电平，然后再输入各行线状态。若行线状态皆为高电平，则表明无键按下；若行线

状态中有低电平，则表明有键被按下。

（2）去抖动。

当测试表明有键被按下之后，紧接着就进行去抖动处理。因为键是机械开关结构，由于机械触点的弹性及电压突跳等原因，在触点闭合或断开的瞬间会出现电压抖动，如图 7-14 所示。

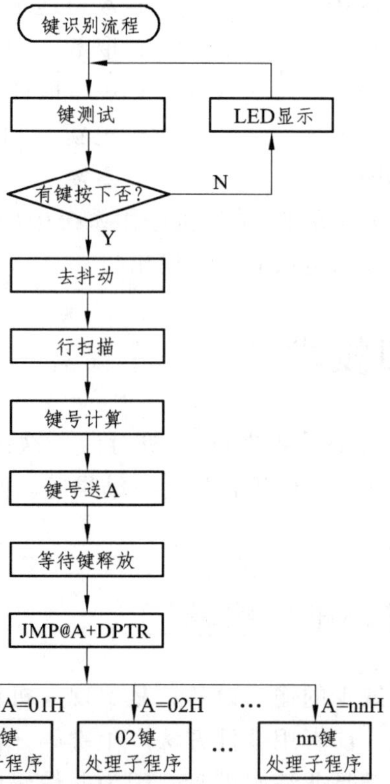

图 7-13　键识别流程

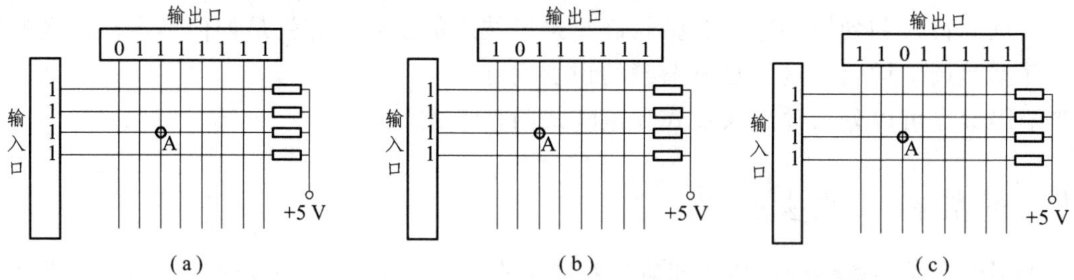

图 7-14　键盘识别示意图

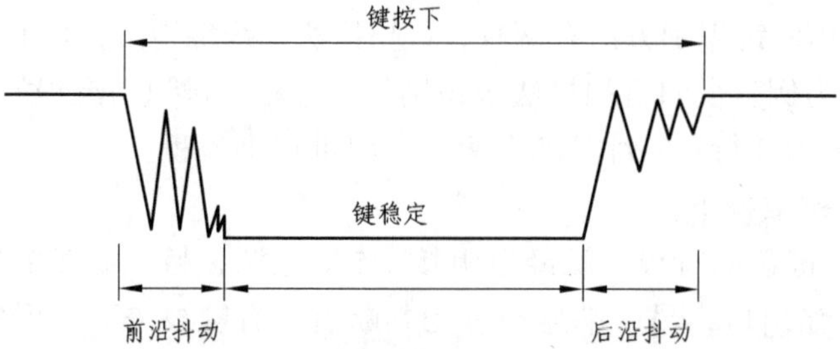

图 7-15　键闭合和断开时的电压抖动

为保证键识别的准确，在电压信号抖动的情况下不能进行行状态输入。为此需进行去抖动处理。去抖动有硬件和软件两种方法。硬件方法就是加去抖动电路，从根本上避免抖动的产生；软件方法则采用时间延迟以躲过抖动，待信号稳定之后，再进行键扫描。一般为简单起见多采用软件方法，大约延时 10～20 ms 即可。

（3）键扫描以确定被按键的物理位置。

如图 7-13 所示，假定 A 键被按下，称之为被按键或闭合键。这时键盘矩阵中 A 点处的行线和列线相通。行扫描法的基本原理是：使一条列线为低电平，如果这条列线上没有闭合键，则各行线的状态都为高电平；如果列线上有闭合键，则相应的那条行线即变为低电平。这样就可以根据按行线号和列线号求得闭合键的键码。

行扫描的过程是：先使输出口输出 FEH，然后输入行线状态，判断行线状态中是否有低电平的，见图 7-14（a）。如果没有低电平，再使输出口输出 FDH，再判断行线状态，见图 7-14（b）。到输出口输出 FCH 时，行线中有状态为低电平者，则闭合键找到，见图 7-14（c）。至此行扫描似乎可以结束，但实际上扫描往往继续进行下去，以排除可能出现的多键同时被按下的现象。

（4）计算键码。

键号是按从左到右从上向下的顺序编排的，按这种编排规律，各行的首键号依次是 00H，08H，10H，18H；如列线按 0～7 顺序，则键码的计算公式为：

键码 = 行首键号 + 列号

据此，上述键盘各键的键码如图 7-16 所示。

（5）等待键释放。

计算键码之后，再以延时和扫描的方法等待和判定键释放。键释放之后就可以根据键码，转相应的键处理子程序，进行数据的输入或命令的处理。

00H	01H	02H	……	06H	07H
08H	09H	0AH	……	0EH	0FH
10H	11H	12H	……	16H	17H
18H	19H	1AH	……	1EH	1FH

图 7-16　键号图

2．独立联接式键盘及接口

（1）独立式键盘接口。

当按键的数量比较少时，可采用独立式按键的硬件结构。这是最简单的键盘结构，每一键互相独立地各自接通一条输入数据线（见图 7-17），任何一个键按下时，与之相连的输入数据线即被清 0（低电平），而平时该线状态为 1（高电平）。要判别是否有键按下，只需检测输入线的电平状态，十分简单和方便。

这种键盘结构的优点是电路配置灵活，软件结构简单。但每个按键需占用一根输入口线，当键数较多时，输入口线浪费较大，电路结构也显得非常繁杂，所以只适用于按键较少或操作速度较高的情况。

独立式按键接口设计可采用中断方式和查询方式等。图 7-16 所示为查询方式的按键工作电路，按键直接与单片机的 I/O 口线相接，通过读 I/O 口线，判定各口线的电平状态，即可识别出按下的按键。

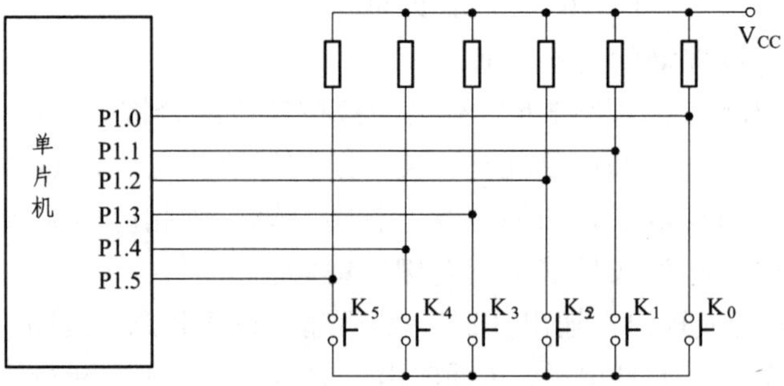

图 7-17　独立连接式非编码按键

（2）独立式键盘的处理程序。

下面是以查询方式编写的键盘处理程序。程序中没有使用散转指令，并且略去了软件去抖动措施，只包括键查询、键功能程序转移。K0 ~ K5 为功能程序入口地址标号，PROG0 ~ PROG5 分别为每个按键的功能程序。设 I/O 口为 P1 口，则查询方式扫描键盘的应用程序如下：

```
START：MOV  P1，#0FFH           ；输入时，先置 P1 口为全 1
       MOV  A，P1               ；键状态输入
       JNB  ACC.0，K0           ；0 号键按下转 K0 标号地址
       JNB  ACC.1，K1
       JNB  ACC.2，K2
       JNB  ACC.3，K3
       JNB  ACC.4，K4
       JNB  ACC.5，K5           ；5 号键按下转 K5 标号地址
       JMP  START
   K0：LJMP PROG0
   K1：LJMP PROG1
              ⋮
   K5：LJMP PROG5
PROG0：                          ；0 号键功能程序
              ⋮
       JMP  START               ；0 号键执行完毕
              ⋮
PROG5：                          ；5 号键功能程序
              ⋮
       JMP  START               ；5 号键执行完毕
```

3．矩阵式键盘及接口

为了减少键盘与单片机接口时所占用 I/O 口线的数目，在按键数较多时，通常都采用矩

阵式键盘。

它由行线和列线组成，按键位于行、列的交叉点上，如图 7-18（a）所示。7-18（b）给出了每一连线交叉处[（即图 7-18（a）中圆圈部分）]的细节。在每一水平连线与垂直连线的交叉处，两连线并不相通，而是通过一个按键来联通。利用这种矩阵结构只需 $N+M$ 条 I/O 口线（N 和 M 分别是水平和垂直连线的数目）即可连接 $N\times M$ 个键。

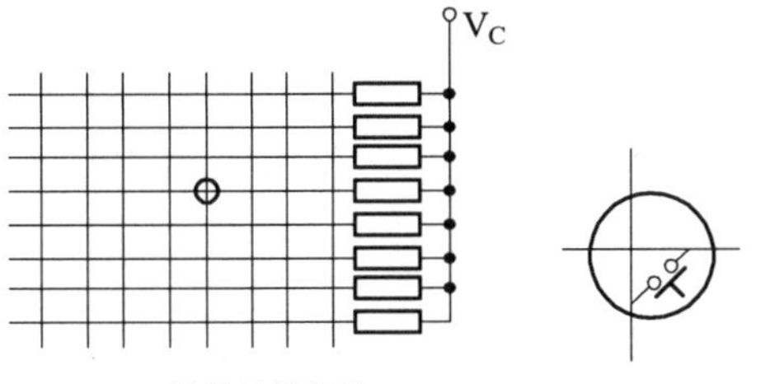

(a)键的连接矩阵　　(b)交叉处细节

图 7-18　矩阵式键盘

4. 键盘的工作方式

单片机应用系统中，键盘扫描只是 CPU 的工作内容之一。CPU 在忙于各项工作任务时，如何兼顾键盘的输入，取决于键盘的工作方式。键盘的工作方式的选取应根据实际应用系统中 CPU 工作的忙、闲情况而定。其原则是既要保证能及时响应按键操作，又要不过多占用 CPU 的工作时间。通常，键盘工作方式有三种编程扫描、定时扫描和中断扫描。

（1）编程扫描方式。

CPU 对键盘的扫描采取程序控制方式，一旦进入键扫描状态，则反复扫描键盘，等待用户从键盘上输入命令或数据。而在执行键入命令和处理键入数据过程中，CPU 将不再响应键入要求，直到 CPU 返回重新扫描键盘为止。

如图 7-19 所示为一个 4×8 矩阵键盘通过 8255 扩展 I/O 口与 AT89C51 的接口电路原理图，键盘采用编程扫描方式工作，8255 的 PC 口的低 4 位输出逐行扫描信号，PA 口输入 8 位列信号，均为低电平有效。8255 的 A0、A1 端分别接于地址线 A0、A1 上，$\overline{CS}$与 P2.7 相接，$\overline{WR}$、$\overline{RD}$分别与 AT89C51 的$\overline{WR}$、$\overline{RD}$相连。根据图 7-18 可确定 8255 的口地址为：PA 口：0700H；PC 口：0702H；控制寄存器：0703H

当 PA 口工作于方式 0 输入，PC 口低 4 位工作于方式 0 输出时，方式命令控制字可设为 90H，下面介绍编程扫描工作方式的工作过程及键盘扫描子程序。

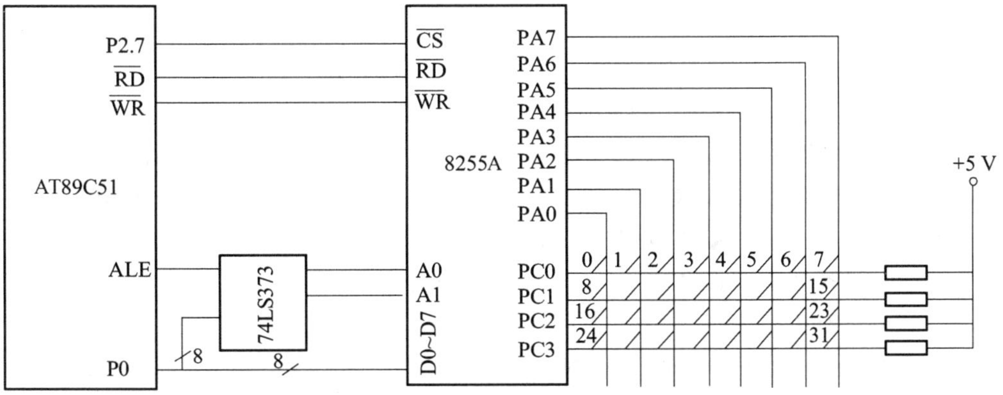

图 7-19　8255 扩展 I/O 口组成的 4×8 矩阵式键盘

本方案中用延时 10 ms 子程序进行软件消抖，通过设置处理标志来区分闭合键是否已处理过，用计算方法得到键码，高 4 位代表行，低 4 位代表列。

键盘扫描子程序中完成如下几个功能：

① 判断键盘上有无键按下。其方法为 PC 口低 4 位输出全 0，读 PA 口状态，若 PA0～PA7 为全 1，则说明键盘无键按下；若不全为 1，则说明键盘有键按下。

② 消除按键抖动的影响。其方法为，在判断有键按下后用软件延时的方法延时 10 ms，再判断键盘状态，如果仍为有键按下状态，则认为有一个确定的键按下，否则当作按键抖动处理。

③ 求按键位置。根据前面介绍的扫描法，进行逐行置 0 扫描，最后确定按键位置。

④ 键闭合一次仅进行一次按键的处理。方法是等待按键释放之后，再进行按键功能的处理操作。编程扫描程序框图如图 7-20 所示。

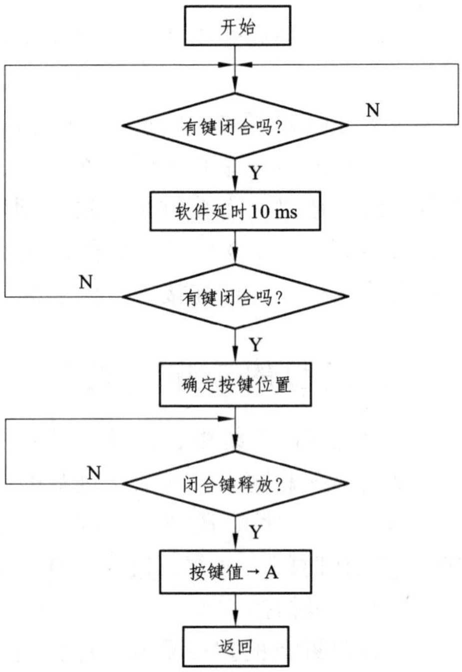

图 7-20　编程扫描程序框图

功能程序如下：

键盘扫描主程序 BEGIN，不断扫描键盘直到有键被按下，最后键值存于 A 中返回。

键值是以键号进行编码所得的值。

```
BEGIN:     ACALL   KEY_ON        ；判断有无键按下
           JNZ     DELAY         ；有键按下，A≠0，转消抖
           AJMP    BEGIN         ；无键按下，继续扫描
DELAY:     ACALL   DL10 ms       ；延时 10 ms 进行消抖
           ACALL   KEY_ON        ；再判断有无键按下
           JNZ     KEY_NUM       ；A≠0，键确实按下，转确定按键位置
           AJMP    BEGIN         ；是键抖动，继续扫描
KEY_NUM:   ACALL   KEY_P         ；调定键位置子程序
           ANL     A，#0FFH
           JZ      BEGIN         ；A＝0，出错继续扫描
           ACALL   KEY_CODE      ；对按键编码
           PUSH    ACC           ；保护 A，A 中为键编码值
KEY_OFF:   ACALL   KEY_ON        ；等待，直到按键被释放为止
           JZ      KEY_OFF
           POP     ACC           ；恢复 A
           RET                   ；返回
；判定有无键按下子程序：KEY_ON
KEY_ON:  MOV    A，      #00H     ；全扫描字 00H
         MOV    DPTR，   #0702H   ；PC 口地址 0702H 送 DPTR
         MOVX   @DPTR，A          ；PC 口输出全扫描字
         MOV    DPTR，   #0700H   ；PA 口地址 0700H 送 DPTR
```

```
          MOVX A,     @DPTR        ; PA 口状态读入 A 中
          CPL   A                  ; A 取反
          RET                      ; A≠0 表示有键按下
; 延时 10 ms 子程序：DL10 ms（时钟 6 MHz）
DL10ms:   MOV   R7,   #05H
LOOP1:    MOV   R6,   #0F9H
LOOP2:    NOP
          NOP
          DJNZ  R6,   LOOP2
          DJNZ  R7,   LOOP1
          RET
; 判定按键位置子程序：KEY_P。用扫描法，R2，R3 保存行、列信息，A 中存放键的
位置，高 4 位是行号，低 4 位是列号。
KEY_P:    MOV   R7，#0FEH          ; 键盘第 1 行置 0
          MOV   A，R7
L_LOOP:   MOV   DPTR， #0702H      ; PC 口地址 0702H 送 DPTR
          MOVX @DPTR，A            ; 扫描字送 PC 口
          MOV   DPTR， #0700H      ; PA 口地址 0700H 送 DPTR
          MOVX A，@DPTR            ; 读入 PA 口状态
          MOV   R6，A              ; 送 R6 保存
          CPL   A                  ; A 取反
          JZ    NEXT               ; 此行无按键，转扫描下一行
          AJMP  KEY_C              ; 按键在此行，转 KEY_C
NEXT:     MOV   A，R7              ; 上一扫描字送 A
          JNB   ACC.3，ERROR       ; 第 4 行扫描完，没发现按键，转出错返回
          RL    A                  ; 左移得下一扫描字
          MOV   R7，A              ; 保存于 R7 中
          AJMP  L_LOOP             ; 开始下一行扫描
ERROR:    MOV   A，#00H            ; 置出错码 00H
          RET                      ; 返回
; 找出 R7、R6 中的 0 位，此位即为按键所在行、列。R3，R2 中保存行、列数
KEY_C:    MOV   R2，  #00H         ; 初始化 R2，R3
          MOV   R3，  #00H
          MOV   R5，  #08H         ; 共 8 列
          MOV   A，R6              ; 列状态送 A
AGAIN1:   JNB   ACC.0，OUT1        ; ACC.0 位为 0，转 OUT1
          INC   R2
          RR    A                  ; 右移
          DJNZ  R5，AGAIN1         ; 8 列未测试完继续
```

```
OUT1:     INC    R2                 ；列数加 1（调整）
          MOV    R5，#04H           ；共 4 行
          MOV    A，R7              ；行状态送 A
AGAIN2:   JNB    ACC.0，OUT2        ；ACC.0 位为 0，转 OUT2
          INC    R3
          RR     A
          DJNZ   R5，AGAIN2
OUT2:     INC    R3
          MOV    A，R3              ；行号送入 A 中
          SWAP   A                  ；行号置于高 4 位
          ADD    A，R2              ；列号置于低 4 位
          RET                       ；返回
```

键编码子程序为 KEY_CODE。本子程序根据键位置找出键的编号。键编号是人为编码，是根据键的位置顺序指定一个号码，以利于执行散转指令，此键到底是什么功能，或代表什么意义由各功能程序决定，由于是矩阵键盘，键编号很有规律可循，如图 7-19 所示，各行行首键号依次为 0，8，16，24，均相差 8。如果将行号 1 ~ 4 调整为 0 ~ 3，将列号 1 ~ 8 调整为 0 ~ 7，则键编号即是行号乘以 8 再加上列号所得结果。

```
KEY_CODE: PUSH   ACC                ；保存 A
          ANL    A，#0FH            ；屏蔽行号
          MOV    R7，A              ；取出列号
          DEC    R7                 ；列号减 1
          POP    ACC                ；恢复 A
          SWAP   A
          ANL    A，#0FH            ；屏蔽列号
          DEC    A                  ；行号减 1
          MOV    B，#08H
          MUL    AB                 ；行号乘以 8
          ADD    A，R7              ；加上列号得到键编号
          RET                       ；返回
```

（2）定时扫描工作方式。

定时扫描工作方式是利用单片机内的定时器产生定时中断（例如：10 ms），CPU 响应中断后对键盘进行扫描，并在有键按下时识别该键，并执行相应键功能程序。定时扫描工作方式的键盘硬件电路与编程扫描工作方式相同，软件框图如图 7-21 所示。

在单片机内 RAM 中设置两个标志位，第一个为去除抖动标志位 K1ST，第二个为已识别完按键的标志位 K2CD。初始化时将其均置为 0，中断服务的时候，首先判断有无键闭合，如无键闭合，则 K1ST、K2CD 值为 0 返回，如有键闭合，则检查 K1ST 标志。当 K1ST = 0 时表示还没有进行去除抖动的处理，此时置 K1ST = 1，并中断返回，因为中断返回后需经 10 ms 才可能再次中断，相当于实现了 10 ms 的延时效果，因此程序中不再需要延时处理。当 K1ST = 1 时说明已经完成了去除抖动的处理，这时查 K2CD 是否为 1，如不为 1 则置 1 并

进行按键识别处理，只是还没释放按键而已，中断返回。当按键释放后，K1ST 和 K2CD 将置为初始的 0 状态，为下次按键识别做好准备。

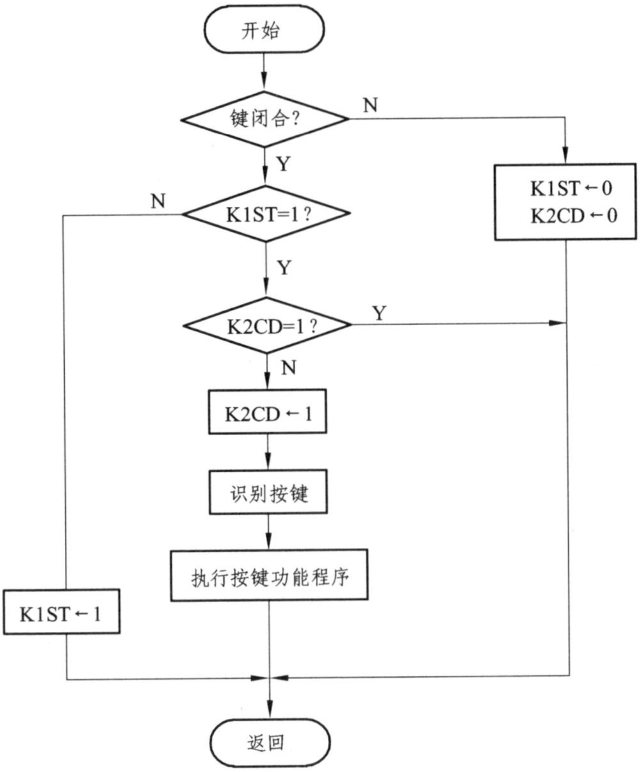

图 7-21　定时扫描方式程序框图

（3）中断工作方式。

键盘工作于编程扫描状态时，CPU 要不间断地对键盘进行扫描工作，以监视键盘的输入情况，直到有键按下为止。其间 CPU 不能干任何其他工作，如果 CPU 工作量较大，这种方式将不能适应。定时扫描进了一大步，除了定时监视一下键盘输入情况外，其余时间可进行其他任务的处理，因此 CPU 效率提高了。为了进一步提高 CPU 效率，可采用中断扫描工作方式，即只有键盘有键按下时，才执行键盘扫描并执行该按键功能程序，如果无键按下，CPU 将不理睬键盘。可以说，前两种扫描方式，CPU 对键盘的监视是主动进行的，而后一种扫描方式，CPU 对键盘的监视是被动进行的。图 7-22 为中断方式键盘接口，

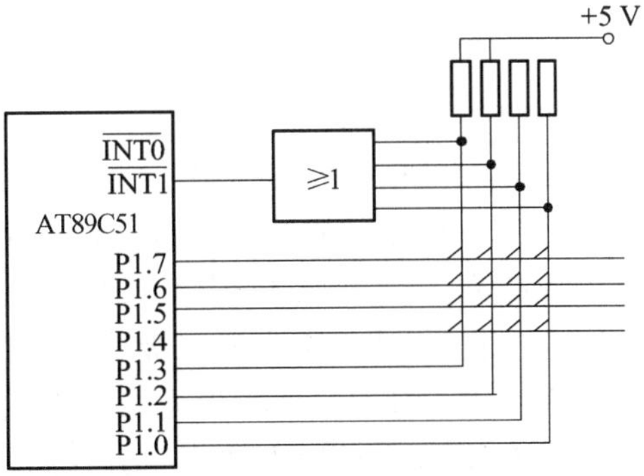

图 7-22　中断方式键盘接口

该键盘直接由 AT89C51 的 P1 口的高低字节构成 4×4 矩阵式键盘。键盘的列线与 P1 口的低 4 位 P1.0～P1.3 相接，行线与 P1 口的高 4 位 P1.4～P1.7 相接。P1.0～P1.3 经与门同 $\overline{INT0}$ / $\overline{INT1}$ 中断口相接，P1.4～P1.7 作为扫描输出线，平时置为全 0，当有键按下时，$\overline{INT0}$ / $\overline{INT1}$ 为低电平，向 CPU 发出中断申请，若 CPU 开放外部中断，则响应中断请求。中断服务程序中，首先应关闭中断，因为在扫描识别的过程中，还会引起 $\overline{INT0}$ / $\overline{INT1}$ 信号的变

化，因此不关闭中断的话，将引起混乱。接着要进行消抖处理，按键的识别及键功能程序的执行等工作。具体编程不再详述。

7.3.2　LED 显示器及接口设计

1. LED 显示器结构与原理

单片机应用系统中使用的显示器主要有发光二极管显示器（LED，Light Emitting Diode），液晶显示器（LCD，Liquid Crystal Display）；近年也有配置 CRT 显示器的。前者价廉，配置灵活，与单片机接口方便；后者可进行图形显示，但接口较复杂，成本也较高。本节介绍 LED 显示器。

（1）LED 显示器的结构。

通常所说的 LED 显示器由七个发光二极管组成，因此也称之为七段 LED 显示器，其排列形状如图 7-23 所示。此外，显示器中还有一个圆点型发光二极管（在图中以 dP 表示），用于显示小数点。通过七段发光二极管亮暗的不同组合，可以显示多种数字、字母以及其他符号。

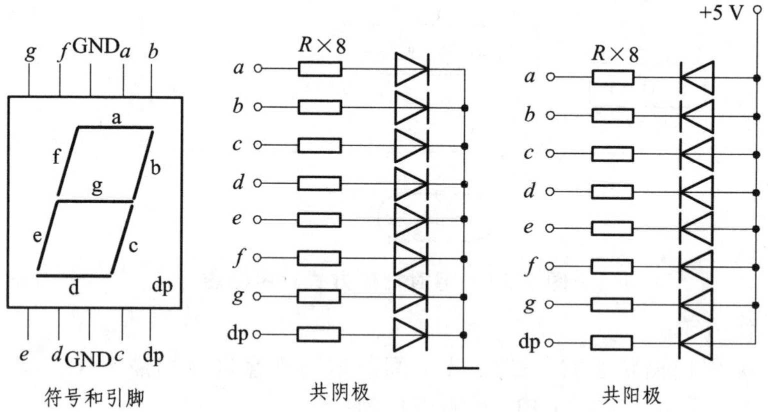

图 7-23　七段 LED 显示器

（2）LED 显示器的连接方法。

LED 显示器中的发光二极管共有两种连接方法：

① 共阳极接法。把发光二极管的阳极连在一起构成公共阳极。使用时公共阳极接 + 5 V。这样阴极端输入低电平的段发光二极管就导通点亮，而输入高电平的则不点亮。

② 共阴极接法。把发光二极管的阴极连在一起构成公共阴极。使用时公共阴极接地，这样阳极端输入高电平的段发光二极管就导通点亮，而输入低电平的则不点亮。

使用 LED 显示器时要注意区分这两种不同的接法。

为了显示数字或符号，要为 LED 显示器提供显示代码，因为这些代码是为显示字形的，因此称之为字形代码。七段发光二极管，再加上一个小数点位，共计 8 段。因此提供给 LED 显示器的字形代码正好一个字节。各代码位的对应关系如表 7-4 所示。

表 7-4　各代码位的对应关系

代码位	D_7	D_6	D_5	D_4	D_3	D_2	D_1	D_0
显示段	dp	g	f	e	d	c	b	a

用 LED 显示器显示十六进制数的字形代码在表 7-5 中列出。

表 7-5　十六进制数字形代码表

字形	共阳极代码	共阴极代码	字形	共阳极代码	共阴极代码
0	C0H	3FH	9	90H	6FH
1	F9H	06H	A	88H	77H
2	A4H	5BH	B	83H	7CH
3	BOH	4FH	C	C6H	39H
4	99H	66H	D	A1H	5EH
5	92H	6DH	E	86H	79H
6	82H	7DH	F	84H	7lH
7	F8H	07H	灭	FFH	00H
8	80H	7FH			

LED 显示器有静态显示和动态显示两种方式。下面分别作一介绍。

2．LED 静态显示接口

静态显示就是当显示器显示某个字符时，相应的段（发光二极管）恒定地导通或截止，直到显示另一个字符为止。例如，7 段显示器的 a，b，c 段恒定导通，其余段和小数点恒定截止时显示“7”；当显示字符“8”时，显示器的 a，b，c，d，e，f，g 段恒定导通，dP 截止。

LED 显示器工作于静态显示方式时，各位的共阴极（公共端）接地；若为共阳极（公共端）则接 + 5 V 电源。每位的段选线（a ~ dp）分别与一个 8 位锁存器的输出口相连，显示器中的各位相互独立，而且各位的显示字符一经确定，相应锁存的输出将维持不变。正因为如此，静态显示器的亮度较高。这种显示方式编程容易，管理也较简单，但占用 I/O 口资源较多。通常采用串行口方式 0，外接 74LSl64 移位寄存器构成，如图 7-24 所示。图中，AT89C51 串行口工作在方式 0，AT89C51 的 RXD 作为输出端接到移位寄存器 74LS164 的两个输入引脚，AT89C51 的 TXD 接 74LS164 各位的时钟输入引脚，8 位 LED 从高到低一次串接。高一位并行输出的最低位接相邻低位的串行输入引脚。各位 74LS164 并行输出引脚接相应的 LED 显示器的段驱动输入端。相应的串行静态显示子程序清单如下。

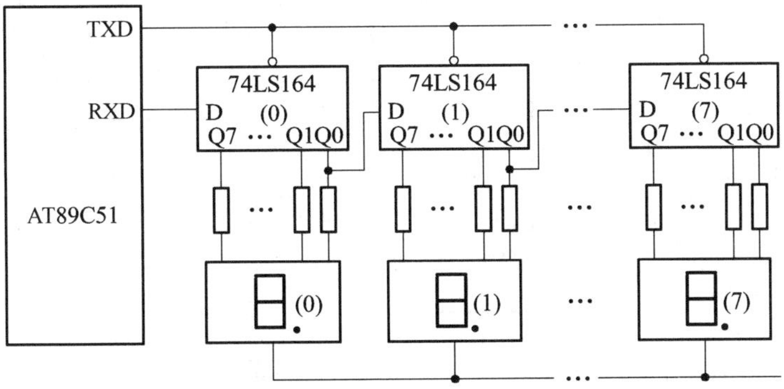

图 7-24　静态显示电路

```
DISPL:  MOV   R7, #08H          ; 显示位数计数
        MOV   R0, #7FH          ; 显示缓冲区末位指针
        MOV   DPTR, #TAB        ; 指向段选码表
DISPL1: MOV   A, @R0            ; 取显示数值
        MOVC  A, @A+DPTR        ; 取响应段码
        MOV   SBUF, A           ; 输出
LP:     JNB   TI, LP            ; 等待传送
        CLR   TI                ; 清标志位
        DEC   R0                ; 指向高一位数值
        DJNZ  R7, DISPL1
        RET
TAB:    DB  3FH, 06H, 5BH, 4FH, 66H, 6DH
        DB  7DH, 07H, 7FH, 6FH, 77H, 7CH
        DB  39H, 5EH, 79H, 71H, 40H, 00H
```

3. LED 动态显示接口

实际使用的 LED 显示器都是多位的。对多位 LED 显示器，通常都是采用动态扫描的方法进行显示，即逐个地循环地点亮各位显示器。这样虽然在任一时刻只有一位显示器被点亮，但是由于人眼具有视觉残留效应，看起来与全部显示器持续点亮效果完全一样。

为了实现 LED 显示器的动态扫描，除了要给显示器提供段（字形代码）的输入之外，还要对显示器增加显示位的控制，这就是通常所说的段控和位控。因此多位 LED 显示器接口电路需要有两个输出口，其中一个用于输出 8 条段控线（有小数点显示）；另一个用于输出位控线，位控线的数目等于显示器的位数。图 7-25 是使用 8255A 作 6 位 LED 显示器的接口电路。

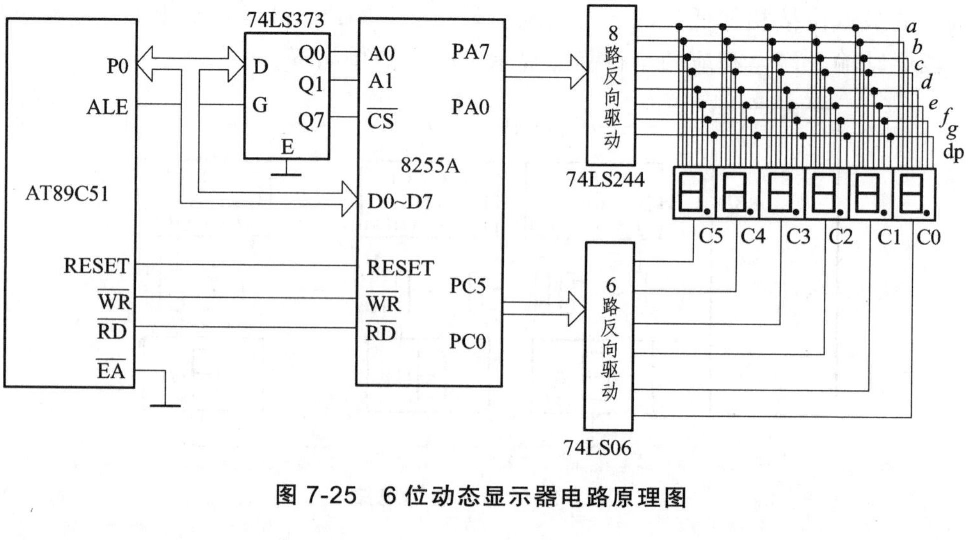

图 7-25　6 位动态显示器电路原理图

其中 C 口为输出口（位控口），以 PC5～PC0 输出位控线。由于位控线的驱动电流较大，8 段全亮时约 40～60 mA，因此 PC 口输出加 74LS06 进行反相和提高驱动能力，也可以采用达林顿驱动管 ULN2003 或 MC1413。然后再接各 LED 显示器的位控端。

A 口也为输出口(段控口),以输出 8 位字形代码(段控线)。段控线的负载电流约为 8 mA，为提高显示亮度，通常加 74LS244 进行段控输出驱动。

为了存放显示的数字或字符，通常在内部 RAM 中设置显示缓冲区，其单元个数与 LED 显示器位数相同。假定本例中 6 个显示器的缓冲单元是 79H～7EH，与 LED 显示器的对应关系如表 7-6 所示。

表 7-6　缓冲单元与 LED 的对应关系

LED5	LED4	LED3	LED2	LED1	LED0
7EH	7DH	7CH	7BH	7AH	79H

动态扫描过程选择从右向左进行,则缓冲区的首地址应为 79H。假定位控口地址 FF7EH，段控口地址 FF7CH。以 R0 存放当前位控值，DL 为延时子程序。8255A 的初始化已在主程序中完成。则完成上述任务的子程序清单如下。

```
DIS：MOV     R0，#79H            ；建立显示缓冲区首址
     MOV     R3，#01H            ；从右数第一位显示器开始
     MOV     A，R3               ；位控码初值
LD0：MOV     DPTR，#0FF7EH       ；位控口地址
     MOVX    @DPTR，A            ；输出位控码
     MOV     DPTR，#OFF7CH       ；得段控口地址
     MOV     A，@R0              ；取出显示数据
     ADD     A，#0DH             ；加与表首址的偏移量
     MOVC    A，@A + PC          ；查表取字形代码
     MOVX    @DPTR，A            ；输出段控码
     ACALL   DL                  ；延时，维持点亮
     INC     R0                  ；转向下一缓冲单元
     MOV     A，R3
     JB      ACC. 5，LDl         ；判是否到最高位，到则返回
     RL      A                   ；不到，向显示器高位移位
     MOV     R3，A               ；位控码送 R3 保存
     AJMP    LD0                 ；继续扫描
LDl：RET
DSEG：DB 3FH，06H，5BH，4FH      ；字形代码表
      DB 66H，6DH，7DH，07H
      DB 7FH，6FH，77H，7CH
```

```
        DB 39H, 5EH, 79H, 71H
    DL: MOV  R5, #7FH              ; 延时1ms子程序
  LOOP: NOP
        NOP
        DJNZ  R5, LOOP
        RET
```

程序说明：

① 在动态扫描过程中，调用延时子程序 DL，其延迟时间大约 1 ms。这是为了使扫描到的显示器稳定地点亮一段时间，犹如扫描过程中在每一位显示器上都有一段驻留时间，以保证其显示亮度。

② 本例接口电路是软件为主的接口电路，对显示数据以查表方法得到其字形代码，为此在程序中有字形代码表 DSEG。从 0 开始依次写入十六进制数的字形代码。为了进行查表操作，使用查表指令 MOVC A，@A + PC，由 PC 提供 16 位基址，由 A 提供变址。MOVC 指令距 DSEG 表的地址间隔为 ODH，因此显示数据送 A 后，进行 A←（A）+ ODH 操作，以求得变址值，然后进行查表操作。

③ 在实际的单片机系统中，LED 显示程序都是作为一个子程序供监控程序调用。因此各位显示器都扫过一遍之后，就返回监控程序。返回监控程序后，经过一段时间间隔后，再调用显示扫描程序。通过这种反复调用来实现 LED 显示器的动态扫描。

在静态显示方式下，LED 显示器各显示段的工作电流是恒定的，在动态显示方式下，LED 显示器各显示段的工作电流是脉动的。因此，后者脉动工作电流的幅值应远大于前者恒定工作电流值。

在动态显示中，移位数字的显示持久时间不允许超过其额定电流，更不允许系统长久地停止刷新，否则，某一数字显示器和位驱动电路将因长时间流过较大的恒定电流而损坏。同时动态显示方式所能容许的显示数字的个数是有限的，这是由于显示系统所能允许最大脉动工作电流是有限的。而静态显示方式则无上述限制。

4．8255A 与键盘/显示器接口技术

单片机应用系统中通常把键盘和显示电路结合在一起，构成使用的键盘、显示电路。图 7-26 所示为 8 × 2 键盘，6 位 LED 显示器通过 8255A 和 AT89C51 的接口电路。从图中可看出 8255A 的 PA、PB、PC 及控制口的地址分别为：0BCFFH、0BDFFH、0BEFFH。8255A 的 PB 口为显示器的段控口，PA 为显示器的位控口，同时又是键盘的行输出口，PC 为键盘的列输入口。

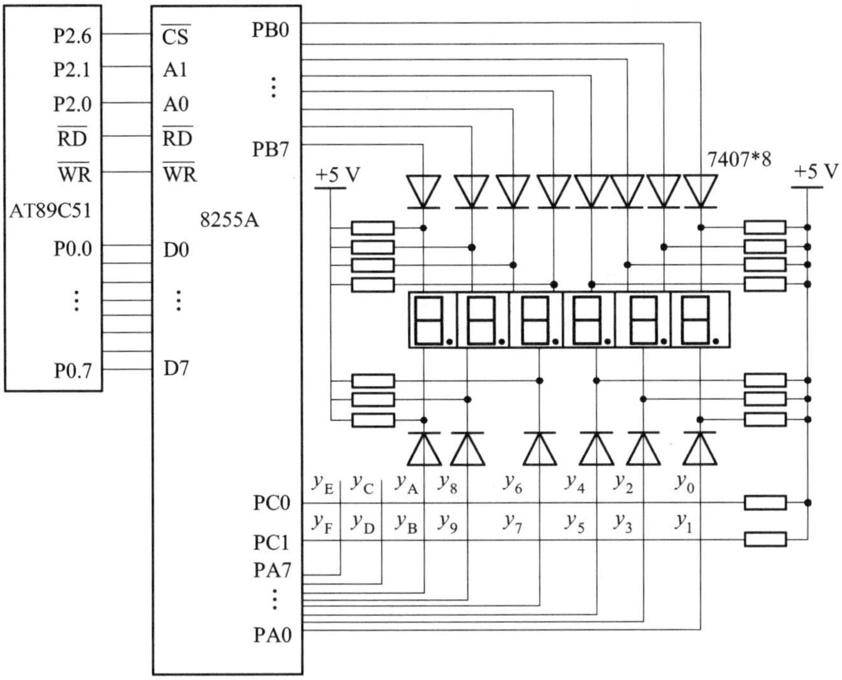

图 7-26　AT89C51 单片机通过 8255A 的键盘/显示接口电路

下面给出键输入程序的流程图如图 7-27 所示，在这里采用显示子程序作为延迟子程序，其优点是在进行键输入子程序后，显示器始终是亮的。在键输入源程序中，DIR 为显示子程序，调用一次用 6 ms。初始化时将 8255A 初始化为方式 0，A 口输出，B 口输出，C 口输入。键输入参考程序如下。

```
KEY:   MOV    A，#00H                   ；全 0 扫描送 A 口
       MOV    DPTR，#0BCFFH
       MOVX   @DPTR，A
       MOV    DPTR，#0BEFFH
       MOVX   A，@DPTR                  ；读列值
       ANL    A，#03H                   ；屏蔽高 5 位
       CJNE   A，#03H，KEY1             ；不相等说明有键按下
       SJMP   KEYEND                    ；无键按下返回
KEY1： LCALL  DIR                       ；延时
       MOV    A，#00H                   ；再次全 0 扫描送入 A 口
       MOV    DPTR，#0BCFFH
       MOVX   @DPTR，A
       MOV    DPTR，#0BEFFH             ；读列值
       MOVX   A，@DPTR
       ANL    A，#03H
       CJNE   A，#03H，KEY2             ；确实有键按下
       SJMP   KEYEND
```

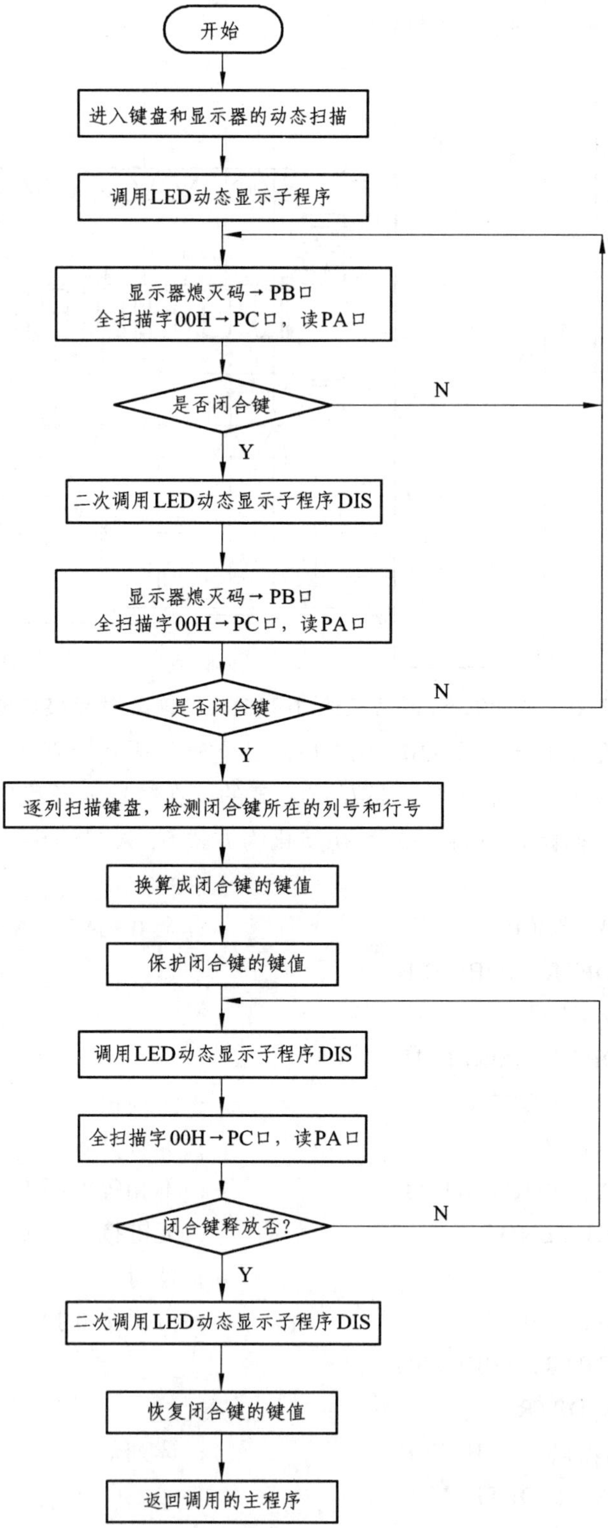

图 7-27　键输入子程序流程图

```
KEY2：LCALL DIR                                    ；延时
```

```
        LCALL  DIR
        MOV    2FH，#0FEH              ；扫描初值送 2FH
KEY4：  MOV    A，2FH
        MOV    DPTR，#0BCFFH           ；A 口逐行扫描
        MOVX   @DPTR ，A
        MOV    DPTR，#0BDFFH           ；读列值
        MOVX   A，@DPTR
        ANL    A ，#03H
        CJNE   A，#03H，KEY3           ；找到被按键所在的列
        MOV    A，2FH                  ；调整、判断
        JNB    ACC.7，KEYEND           ；所有行结束
        RL     A
        MOV    2FH，A
        SJMP   KEY4
KEY3：  MOV    R3，A                   ；列值在 R3 中
        MOV    R2，#00H                ；行号初值
        MOV    2EH，#08H               ；计数器初值
KEY6：  MOV    DPTR，#TAB1             ；行值与行号转换
        MOV    A，R2
        MOVC   A，@A+DPTR
        CJNE   A，2FH，KEY5            ；得到行号
        INC    R2
        DJNZ   2EH，KEY6
        SJMP   KEYEND
KEY5：  MOV    A，R2                   ；计算键值
        SWAP   A
        ORL    A，R3
        MOV    2FH，A
        MOV    R2，#00H
        MOV    2EH，#10H
KEY8：  MOV    DPTR，#TAB2
        MOV    A，R2
        MOVC   A，@A+DPTR
        CJNE   A，2FH，KEY7
        INC    R2
        DJNZ   2EH，KEY8
        SJMP   KEYEND
KEY7：  MOV    A，R2
        RL     A
        ADD    A，R2
        MOV    DPTR，#TAB3
```

```
        JMP     @A + DPTR
TAB1：  DB  0FEH，0FDH，0F7H，0EFH，0DFH，0BFH，7FH
TAB2：  DB 02H，01H， 12H，11H，22H，21H  ；02H代表PA0和PC0交点处的按键
        DB  32H，31H， 42H，41H， 52H，51H
        DB  62H，61H， 72H，71H
TAB3：  LJMP     K0
        LJMP     K1
          ⋮
        LJMP     K15
K0：      ⋮
K1：      ⋮
K15：     ⋮
          ⋮
KEYEND ：RET
```

习　题

1. 什么是接口？什么是端口？一个接口电路是否可以有多个端口？

2. 在单片机中控制 I/O 操作有几种方法？试说明各种方法的特点。

3. 51 单片机采用哪一种 I/O 编址方式？有哪些特点可以证明？

4. 8255A 有哪几种工作方式？怎样进行选择？

5. 要求 8255A 的 A 口工作在方式 0 输出，B 口工作在方式 1 输入，C 口的 PC7 为输入，PC1 为输出，试编写 8255A 的初始化程序。

6. 若将 8255A 的 $\overline{CS}$ 端与 P2.0 相连，试画出 8255A 与 AT89C51 的连接图，并写出最小与最大的两组地址。

7. 简述单片机如何进行键盘的键输入以及怎样实现键功能处理？

8. 何谓键抖动？键抖动对单片机系统有何影响？如何消除键抖动？

9. 何谓静态显示？何谓动态显示？两种显示方式有何优缺点？

10. 设计 51 单片机系统扩展一 8255，其口地址分别为 7CFFH～7FFFH，其中 PC 扩展一 4×2 的矩阵键盘，PC0～PC3 为行，PC6～PC7 为列，试画出 8255 与单片机及键盘的连接简图，并编写键盘管理程序。

11. 若采用 8255A 作为 8×5 键盘的接口芯片，A 口作为行线输出，B 口作为列线输入，试画出键盘接口电路。

第 8 章　数模及模数转换器接口技术

【本章导读】

■ 12 位并行 D/A 转换器芯片 DAC1208/1209/1010

■ 12 位 A/D 转换器 AD574

■ 具有温度补偿的 12 位串行 A/D 转换器 MAX1230

在自动控制领域中，常用单片机进行实时控制和数据处理，而被测、被控的参量通常是一些连续变化的物理量，即模拟量，如温度、速度、电压、电流、压力等。但是单片机只能加工和处理数字量，因此在单片机应用中凡遇到有模拟量的地方，就要进行模拟量与数字量或数字量与模拟量的转换，也就出现了单片机的数/模及模/数转换的接口问题。因此，A/D 和 D/A 转换器就是把微型计算机的应用领域扩展到检测和过程控制的必要装置，是把计算机和生产过程、科学实验过程联系起来的重要桥梁。目前这些数/模及模/数转换器都已集成化，并具有体积小、功能强、可靠性高、误差小、功耗低等特点，能很方便地与单片机进行接口。

8.1　单片机与 D/A 转换器接口

8.1.1　D/A 转换器概述

1．概　述

D/A（数/模）转换器输入的是数字量，经转换后输出的是模拟量。为把数字量转换为模拟量，在 D/A 转换芯片中要有解码网络，常用的主要为二进制权电阻解码网络和梯形电阻解码网络。转换过程是先将各位数码按其权的大小转换为相应的模拟分量，然后再以叠加方法把各模拟分量相加，其和就是 D/A 转换的结果。D/A 转换器相当于一种译码电路，它将数字输入转换为模拟输出：

$$V_0 = V_R D \tag{8-1}$$

式中，D 是数字输入；V_R 是模拟参考输入；V_0 是模拟输出，这里模拟输出可以是电压，也可以是电流；数字 D 是一个小于 1 的值：

$$D = a_1 2^{-1} + a_2 2^{-2} + \cdots + a_n 2^{-n} = \sum_{n=1}^{N} \frac{a_n}{2^n} \tag{8-2}$$

式中，a_n 为 1 或 0，由数字对应位的逻辑电平来决定；N 是数字输入 D 的位数。由式（8-2）和式（8-1）得

$$V_0 = V_R \sum_{n=1}^{N} \frac{a_n}{2^n} \tag{8-3}$$

当参考电压输入 V_R 固定时，转换器的模拟输出与 D 成正比关系。对于单位数字量的变化，模拟输出是按等幅度的阶跃量变化的。电路原理如图 8-1 所示。

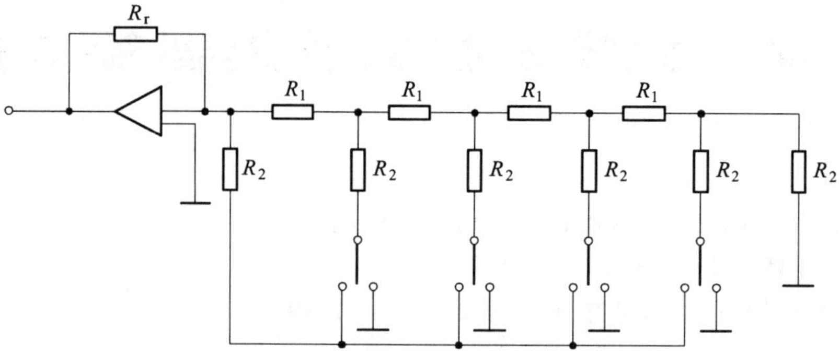

图 8-1　R-2R 梯形电阻网络 D/A 转换器

D/A 转换器是单片机应用系统与外部模拟对象的一种重要控制接口，单片机输出的数字信号必须经 D/A 转换器变成模拟信号后，才能对控制对象进行控制。使用 D/A 转换器时要注意区分输出形式和锁存器的存在。

（1）电压与电流输出形式。

D/A 转换器有两种输出形式，一种是电压输出形式，即输入是二进制数或 BCD 码的数字量，而输出为电压。另一种是电流输出形式，即输出为电流。在实际应用中如需要电压模拟量的话，对于电流输出的 D/A 转换器，可在其输出端加运算放大器，通过运算放大器构成电流-电压转换电路，将转换器的电流输出变为电压输出。

（2）D/A 转换器内是否具有锁存器。

由于实现模拟量转换需要一定时间，在这段时间内 D/A 转换器输入端的数字量应保持稳定，为此应当在数/模转换器数字量输入端的前面设置锁存器，以提供数据锁存功能。

实现 D/A 转换器和微型计算机接口技术的关键是数据锁存问题。有些 D/A 转换器芯片本身带有锁存器，但也有些 D/A 转换器芯片本身不带锁存器。根据转换器芯片内是否有锁存器，可以把 D/A 转换器分为内部无锁存器和内部有锁存器两类：

内部无锁存器的 D/A 转换器。这种 D/A 转换器本身不带锁存器，内部结构简单，不能直接和 51 单片机的数据线相连，在和 51 单片机连接时需要在转换器芯片的前面增加锁存器。这类 D/A 转换器芯片有：DAC800（8 位）、AD7520（10 位）、AD7521（12 位）等。此时一些并口芯片如 8212，74LS273 及可编程的并行 I/O 接口芯片 8255A 均可作为 D/A 转换的锁存器。

内部有锁存器的 D/A 转换器。这种 D/A 转换器的芯片内部不但有锁存器，而且还包括地址译码电路，有的还具有双重或多重的数据缓冲电路。这类 D/A 转换器有：DAC0831、DACl230、AD7542、AD7549 等，它们多是 8 位以上的 D/A 转换器，可与 51 单片机的数据总线直接连接。

2．技术指标

D/A 转换器的技术性能指标很多，如绝对精度、相对精度、线性度、输出电压范围、温度系数、输入数字代码种类（二进制或 BCD 码）等。对这些技术性能，不作全面详细说明，此处只对在应用过程中最关心的分辨率和建立时间作一介绍。

（1）分辨率。

分辨率是 D/A 转换器对输入量变化敏感程度的描述，与输入数字量的位数有关。如果数字量的位数为 n，则 D/A 转换器的分辨率为 2^{-n}，即 D/A 转换器能对满刻度的 2^{-n} 输入量作出反应，例如 8 位数的分辨率为 1/256，10 位数分辨率为 1/1024。可见，数字量位数越多，分辨率也就越高，亦即转换器对输入量变化的敏感程度也就越高。使用时，应根据分辨率的需要来选定转换器的位数。

（2）建立时间。

建立时间是描述 D/A 转换速度快慢的一个参数，用于表明转换速度。其值是从输入数字量到输出达到终值误差±（1/2）LSB（最低有效位）时所需的时间。输出形式为电流的转换器建立时间较短，而输出形式为电压的转换器，由于要加上运算放大器的延迟时间，因此建立时间要长一些。但总的来说，D/A 转换速度远高于 A/D 转换，例如快速的 D/A 转换器的建立时间可达 1 μs 以下。

8.1.2　12 位并行 D/A 转换器芯片 DAC1208/1209/1210

1．主要技术指标

DAC1208 系列是 12 位双缓冲 D/A 转换器，电流输出型，可以与各种单片机直接连接。DAC1208 系列包括 DAC1208、DAC1209、DAC1210 等各种型号的产品，主要区别是线性误差不同，主要指标为：

（1）分辨率 12 位；

（2）电流建立时间 1 μs；

（3）线性误差 DAC1210 为 0.05%VFS，DAC1209 为 0.024%VFS，DAC1208 为 0.012%VFS；

（4）逻辑电平输入与 TTL 电平兼容；

（5）具有双缓冲数据锁存器，可接成双缓冲或直接数字输入；

（6）单电源 +5 V～+15 V，低功耗 20 mW，参考电压 V_{REF} 为 −10 V～+10 V。

2．内部结构

DAC1208 系列的内部结构图如图 8-2 所示。从图中可以看到 DAC1208 系列是一种带有双输入缓冲器的 D/A 转换器，第一级缓冲器由高 8 位输入寄存器和低 4 位输入寄存器构成；第二级缓冲器即 12 位 DAC 缓冲器，也即 12 位 DAC 寄存器，此外还有一个 12 位 D/A 转换器。数据输入后立即送 D/A 转换器，转换结束输出模拟电流信号。

在图 8-2 中，$\overline{\mathrm{LE}}$ 为寄存命令。当 $\overline{\mathrm{LE}}=1$ 时，寄存器的输出随输入变化；$\overline{\mathrm{LE}}=0$ 时，数据锁存在寄存器中，不随输入数据变化。其逻辑表达式为：

$$\overline{\mathrm{LE}}(1)=\mathrm{BY_1}/\overline{\mathrm{BY_2}}\cdot\overline{\overline{\mathrm{CS}}}\cdot\overline{\overline{\mathrm{WR_1}}}$$

$$\overline{\mathrm{LE}}(2)=\overline{\overline{\mathrm{CS}}}\cdot\overline{\overline{\mathrm{WR_1}}}$$

$$\overline{\mathrm{LE}}(3)=\overline{\overline{\mathrm{XFER}}}\cdot\overline{\overline{\mathrm{WR2}}}$$

由上分析得知：当 $BY_1/\overline{BY_2}$ 与 $\overline{XFER}$ 为高电平且 $\overline{CS}$ 和 $\overline{WR_1}/\overline{WR_2}$ 为低电平时，高 8 位数据进入 8 位输入寄存器中（$\overline{LE}$（1）= 1），同时 $\overline{LE}$（2）= 1，低 4 位数据进入 4 位输入寄存器中，否则数据锁存。能否进行 D/A 转换还决定于 $\overline{LE}$（3）的状态。由图 8-2 可知，当 $\overline{WR_1}/\overline{WR_2}$ 及 $BY_1/\overline{BY_2}$ 与 $\overline{XFER}$ 也为低电平时，$\overline{LE}$（3）= 1，低 4 位数据锁存，并把 12 位数据送入 D/A 寄存器进行 D/A 转换。

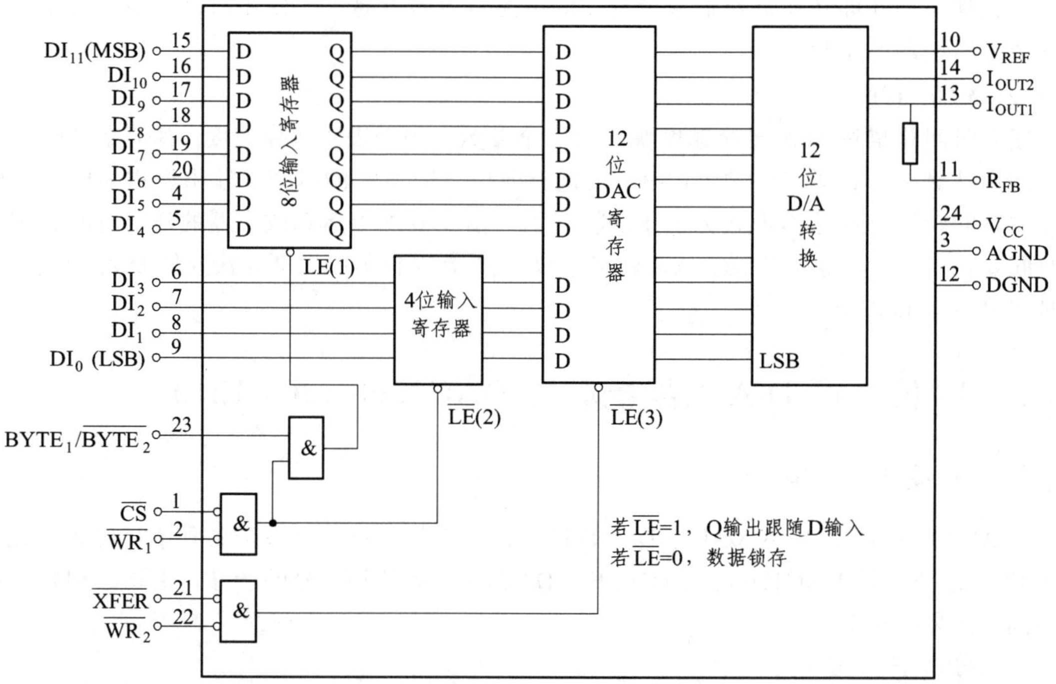

图 8-2　DAC1208/1209/1210 内部结构图

3．引脚功能

DAC1208 共有 24 个管脚，采用双列直插式结构，其管脚功能分述如下：

（1）输入输出线。

① 数据总线 DI_0 ~ DI_{11} 用来传送被转换的数字，高 8 位 DI_4 ~ DI_{11} 对应高 8 位输入寄存器，低 4 位 DI_0 ~ DI_3 对应低 4 位输入寄存器。

② 电流输出线 I_{OUT1} 和 I_{OUT2}。DAC 寄存器中所有数字均为“1”时，I_{OUT1} 最大；为全“0”时，I_{OUT1} 为零。I_{OUT1} 与 I_{OUT2} 配合使用，且 $I_{OUT1} + I_{OUT2}$ 为常量。

（2）电源及地线。

① V_{REF}：基准电压输入。选择范围 − 10 V ~ + 10 V。

② V_{CC}：数字电源电压输入。范围 + 5 V ~ + 15 V。

③ AGND：模拟地。

④ DGND：数字地。

（3）控制线。

① R_{FB}：反馈电阻，为外部运算放大器提供一个反馈电压。R_{FB} 可由内部提供，也可由外部提供。

② $\overline{CS}$：片选信号，低电平有效。

③ $\overline{WR_1}$：写信号 1，第一级缓冲器的写信号。低电平有效。

④ BYTE1/$\overline{BYTE_2}$：12 位/4 位输入选择，高电平时，高 8 位和低 4 位输入锁存；低电平时，低 4 位输入锁存。

⑤ $\overline{WR_2}$：写入信号 2，低电平有效，当$\overline{WR_2}$和$\overline{XFER}$同时为低电平有效时，第 1 级锁存器中的数据传送到第 2 级 DAC 寄存器中，即 12 位 DAC 寄存器写信号。

⑥ $\overline{XFER}$：传送控制信号，低电平有效。

4. 工作方式

DAC1210/1209/1208 有两种工作方式，一种是单缓冲方式，另一种是双缓冲方式。

（1）单缓冲方式。

单缓冲连接方式如图 8-3 时选通输入锁存器和 DAC 寄存器。于是，数据可直接送入 DAC 寄存器。工作时序如图 8-4 所示。

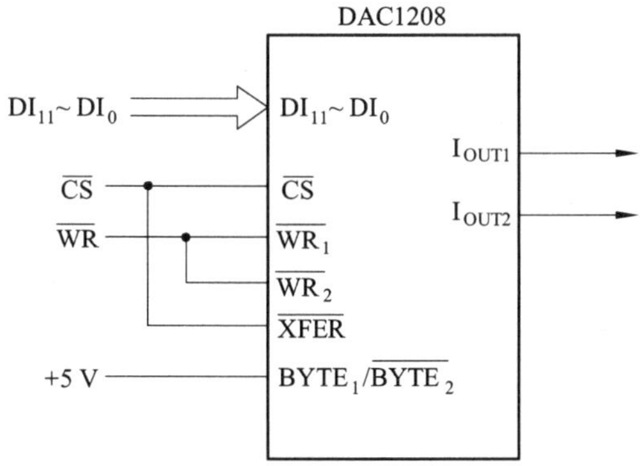

图 8-3　单缓冲工作方式

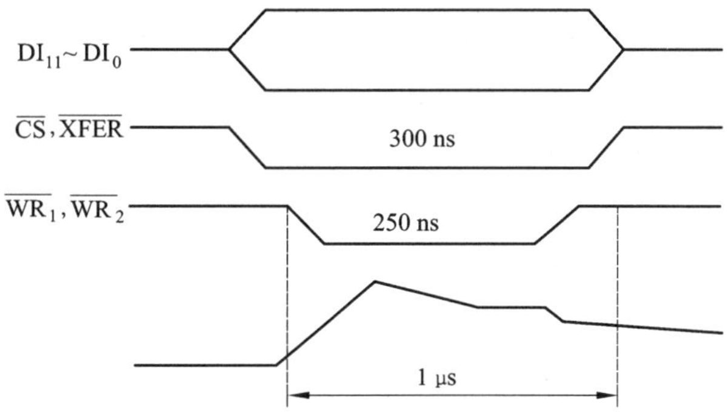

图 8-4　单缓冲工作时序

（2）双缓冲工作方式。

双缓冲工作方式是将输入数据经两级锁存器传送给 D/A 转换器。也就是将输入锁存器和 DAC 寄存器看做两个端口分别予以控制。图 8-5 所示是与 8 位数据总线的连接方式，12 位数据分两步送入高 8 位锁存器和低 4 位锁存器，然后由$\overline{XFER}$控制，一起送 DAC 寄存器，其工作时序如图 8-6 所示。

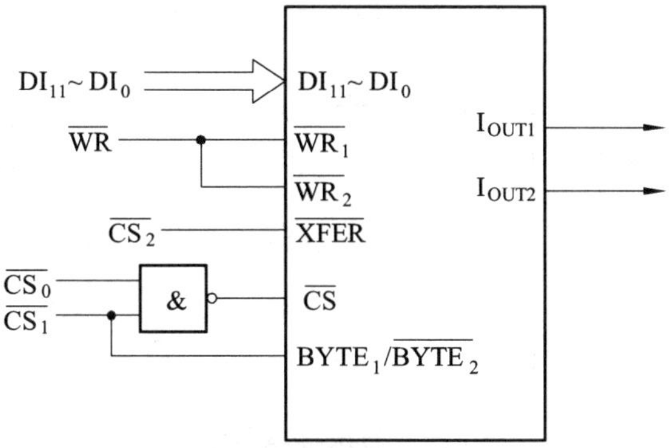

图 8-5　双缓冲连接方式

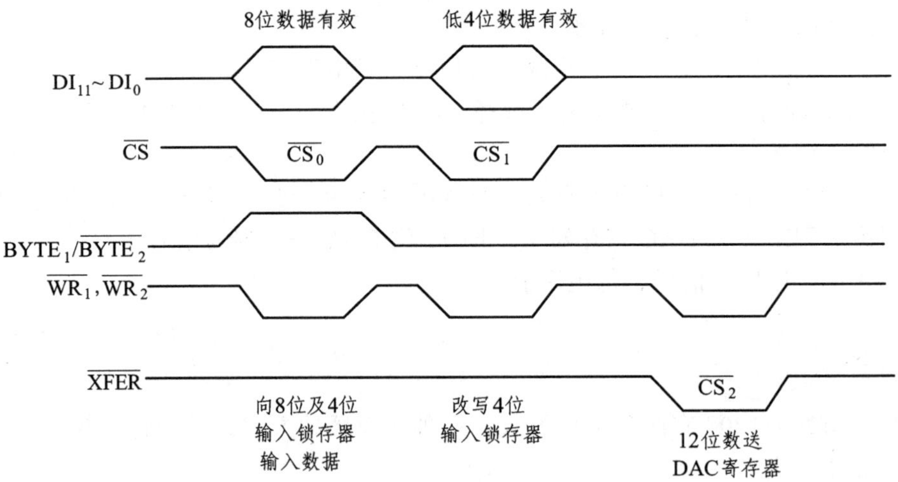

图 8-6　双缓冲工作时序图

5. 输出方式

DAC1210/1209/1208 属于电流输出型 D/A 转换器，需用运算放大器将电流输出转换为电压输出。一般电压输出可分为单极性和双极性两种，其中单极性输出如图 8-7 所示，双极性输出如图 8-8 所示。可以推出输出电压与输入数字量的对应关系：

$$V_{OUT2}=\left(\frac{V_{OUT1}}{R}+\frac{V_{REF}}{2R}\right)R=-\left(V_{OUT1}+\frac{V_{REF}}{2}\right) \tag{8-4}$$

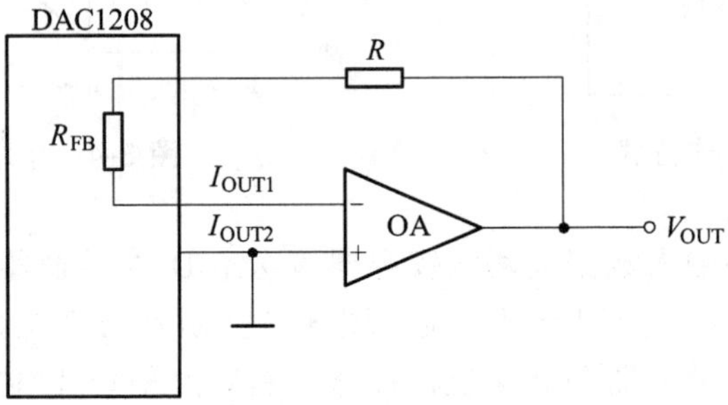

图 8-7　单极性输出方式

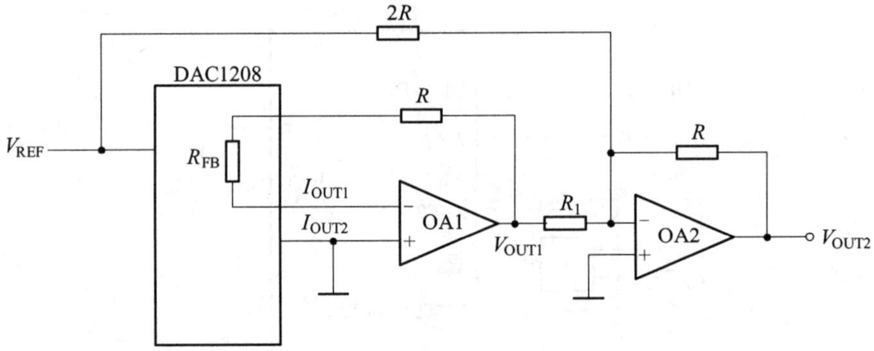

图 8-8　双极性输出方式

6．DAC1208/1209/1210 与 51 单片机的接口及程序设计

（1）单缓冲方式应用。

【例 8-1】产生锯齿波。

在一些控制应用中，需要有一个线性增长的电压（锯齿波）来控制检测过程、移动记录笔或移动电子束等。对此可通过在 DAC1208 的输出端接运算放大器，由运算放大器产生锯齿波来实现，其电路连接如图 8-9 所示。

图 8-9 中的 DAC1208 工作于单缓冲方式，其中 8 位输入寄存器和 4 位输入寄存器受控，而 DAC 寄存器直通。

结合图 8-4 的时序图可以看出，当 P2.7 = 0，P2.6 = 1，$\overline{WR}$ = 0 时，选中高 8 位输入寄存器；当 P2.7 = 0，P2.6 = 0，$\overline{WR}$ = 0 时，选中低 4 位输入寄存器及 12 位 DAC 寄存器。此时 12 位数据由 D/A 转换器转换成模拟信号。其输出部分接口电路采用双极性输出接口电路。产生锯齿波的程序清单如下：

```
        ORG     2000H
ST:     MOV     DPTR， #7FFFH       ；选中高 8 位输入寄存器
        MOV     R0，#00H
        MOV     R1，#00H
DAST:   MOV     A，@R0
        MOVX    @DPTR，  A
        MOV     DPTR，  #3FFFH      ；选中低 4 位输入寄存器及 12 位 DAC 寄存器
        MOV     A，@R1
        MOVX    @DPTR，  A          ；由 D/A 转换成输出电压
        INC     R0
        NOP
        SJMP    DAST
```

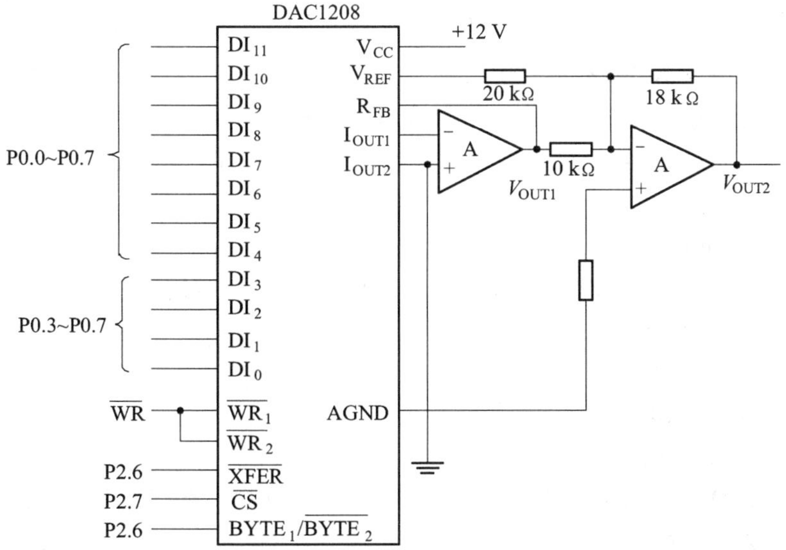

图 8-9　DAC1208 与单片机 AT89C51 的接口电路（单缓冲方式）

执行上述程序，在运算放大器的输出端就能得到如图 8-10 所示的锯齿波。

对锯齿波的产生作如下几点说明：

① 程序每循环一次，R0 加 1，因此实际上锯齿波的上升边是由 256 个小阶梯构成的。但由于阶梯很小，所以宏观上看就如图中所画的线性增长锯齿波。

② 可通过循环程序段的机器周期数，计算出锯齿波的周期。并可根据需要，通过延时的办法来改变波形周期。对此，当延迟时间较短时，可用 NOP 指令来实现（本程序就是如此）；当需要延迟时间较长时，可以使用一个延时子程序。延迟时间不同，波形周期不同，锯齿波的斜率就不同。

③ 通过 R0 加 1，可得到正向的锯齿波；如要得到负向的锯齿波，改为减 1 指令即可实现。

④ 程序中数字量的变化范围是从 0 到 255，因此得到的锯齿波不是满幅度的。如要求得到满幅度锯齿波，可在程序中增加判断语句，判断当 R0 的值达到 FFH 时，开始对 R1 的值加 1。当 R1 的值等于 0FH 时，R0 和 R1 的值开始下一个锯齿波的输出转换。

【例 8-2】产生方波。

对于小功率直流电机驱动，使用单片机极为方便，其方法就是控制电机定子电压接通和断开时间的比值（即占空比），以此来驱动电机和改变电机的转速，这种方法称为脉冲宽度调速法（或简称脉宽调速法）。如图 8-11 所示，电压变换周期为τ，电压接通时间为 t，则占空比表示为 $D = t/\tau$。

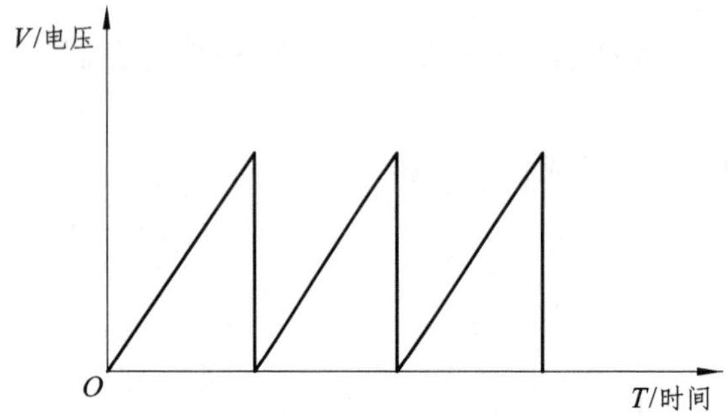

图 8-10　D/A 转换产生的锯齿波

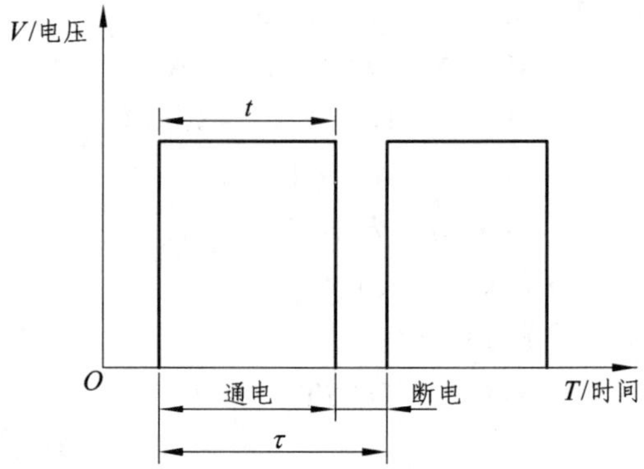

图 8-11　脉宽调速原理

此处我们以玩具小电机为例，并且不要求电机转速十分精确，而只是为了说明实现方法。在实际应用中，可通过 D/A 转换产生脉冲序列，再通过程序控制占空比。以下是图 8-11 输出连续方波的程序段：

```
        ORG     2000H
ST:     MOV     DPTR,   #7FFFH      ；选中高 8 位输入寄存器
        MOV     R0，#00H
        MOV     R1，#00H
        MOV     A，@R0
        MOVX    @DPTR,   A
        MOV     DPTR,   #3FFFH      ；选中低 4 位输入寄存器及 12 位 DAC 寄存器
        MOV     A，@R1
        MOVX    @DPTR,   A          ；由 D/A 转换成输出电压
```

```
ACALL   DELAY
MOV     R0, #0FFH
MOV     R1, #0FH
MOV     DPTR, #7FFFH
MOV     A, @R0
MOVX    @DPTR, A
MOV     DPTR, #3FFFH
MOV     A, @R1
MOVX    @DPTR, A
NOP
SJMP    ST
```

（2）双缓冲方式应用。

【例 8-3】曲线的产生。

双缓冲方式用于多路数/模转换系统，以实现多路模拟信号的同步输出，例如使用单片机控制 X-Y 绘图仪。X-Y 绘图仪由 X、Y 两个方向的步进电机驱动，其中一个电机控制绘笔沿 X 方向运动，另一个电机控制绘笔沿 Y 方向运动。因此对 X-Y 绘图仪的控制有两点基本要求：一是需要两路 D/A 转换器分别给 X 通道和 Y 通道提供模拟信号，使绘图笔能沿 X-Y 轴作平面运动；二是两路模拟信号要同步输出，以使绘制的曲线光滑，否则绘制出的曲线就是台阶状的。为此就要使用两片 DAC1208，并采用双缓冲方式连接，如图 8-12 所示。

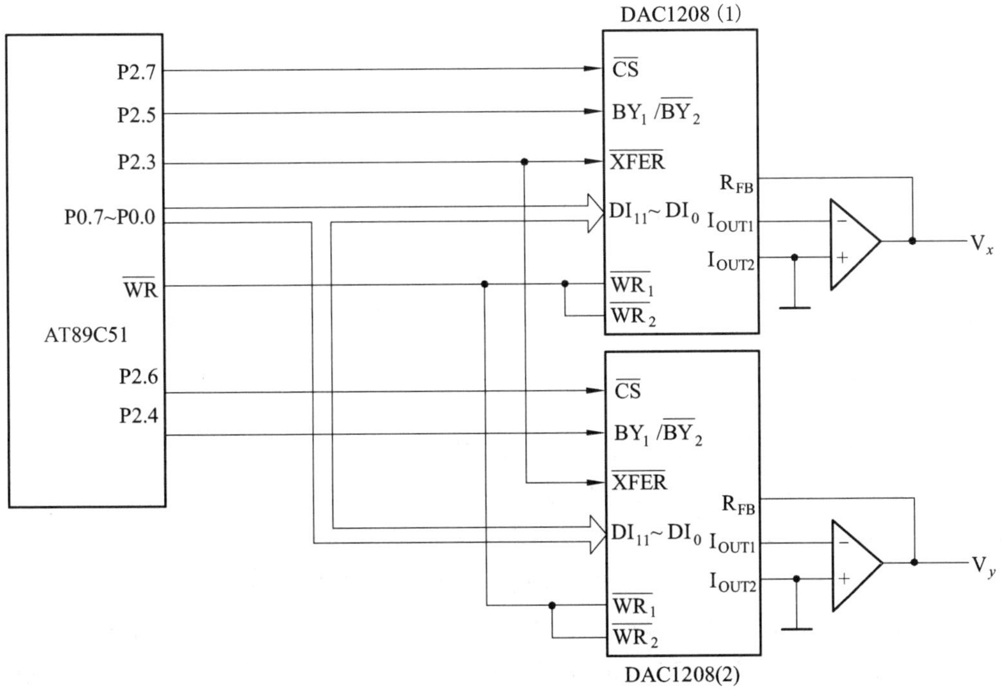

图 8-12　DAC1208 与 AT89C51 的连接（双缓冲方式）

图 8-12 中的 DAC1208 工作于双缓冲方式，其中 8 位输入寄存器和 4 位输入寄存器受控

为一级受控，而 DAC 寄存器为二级受控。其输出部分接口电路采用单极性输出接口电路。

电路中以线选法产生地址。两片 DAC1208 共占据 5 个单元地址，其中两个输入寄存器各占两个地址，而两个 DAC 寄存器则合用一个地址。

编程时，先用一条传送指令把 X 坐标数据送到 X 向转换器的输入寄存器，再用一条传送指令把 Y 坐标数据送到 Y 向转换器的输入寄存器。最后再用一条传送指令打开两个转换器的 DAC 寄存器，进行数据转换，即可实现 X、Y 两个方向坐标量的同步输出。

假定 X 方向 DAC1208 高 8 位输入寄存器地址为 7FFFH，低 4 位输入寄存器的地址为 5FFFH，Y 方向 DAC1208 高 8 位输入寄存器地址为 BFFFH，低 4 位输入寄存器的地址为 AFFFH，两个 DAC 寄存器公用地址为 07FFH。X 坐标数据存于 data 和 data + 1 单元中，Y 坐标数据存于 data + 2 和 data + 3 单元中。则绘图仪的驱动程序为：

```
MOV     DPTR,    #7FFFH         ；选中第一片 1208 高 8 位输入寄存器
MOV     R0，#data
MOV     A，@R0
MOVX@DPTR，  A
INC     R0
MOV     A，@R0
MOV     DPTR，   #5FFFH         ；选中第一片 1208 低 4 位输入寄存器
MOVX@DPTR，  A
INC     R0
MOV     A，@R0
MOV     DPTR，   #0BFFFH        ；选中第二片 1208 高 8 位输入寄存器
MOVX@DPTR，  A
INC     R0
MOV     A，@R0
MOV     DPTR，   #0AFFFH        ；选中第二片 1208 低 4 位输入寄存器
MOVX@DPTR，  A
MOV     DPTR，   #07FFH         ；同时选中两片的 12 位 DAC 寄存器，启动转换
MOVX@DPTR，  A                  ；由 D/A 转换成输出电压
SJMP    $
```

结合图 8-6 的时序图可以看出，当 P2.7 = 0，P2.6 = 1，P2.5 = 1，P2.4 = 1，P2.3 = 1，$\overline{WR}$ = 0 时，选中第一片 DAC1208 的高 8 位输入寄存器；当 P2.7 = 0，P2.6 = 1，P2.5 = 0，P2.4 = 1，P2.3 = 1，$\overline{WR}$ = 0 时，选中第一片 DAC1208 的低 4 位输入寄存器；当 P2.7 = 1，P2.6 = 0，P2.5 = 1，P2.4 = 1，P2.3 = 1，$\overline{WR}$ = 0 时选中第二片 DAC1208 的高 8 位输入寄存器；当 P2.7 = 1，P2.6 = 0，P2.5 = 1，P2.4 = 0，P2.3 = 1，$\overline{WR}$ = 0 时，选中第二片 DAC1208 的低 4 位输入寄存器；当 P2.7 = 0，P2.6 = 0，P2.5 = 0，P2.4 = 0，P2.3 = 0，$\overline{WR}$ = 0 时，同时选中两个 12 位 DAC 寄存器。此时 12 位数据由 D/A 转换器转换成模拟信号。

8.2　单片机与 A/D 转换器接口

A/D 转换把模拟量信号转化成与其大小成正比的数字量信号。A/D 转换是微机测控系统中输入通道的一个环节，并不是所有输入通道都要配备 A/D 转换器。只有模拟量输入通道，并且输入计算机接口不是频率量而是数字量时，才用到 A/D 转换器。在微机测控应用系统的设计中，当确定使用 A/D 转换器之后，选择 A/D 转换芯片时，主要考虑以下几方面的问题：

（1）选择分辨率。A/D 转换器的分辨率习惯上以输出二进制位数或者 BCD 码位数表示。与一般测量仪表的分辨率表达方式不同，不采用可分辨的输入模拟电压相对值表示。

（2）确定精度。A/D 的转换精度是反映实际 A/D 转换器在量化值上与一个理想 A/D 转换器的差值，可表示成绝对误差或相对误差。

（3）输入或输出特性和范围的要求。

（4）选择转换时间。A/D 转换器完成一次转换所需的时间为 A/D 的转换时间。而转换速率是转换时间的倒数。

（5）三态总线输入问题。

有的 ADC 芯片带有三态输出缓冲器，其控制端为 $\overline{OE}$（输出允许）。若不带三态缓冲器的 ADC 芯片（如 AD570 芯片）与微机接口，必须使用三态器件，如 8255A，74LS273 等。

（6）时间配合问题。

A/D 芯片一般有三个信号要求控制：启动转换信号（START）、转换结束信号（EOC）、允许输出信号（$\overline{OE}$）。

8.2.1　A/D 转换器分类及工作原理

A/D 转换电路的种类很多，按分辨率分为 4 位、8 位、10 位、16 位和 BCD 码的 $4\frac{1}{2}$、$5\frac{1}{2}$ 位等。按转换速度分为低速、中速和高速等。按转换原理可分为四种：计数式 A/D 转换器、逐次逼近式 A/D 转换器、双积分式 A/D 转换器和并行式 A/D 转换器。目前最常用的是逐次逼近式和双积分式。逐次逼近式 A/D 转换器是一种速度较快、精度较高的转换器。其转换时间大约在几微秒到几百微秒之间。另一种常用的 A/D 转换器是双积分式的，其主要优点是转换精度高，抗干扰性能好，价格便宜，但转换速度较慢。下面讨论逐次逼近式 A/D 的基本原理。

逐次逼近式转换的基本原理是用一个计量单位使连续量整量化（简称量化），即用计量单位与连续量比较，把连续量变为计量单位的整数倍，略去小于计量单位的连续量部分。这样所得到的整数量即数字量。显然，计量单位越小，量化的误差也越小。

逐次逼近式的转换原理即“逐位比较”。图 8-13 是逐次逼近式 A/D 转换器原理图。它由 N 位逐次逼近寄存器、A/D 转换器、比较器和控制逻辑等部分组成。N 位逐次逼近寄存器用来存放 N 位二进制数码。转换中的逐次逼近是按对分原理，由控制逻辑电路实现的。其大致过程为：当模拟量 V_X 送入比较器后，启动信号通过控制逻辑电路启动 A/D 转换。首先，置 N 位寄存器最高位（D_{N-1}）为“1”，其余位清“0”，N 位寄存器的内容经 A/D 转换后得到整个量程一半的模拟电压 V_N 与输入电压 V_X 比较。若 $V_X \geqslant V_N$,则保留 $D_{N-1}=1$；若 $V_X < V_N$，则 $D_{N-1}=0$。然后，控制逻辑使寄存器下一位“1”，与上次的结果一起经 A/D 转换后与 V_X 比较，重复上述过程，直到判断出 D0 位取 1 还是 0 为止，此时控制逻辑电路发出转换结束信号 EOC。这样经过 N 次比较后，N 位逐次逼近寄存器的内容就是转换后的数字量，在输出允许信号 $\overline{OE}$ 有效的条件下，数据经输出缓冲器读出。整个转换过程就是一个逐次比较逼近的过程。常用的逐次逼近式 A/D 器件有 ADC0809，AD574A 等。

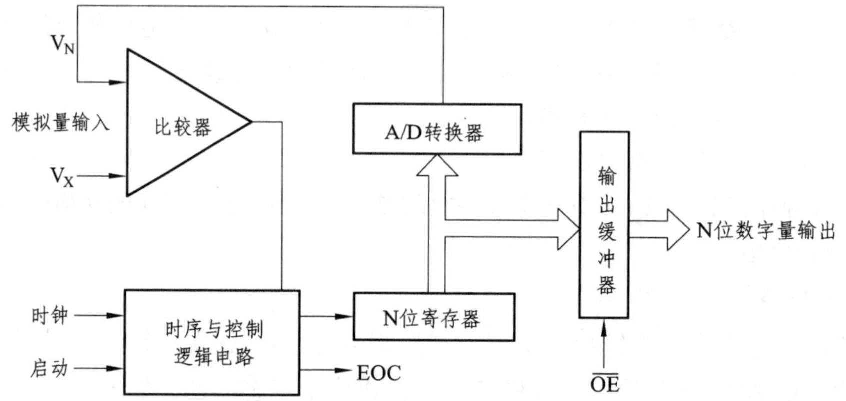

图 8-13 逐次逼近 A/D 转换原理框图

8.2.2 12 位 A/D 转换器 AD574A

AD574A 是美国模拟数字公司（Analog）推出的一种带有三态缓冲器的快速 12 位逐次比较式 A/D 转换芯片，可以直接与 8 位、12 位或 16 位微处理器相连，而无需附加逻辑接口电路。

AD574A 有 6 个等级。AD574J、K 和 L 专门用在 0 ~ 70℃温度范围内。AD574S、T 和 U 专门用在−55 ~ +125℃温度范围内。所有的 AD574A 全部采用 28 脚双列直插式封装。下面重点介绍 AD574A 的结构和工作原理。

1．AD574A 的内部结构

AD574A的原理框图如图8-14所示。从图中可以看出，AD574A由两部分组成：一部分是模拟芯片，另一部分是数字芯片。其中模拟芯片是由高性能的AD565A D/A（12位）转换器和参考电压组成。数字芯片由控制逻辑电路、逐次比较型寄存器和三态输出缓冲器组成。由于AD574A片内有高精度的参考电源和时钟电路，所以不需要外接时钟和参考电压等电路就可以正常工作。AD574A的转换时间为25 μs。

图中控制逻辑用来发出启动/停止时钟信号以及复位信号，并控制转换过程，此逻辑控制信号受到外部5个信号以及内部转换结束信号的控制，整个转换过程结束后，输出一个标志状态STS（低电平有效）。AD574A的工作时序如图8-15所示。

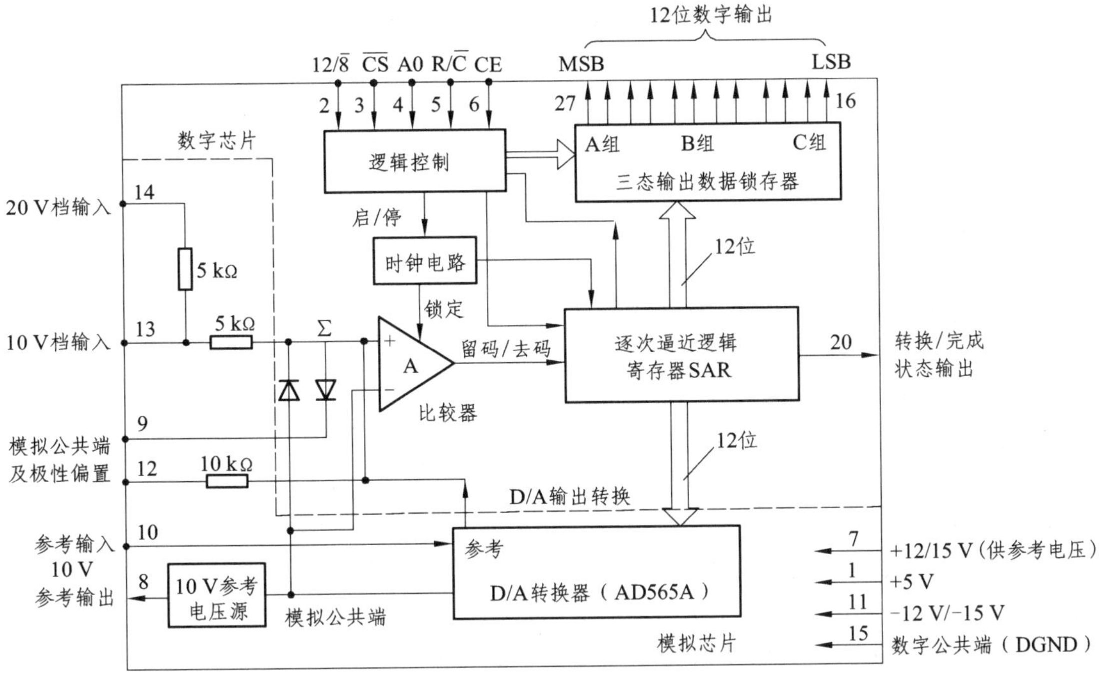

图 8-14　AD574A 的内部结构框图

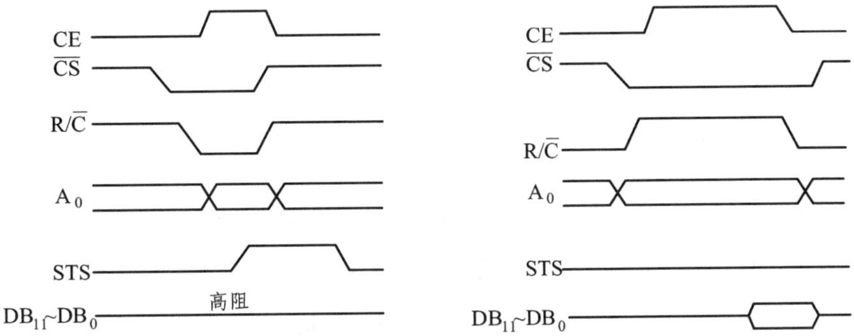

(a)启动与转换　　(b)转换结果输出

图 8-15　AD574A 工作时序图

2．AD574A 的引脚功能

AD574A的引脚排列如图8-16所示。各引脚说明如下：

（1）电源线。

① V_L（1）——数字逻辑部分的电源输入端 + 5 V。

② V_{CC}（7）——模拟部分供电的正电源输入端，输入 + 12 V或 + 15 V。

③ V_{EE}（11）——模拟部分供电的负电源输入端，输入-12 V或-15 V。

④ REF OUT（8）—— + 10 V基准电源电压输出端。

⑤ REF IN（10）——基准电源电压输入端。

⑥ BIP OFF（12）——偏置电压输入。接至正负可调的分压网络以调整ADC输出的零点。

⑦ $10V_{IN}$（13）——0 ~ + 5 V或0 ~ + 10 V量程模拟电压输入端。

⑧ $20V_{IN}$（14）——0～+10 V或0～+20 V量程模拟电压输入端。

⑨ AGND（9）——模拟地端。

⑩ DGND（15）——数字地端。

（2）控制线。

① $12/\overline{8}$（2）——数据模式选择端，通过此引脚可选择数据总线是12位或8位输出。

② $\overline{CS}$（3）、CE（6）——片选信号，当$\overline{CS}$ = 0、CE = 1同时满足时，AD574A才能处于工作状态。

③ A0(4)——字节选择控制线。在启动AD574A转换时，用来控制转换长度。A0 = 0时，按完整的12位A/D转换方式工作，A0 = 1时，则按8位A/D转换方式工作。在AD574A处于数据读出工作状态时，A0和$12/\overline{8}$作为数据输出格式控制。当$12/\overline{8}$ = 1时，对应12位并行输出；当$12/\overline{8}$ = 0时，则对应8位单字节输出，A0 = 0时，输出高8位，A0 = 1时，输出低4位，另外的半字节补4个0。A0在数据输出期间不能变换。

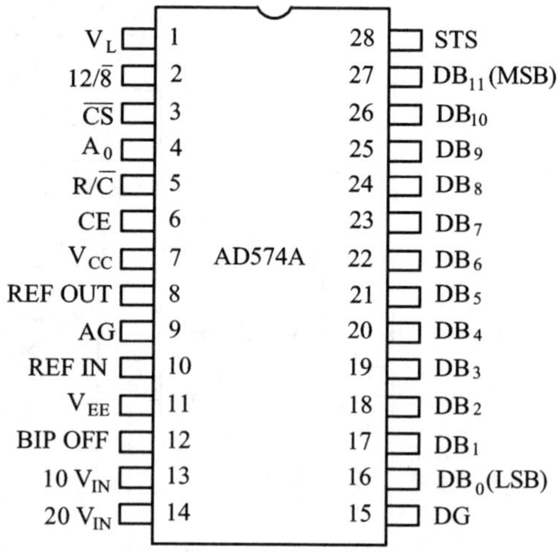

图 8-16　AD574A 的引脚图

④ $R/\overline{C}$（5）——读数据/转换控制信号。当$R/\overline{C}$ = 1，ADC转换结果的数据允许被读取；当$R/\overline{C}$ = 0，则允许启动A/D转换。

⑥ STS（28）——工作状态指示信号端，当STS = 1时，表示转换器正处于转换状态，当STS = 0时，表明A/D转换结束，通过此信号可以判别A/D转换器的工作状态，作为单片机的中断或查询信号之用。

（3）数据线。

DB0～DB11（16～27）——12条数据总线。通过这12条数据总线向CPU输入A/D转换后数据。

上述有关引脚的控制功能的状态关系如表8-1所示。

表 8-1　AD574A 控制信号状态表

CE	$\overline{CS}$	$R\overline{C}$	$12/\overline{8}$	A0	功能说明
0	X	X	X	X	禁止
X	1	X	X	X	禁止
1	0	0	X	0	12位转换
1	0	0	X	1	8位转换
1	0	1	1	X	12位并行输出
1	0	1	0	0	高8位输出
1	0	1	0	1	低4位输出

3．AD574A 的输入特性

AD574A 有两个模拟电压输入引脚 $10V_{IN}$ 和 $20V_{IN}$，具有 10 V 和 20 V 的量程范围。这两个引脚的输入电压可以是单极性的，也可以是双极性的。由用户通过改变输入电路的连接形式。可使 AD574A 进行单极性和双极性模拟信号的转换。图 8-17（a）是单极性输入情况，图中模拟量从 0～+10 V（或 0～20 V）端口输入（根据量程决定）。图 8-17（b）是双极性输入情况。双极性输入与单极性输入的区别就是双极性输入偏差端 BIP OFF 的连接。另一个差别则是模拟输入端分别接 ±5 V 或 ±10 V。

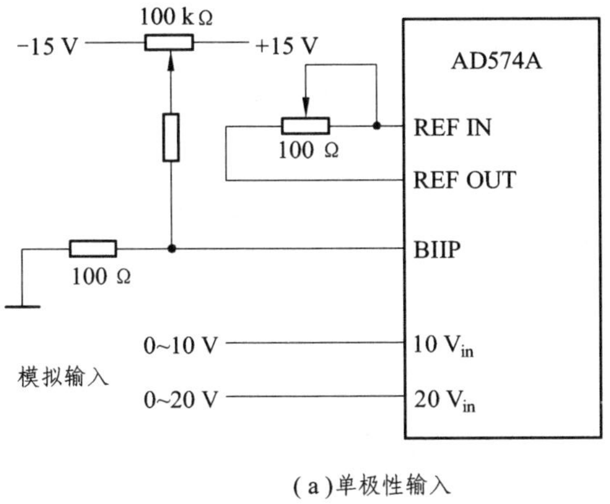

图 8-17 AD574A 的模拟输入电路

4. AD574A 与 AT89C51 的硬件接口及程序设计

电路连接主要涉及两个问题：一是多路模拟信号通道选择，二是 A/D 转换完成后转换数据的传送。AD574A 与 AT89C51 单片机接口电路如图 8-18 所示。

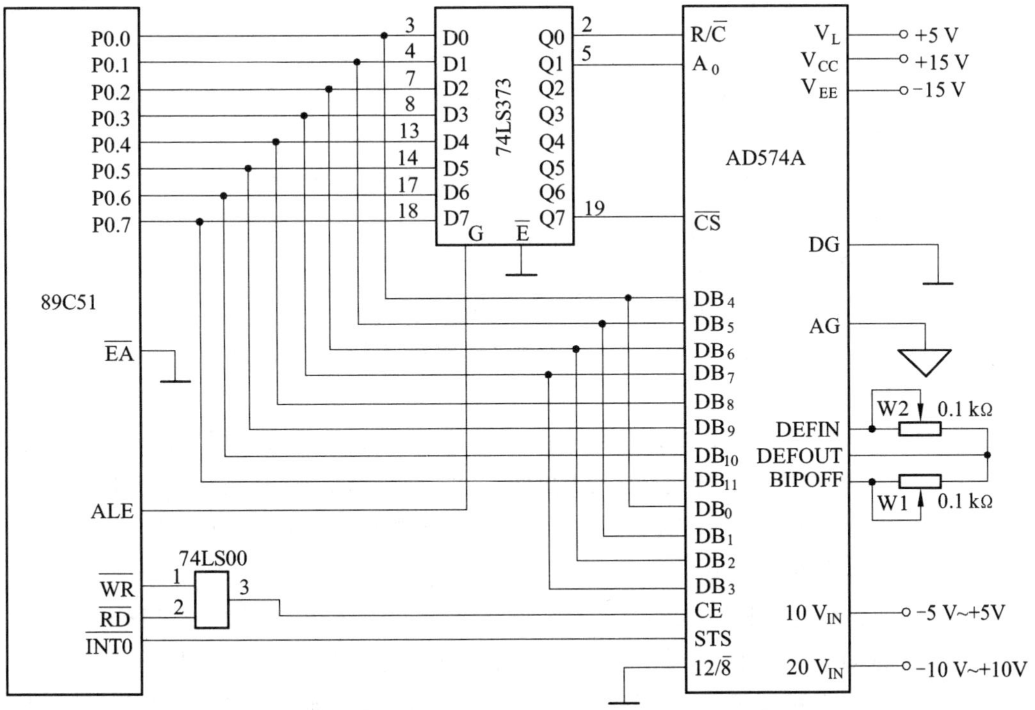

图 8-18 AD574A 与 AT89C51 单片机的接口电路

由于 AD574A 片内有时钟，故无需外加时钟信号。该电路采用双极性输入方式，可对

±5 V 或 ±10 V 模拟信号进行转换。当 AD574A 与 AT89C51 单片机接口时，由于 AD574A 输出 12 位数码，所以当单片机读取转换结果时，需分两次进行，所以 $12/\overline{8}$ 接地。AD574A 的高 8 位数据线接单片机的数据线，低 4 位数据线接单片机的低 4 位数据线。AD574A 的 $\overline{CS}$ 信号要求无论是单片机对其启动控制，还是对转换结果的读取都应为高电平，所以 $\overline{WR}$ 和 $\overline{RD}$ 通过 74LS00 与非门接 $\overline{CS}$ 信号；AD574A 的 STS 信号接单片机的一根口线，单片机对转换结果的读取可采用程序查询方式、定时采样方式和中断方式。下面结合图 8-18 所示接口电路分别进行讨论。

（1）程序查询方式：先选通模拟量输入通道，发出启动 A/D 转换的信号，用程序查看 P3.2 口是否为“0”，若为“0”，则表示 A/D 转换已经结束，可以读入数据，否则再继续查询，直到 P3.2 = 0 为止。

这种方法程序设计比较简单，且可靠性比较高，但实时性差。把单片机大量时间都耗在“查询”上了。因此，只适合在实时性要求不太高或者控制回路比较少的系统。

【例 8-4】设要求 AD574A 进行 12 位转换，单片机对转换结果读入，高 8 位和低 4 位分别存入片内 RAM 的 31H 和 30H 单元，AD574A 与 AT89C51 的连接如图 8-18 所示。其转换子程序清单如下：

```
AD574A: MOV    R0，   #7CH          ；送 AD574A 端口地址入 R0
        MOV    R1，   #31H
        MOVX @R0，A                 ；启动 AD574A 进行 12 位转换
LOOP:   JB     P3.2，LOOP           ；检测 STS 的状态
        INC    R0                   ；使 R/C̄ 为 1，按双字节读取转换结果
        MOVX A，      @R0           ；读取高 8 位数据
        MOV    @R1，A               ；高 8 位内容存入 31H 单元
        DEC    R1
        INC    R0                   ；使 R/C̄、A0 均为 1
        INC    R0
        MOVX A，      @R0           ；读取低 4 位
        ANL    A，     #0FH         ；屏蔽高 4 位
        MOV    @R1，A               ；将低 4 位存入 30H 单元
        RET
```

（2）定时采样方式：定时采样方式是在向 A/D 发出启动脉冲后进行软件延时，此延时时间取决于 A/D 转换器完成 A/D 转换所需要的时间（如 AD574A 为 25 μs），经延时后才可读入数据。在这种方式中，有时为了确保转换完成，不得不把延时时间适当延长，因此，比查询转换方式速度慢，故很少应用。

（3）中断方式：在前两种方式中，无论 CPU 暂停与否，实际上对控制过程来说都是处于等待状态，等待 A/D 转换结束后再读入数据，因此速度慢。为了充分发挥计算机的效率，有时采用中断方式。在这种方式下，CPU 启动 A/D 转换后，即可转去处理其他事情（如执行主程序）。一旦 A/D 转换结束，则由 A/D 转换器发一转换结束信号到单片机 $\overline{INT0}$ 的管脚，CPU 响应中断后，便读入数据。这样，在整个系统中，CPU 与 A/D 转换器是并行工作的，所以提

高了工作效率。

下面程序段为结合图 8-18 编写的以中断方式读取 A/D 转换结果的主程序及中断服务子程序。

主程序：

```
START: ORG    0000H
       LJMP   MAIN
       ORG    2000H
 MAIN: SETB   IT0                 ；选 INT0 为边沿触发
       SETB   EX0                 ；允许 INT0 中断
       SETB   EA                  ；打开中断
       MOV    R0，  #7CH
       MOV    A，   #00H
       MOVX@R0，A                 ；启动 A/D 转换
       SJMP   $
```

中断服务子程序：

```
ADINT0: ORG   0003H
        LJMP  ADIT
        ORG   8000H
ADIT:   PUSH  ACC
        MOV   R0，  #7DH          ；使 R/C 为 1，按双字节读取转换结果
        MOV   R1，  #31H
        MOVXA，   @R0             ；读取高 8 位数据
        MOV   @R1，A              ；高 8 位内容存入 31H 单元
        DEC   R1
        INC   R0                  ；使 R/C、A0 均为 1
        INC   R0
        MOVX  A，   @R0           ；读取低 4 位
        ANL   A，   #0FH          ；屏蔽高 4 位
        MOV   @R1， A             ；将低 4 位存入 30H 单元
        POP   ACC
        RETI
```

【例 8-5】多路数据采集系统的设计。

如图 8-19 所示是一个 16 路的数据采集系统，由单片机 AT89C51、16 路模拟开关 AD7506、采样保持器 LF398、模数转换器 AD574A 等组成。其中：

（1）单片机 AT89C51 控制管理整个数据采集系统。

（2）由模拟开关 AD7506 可将 16 路输入信号（0 ~ 10 V），分时地接入到系统中。

（3）LF398 对输入信号进行采样，将采样保持器的信号送入模数转换器 AD574A 中。

（4）AD574A 是 12 位逐次逼近式模数转换器，转换速度为 25 μs，AD574 的管脚 2（12/8）接 + 5 V，接成 12 位转换形式，单极性输入。

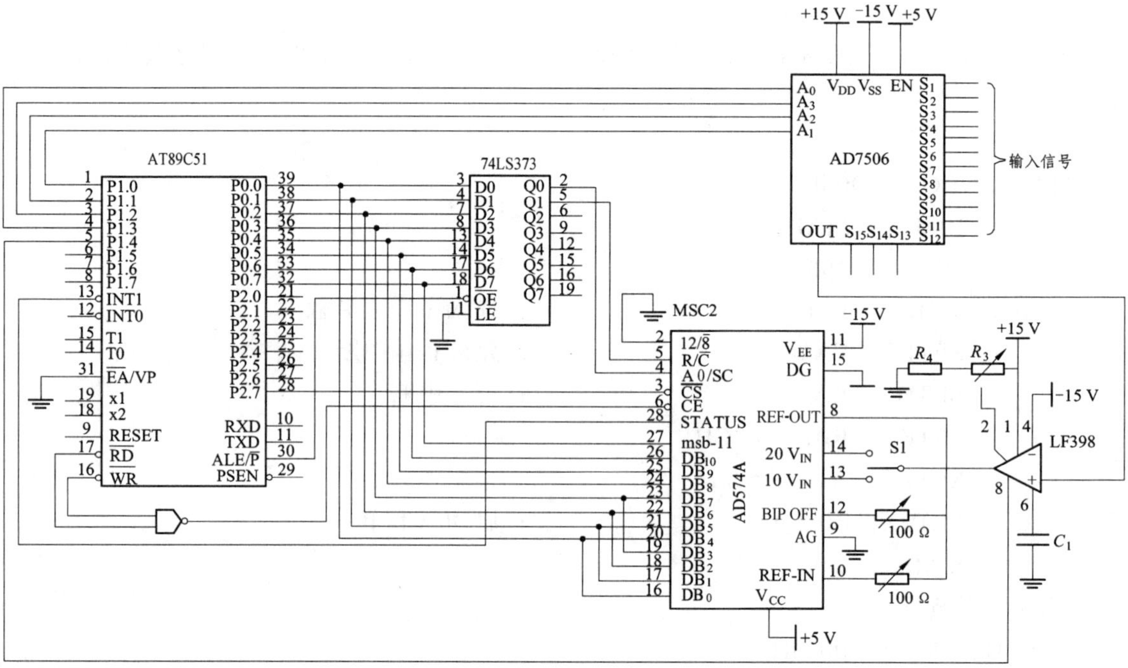

图 8-19　基于 AT89C51 的 16 路数据采集系统

（5）AT89C51 单片机通过 P1 口，控制模拟开关 AD7506 的输入通道的选通端 A0、A1、A2、A3，可以按顺序选通 16 个输入通道，也可以根据需要有选择地接通输入信号。

（6）单片机同时给采样保持器 LF398 控制端 8 脚发高电平，使之进入采样状态。待 LF398 捕获到输入信号后，单片机给 LF398 的 8 脚发低电平保持命令，同时启动 AD574A 进行 A/D 转换，即 AT89C51 通过 P0 口经 74LS373 锁存器使 AD574A 的 A0 = 0，$R/\overline{C} = 0$。单片机就进入等待状态。

（7）当 A/D 转换结束时，AD574A 的 STS = 0，AT89C51 通过 P3.3（$\overline{\text{INT1}}$）查询到转换结束后，开始读取数据，先读高 8 位数据，再读低 4 位数据，分两个字节送到 AT89C51 单片机内部 RAM 中。利用 51 单片机汇编语言编制的数据采集系统的程序如下（查询方式）：

```
MAIN：MOV    R7，#16
      MOV    R1，#00H
      MOV    R0，#40H         ；存放转换数据的内存首地址
TDXZ：MOV    A，R1
      MOV    P1，A            ；通道选择
      SETB   P1. 4            ；采样保持
      ACALL  DELAY10
      CLR    P1. 4            ；送去转换
      MOV    DPTR，#7F00H
      MOVX   @DPTR, A         ；启动转换
LOOP：JB     P3. 3，LOOP      ；等待转换结束
      MOV    DPTR，#7F02H
```

```
        MOVX    A, @DPTR            ; 读取高 8 位
        MOV     @R0, A              ; 保存高 8 位
        INC     R0
        MOV     DPTR, #7F03H
        MOVX    A, @DPTR            ; 读取低 8 位
        MOV     @R0, A              ; 保存低 8 位
        INC     R0
        INC     R1                  ; 下一通道
        DJNZ    R7, TDXZ            ; 16 通道未循环完，继续
        END
```

8.2.3　具有温度补偿的 12 位串行 A/D 转换器 MAX1230

1. MAX1230 的内部组成及引脚功能

MAX1230 是 MAX-IM 公司 2003 年推出的一种低功耗、可进行温度补偿并带有采样保持功能的多通道 12 位串行模数转换器。它内置基准电压源、时钟电路和温度传感器，具有 16 个模拟输入通道，可实现输入通道扫描、输出数据平均和自动关断功能。此外，该芯片还具有一个高速的串行接口。与其他的模数转换器相比，MAX1230 具有较多的功能，且工作方式灵活多样，可应用于系统监视、数据采集、病人监护、工业控制和仪器制造等多种领域。MAX1230 由跟踪/保持放大器（T/H）、12 位逐次逼近型 ADC、控制逻辑、内部时钟、串行接口、先入先出寄存器（FIFO）、内部基准电压源和温度传感器等组成。

MAX1230 有 24 脚 QSOP 和 28 脚 QFN 两种封装形式，其引脚排列如图 8-20 所示。各引脚的功能如下：

（1）输入输出线。

AIN0 ~ AIN15：模拟量输入；

DOUT：串行数据输出，它与 SCLK 的下降沿同步。当 $\overline{CS}$ 为高电平时，DOUT 为高阻态；

DIN：串行数据输入，输入的串行数据在 SCLK 的上升沿被锁存。通过 SCLK、$\overline{CS}$、DIN 三根信号线可组成与 SPI/QSPI/MICROWIRE 相兼容的串行输入接口。

（2）电源及地线。

V_{DD}：电源输入，电压范围为 4. 75 ~ 5. 25 V，它和地之间应加 0. 1 μF 的电容；

REF-：使用外部差分基准源时的负输入，与 A14 复用；

REF +：基准电压源的正输入，该脚和地之间要加 0. 1 μF 的电容；

GND：接地脚。

（3）控制信号。

$\overline{CONVST}$：“转换开始”信号输入，低电平有效，与 A15 复用；

SCLK：串行时钟输入，用作采样和转换，使用外部时钟时，其频率范围为 0.1 ~ 4.8 MHz，当其作为读写串行数据的时钟频率时，可达到 10 MHz，占空比范围为 40% ~ 60%；

$\overline{CS}$：片选端，低电平有效；

$\overline{EOC}$：“转换结束”标志输出，当它变为低电平时表明转换结束，输出数据有效。

NC：空脚，未用

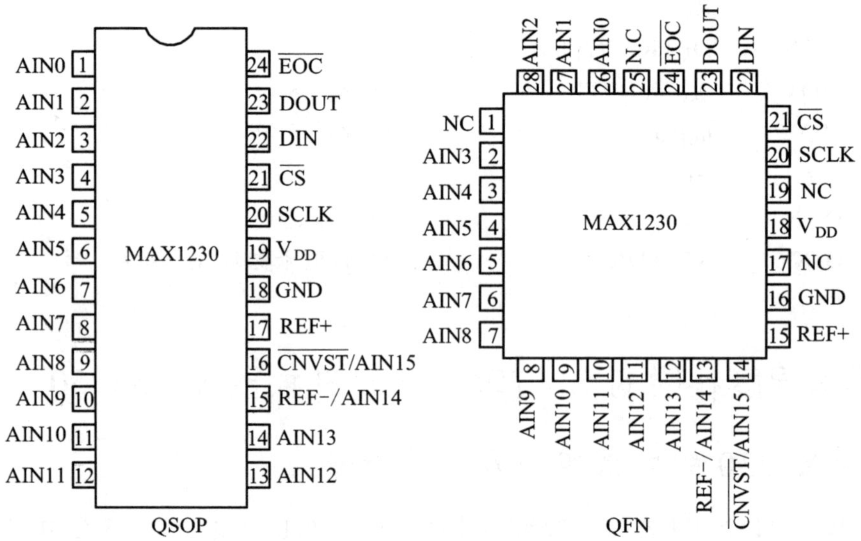

图 8-20　MAX1230 的引脚排列

2. MAX1230 与 AT89C51 的硬件接口及程序设计

图 8-21 所示是 MAX1230 与单片机 AT89C51 的接口电路。此电路中的 MAX1230 工作采样和转换过程使用的都是内部时钟和内部基准电压源。由单片机产生 $\overline{CS}$ 和 $\overline{CONVST}$ 信号以控制转换过程，并用 $\overline{EOC}$ 信号作为外部中断源来触发单片机的 $\overline{INT0}$ 中断。单片机在响应中断后将产生串行时钟 SCLK 和片选信号 $\overline{CS}$，并从 DOUT 引脚读取转换结果。由于此电路中需要用到 $\overline{CONVST}$ 引脚，因此与其复用的 A15 就不能再用了，这样，模拟输入通道实际可用的只有 15 个，即 A0 ~ A14。

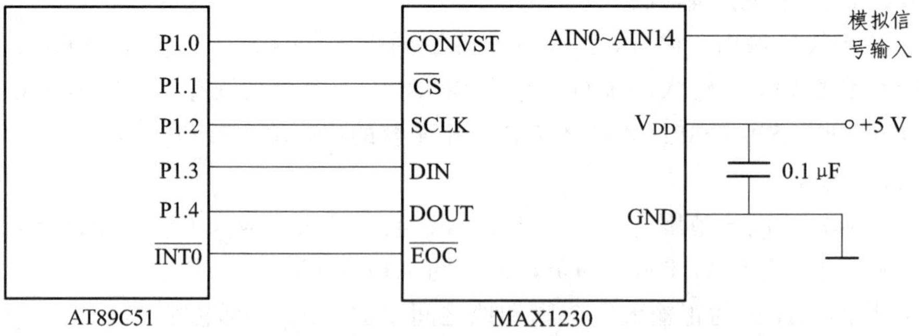

图 8-21　MAX1230 与 AT89C51 单片机的接口电路

【例 8-6】设要求 MAX1230 进行 12 位转换，单片机对转换结果读入，高 4 位和低 8 位分别存入片内 RAM 的 41H 和 40H 单元。下面分别给出以查询方式和中断方式编写的完整的转换和控制的参考程序。

查询方式：

```
STAR:   NOP
```

```
        CLR P1.1            ; 片选有效
        MOV R3, #81H        ; 转换方式寄存器，输入通道 0，扫描方式 0
        MOV R2, #60H        ; 工作方式寄存器，时钟方式 3，单极性
        MOV R7, #08H
        MOV R6, #08H
        MOV A, R3
DIN0:   CLR P1.2
        RLC A
        MOV P1.3, C         ; 送转换方式控制字
        SETB P1.2
        DJNZ R7, DIN0
DIN1:   CLR P1.2
        RLC A
        MOV P1.3, C         ; 送工作方式控制字
        SETB P1.2
        DJNZ R6, DIN1
        CLR P1.0            ; 转换开始
WAIT:   JB P3.2, WAIT       ; 查询转换结束否
STORB:  MOV R7, #08H
        MOV R6, #08H
LOOP1:  CLR P1.2
        MOV C, P1.4         ; 存高 8 位
        MOV A, 41H
        RLC A
        MOV 41H, A
        SETB P1.2
        DJNZ R6, LOOP1
LOOP2:  CLR P1.2
        MOV A, 40H          ; 存低 8 位
        RLC A
        MOV C, P1.4
        SETB P1.2
        DJNZ R7, LOOP2
        SETB P1.1
HERE:   SJMP HERE
```

中断方式：

主程序：主要完成转换方式寄存器和工作方式寄存器的设置以及中断允许设置。

```
MAIN:   NOP
        CLR P1.1            ; 片选有效
```

```
        MOV R3, #81H        ；转换方式寄存器，输入通道 0，扫描方式 0
        MOV R2, #60H        ；工作方式寄存器，时钟方式 3，单极性
        MOV R7, #08H
        MOV R6, #08H
        MOV A, R3
DIN0:   CLR P1.2
        RLC A
        MOV P1.3, C         ；送转换方式控制字
        SETB P1.2
        DJNZ R7, DIN0
DIN1:   CLR P1.2
        RLC A
        MOV P1.3, C         ；送工作方式控制字
        SETB P1.2
        DJNZ R6, DIN1
        SETB EA             ；中断允许
        SETB EX0
        SETB IT0            ；脉冲触发方式
        CLR P1.0            ；转换开始
        SJMP $
```

中断服务子程序：完成数据的读取。

```
MAXINT0: PUSH ACC
STORB:   MOV R7, #08H
         MOV R6, #08H
LOOP1:   CLR P1.2
         MOV C, P1.4        ；存高 8 位
         MOV A, 41H
         RLC A
         MOV 41H, A
         SETB P1.2
         DJNZ R6, LOOP1
LOOP2:   CLR P1.2
         MOV A, 40H         ；存低 8 位
         RLC A
         MOV C, P1.4
         SETB P1.2
         DJNZ R7, LOOP2
         SETB P1.1
         POP ACC
         RETI
```

习　题

1. A/D 转换器的分辨率如何表示？它与精度有何不同？

2. 在什么情况下，A/D 转换器前应引入采样保持器？

3. 判断 A/D 转换结束否一般可采用几种方式？

4. A/D 转换器的主要技术指标有哪些？

5. A/D 转换器转换数据的传送有几种方式？

6. 简述逐次逼近式 A/D 转换的原理。

7. 试设计一个 12 位 A/D 转换器与 AT89C51 的接口电路，并编写连续转换 10 次，并将转换结果存入片内 50H 开始的单元中的程序。

8. 试设计一个 12 位 A/D 转换器与 AT89C51 的接口电路，并编写将存放在片内 RAM 的 50H、51H 单元的 12 位数（低 8 位在 50H 单元中，高 4 位在 51H 的低半字节中）进行转换输出的程序。

9. 试设计一个巡回检测系统。共有 8 路模拟量输入，采样周期为 1 s，其他未列条件可自定。请画出电路连接图并进行程序设计。

10. D／A 转换器产生如题图 10 所示的梯形波，请编程实现。

11. 使用 D／A 转换器产生如题图 11 所示的三角波，请编程实现。

10 题图

11 题图

第 9 章　单片机的 Keil C51 开发语言与应用系统研制

【本章导读】

- Keil C51 开发语言
- Keil C51 的数据结构
- 单片机汇编语言与 C 语言程序设计对照
- C51 与汇编语言的混合编程
- 单片机应用系统设计实例

从 Keil C51 语言的程序结构入手，着重分析不同于标准 C 语言的 C51 数据结构组成内容，以及 C51 与汇编语言的混合编程方法。

9.1　51 系列单片机的 Keil C51 开发语言

9.1.1　Keil C51 语言概述

从 1985 年起，就有专门针对 51 单片机的 C 语言编译器不断问世，在我国使用较广泛的主要是 Franklin C51 和 Keil C51。其中，Keil C51 因为能在 Windows 操作系统中得到更好的支持和具有更好的开发、调试界面，并且适用于开发多个公司的产品，因此在近几年更是成为 51 系列单片机开发者的首选。

Keil 的 C51 完全支持 C 的标准指令和很多用来优化 51 单片机指令结构的 C 语言扩展指令，其少量的差异主要是 Keil C51 可以让用户针对 51 单片机的结构进行程序设计，还有就是 51 单片机的一些局限所引起的。

用汇编语言编写 51 单片机程序必须要考虑存储器的结构，尤其要考虑片内数据存储器与特殊功能寄存器的使用情况，以及按实际地址处理端口数据等具体应用。C 语言是一种通用的计算机程序设计语言，在功能上、结构性、可读性和可维护性上比汇编有明显的优势，因而易学易用。Keil C51 软件提供丰富的库函数和功能强大的集成开发调试工具，全 Windows 界面。更重要的一点，就是 Keil C51 生成的目标代码效率非常高，多数语句生成的汇编代码很紧凑，容易理解。在开发大型软件时更能体现高级语言的优势。因此，用 C51 语言编写单片机应用程序，进行 51 系列单片机系统开发，编程者可以专注于应用软件部分的设计，则不用具体组织、分配存储器资源和处理端口数据。但对数据类型与变量的定义，则必须要与单片机的存储结构相关联，否则编译器不能正确地映射定位。

与标准 C 语言相比，C51 在数据类型、变量存储模式、输入/输出处理、函数等方面有一定差异，它需要根据单片机存储结构及内部资源定义相应的数据类型和变量，而其他语法规则、程序结构及程序设计方法等与标准的 C 语言程序设计相同。

9.1.2　C51 的程序结构

C51 程序的基本单位是函数。一个 C51 源程序至少包含一个主函数，也可以是一个主函数和若干个其他函数。主函数是程序的入口；主函数中的所有语句执行完毕，则程序结束。

以下通过一个可实现 LED 闪烁控制功能的源程序说明 C51 程序的基本结构（硬件电路原理图见图 9-1）。

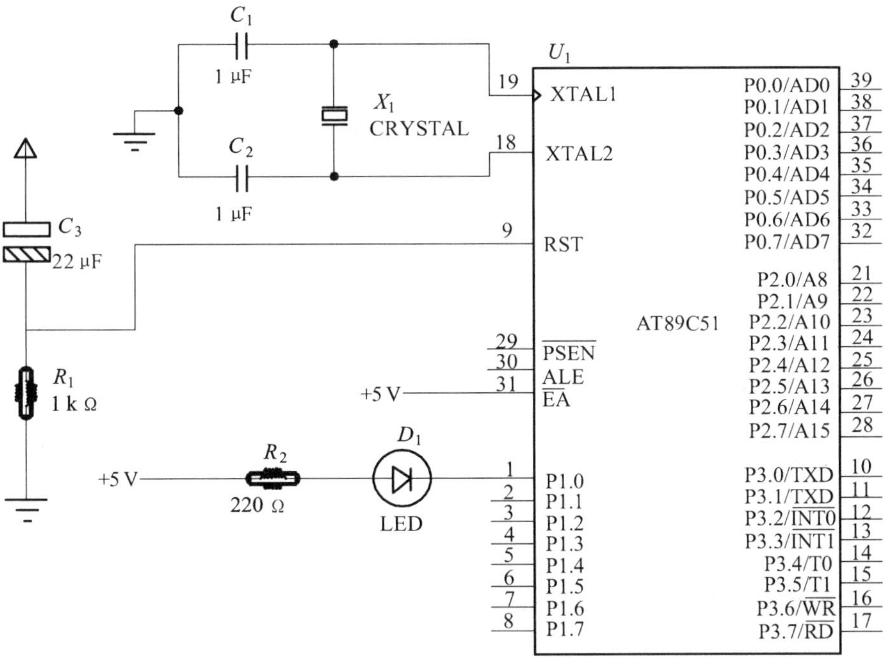

图 9-1　LED 指示灯闪烁电路原理图

程序如下：

```
#include <reg51.h>          //51 单片机头文件
void delay（  ）;           //延时函数声明
sbit P1_0 = P1^0;           //输出端口定义
main （  ）
{                           //主函数
  while （1）
  {                         //无限循环体
    P1_0 = 0;               //P1.0 = "0",LED 亮
    delay（  ）;            //延时
    P1_0 = 1;               //P1.0 = "1",LED 灭
    delay（  ）;            //延时
```

```
        }
    }
    void delay (void)
    {                                       //延时函数
      unsigned char i;                      //字符型变量 1 定义
      for (i= 200; i> 0; i- -)              //循环延时
    }
```

在本例的开始处使用了预处理命令#include，它告诉编译器在编译时将头文件 reg51. h 读入一起编译。在头文件 reg51.h 中包括了对 51 单片机特殊功能寄存器名的集中说明。

本例中 main（ ）是一个无返回、无参数型函数，虽然参数表为空，但一对圆括号（ ）必须有，不能省略。其中：

（1）sbit P1_0 = P1^0 是全局变量定义，它将 P1. 0 端口定义为 P1_0 变量。

（2）unsigned char i 是局部变量定义，它说明 i 是位于片内 RAM 且长度为 8 的字符型变量。

（3）while（1）是循环语句，可实现死循环功能；

（4）P1_0 = 1 和 P1_0 = 0 是两个赋值语句，等号 = 作为赋值运算符。

for（i = 200；i>0；i--）是没有语句体的循环语句，这里起到软件延时的作用。

综上所述，C51 语言程序的基本结构为：

```
包含<头文件>
函数类型说明
全局变量定义
  main ( )
{
  局部变量定义
  <程序体>
}
  funcl ( )
{
  局部变量定义
  <程序体>
}
  funcN ( )
{
  局部变量定义
  <程序体>
}
```

其中，funcl（ ）…funcN（ ）代表用户定义的函数，程序体指 C51 提供的任何库函数调用语句、控制流程语句或其他函数调用语句。

9.1.3　Keil C51 的关键字

Keil 的 C51 完全支持 C 的标准指令和很多用来优化 51 单片机指令结构的 C 语言扩展指令，其少量的差异主要是 Keil C51 可以让用户针对 51 单片机的结构进行程序设计。

例如，ANSI C 标准一共规定了 32 个具有固定名称和特定含义的特殊标识符作为关键字，如表 9-1 所示。Keil C 除了支持 ANSI C 标准的所有关键字外，还扩展了如表 9-2 所示的关键字。

表 9-1　ANSI C 中的关键字

关键字	用　途	说　明
auto	存储种类说明	用以说明局部变量，缺省值为此
break	程序语句	退出最内层循环
case	程序语句	switch 语句中的选择项
char	数据类型说明	单字节整型数或字符型数据
const	存储类型说明	在程序执行过程中不可更改的常量值
continue	程序语句	转向下一次循环
default	程序语句	switch 语句中的失败选择项
do	程序语句	构成 do...while 循环结构
double	数据类型说明	双精度浮点数
else	程序语句	构成 if...else 选择结构
enum	数据类型说明	枚举
exten	存储种类说明	在其他程序模块中说明了的全局变量
flost	数据类型说明	单精度浮点数
for	程序语句	构成 for 循环结构
goto	程序语句	构成 goto 转移结构
if	程序语句	构成 if...else 选择结构
int	数据类型说明	基本整型数
long	数据类型说明	长整型数
register	存储种类说明	使用 CPU 内部寄存的变量
return	程序语句	函数返回
short	数据类型说明	短整型数
signed	数据类型说明	有符号数，二进制数据的最高位为符号位
sizeof	运算符	计算表达式或数据类型的字节数
static	存储种类说明	静态变量
struct	数据类型说明	结构类型数据
swicth	程序语句	构成 switch 选择结构
typedef	数据类型说明	重新进行数据类型定义
union	数据类型说明	联合类型数据
unsigned	数据类型说明	无符号数数据
void	数据类型说明	无类型数据
volatile	数据类型说明	该变量在程序执行中可被隐含地改变
while	程序语句	构成 while 和 do...while 循环结构

表 9-2　Keil C51 中的扩展关键字

关键字	用　途	说　明
bit	位标量声明	声明一个位标量或位类型量
sbit	位标量声明	声明一个可位寻址变量
sfr	特殊功能寄存器声明	声明一个特殊功能寄存器
sfr16	特殊功能寄存器声明	声明一个16位的特殊功能寄存器
data	存储器类型说明	直接寻址的内部数据存储器
bdata	存储器类型说明	可位寻址的内部数据存储器
idata	存储器类型说明	间接寻址的内部数据存储器
pdata	存储器类型说明	分页寻址的外部数据存储器
xdata	存储器类型说明	外部数据存储器
code	存储器类型说明	程序存储器
interrupt	中断函数说明	定义一个中断函数
reentrant	再入函数说明	定义一个再入函数
using	寄存器组定义	定义芯片的工作寄存器

此外，Keil C51 不但具有 ANSI C 的所有标准数据类型，为了更加有效地利用 51 单片机的结构特点，又加入了一些特殊的数据类型。

9.2　Keil C51 的数据结构

9.2.1　Keil C51 的基本数据类型

程序设计离不开对数据的处理。一个程序如果没有数据，它就无法工作。数据在计算机内存中的存放情况由数据结构决定。C 语言的数据结构是以数据类型出现的。在 C 语言中，基本数据类型有 char、int、short、float 和 double 等，而对于 Keil C51 编译器来说，short 型等同于 int 型，double 型等同于 float 型。

9.2.2　Keil C51 的常量

C 语言里把在程序执行过程中数值不改变的量叫常量。常量的数据类型有整型、浮点型、字符型等。

1．整型常量

整型常量就是整型常数，可按一般数字的写法直接写成十进制，如 12345、-12345、0 等，也可以写成十六进制，写成十六进制时必须以 0x 开头，如 0x64、0x123、0xFF 等。另外还可以在整型常数后面加一个字母“L”，构成长整型数，如 10L、123L 和 0x4FL。

浮点型常数可以写成十进制定点表示形式，即由数字和小数点组成，如 3.14159、-4.7、130.4 等，也可以写成指数形式，即：

[±]　数字 [.数字]　e [±]　数字

其中，[]中的内容为可选项，可根据具体情况可有可无，但其余部分必须有。例如，-456e-3、

123e5、-123e4 等。

2. 字符型常量

字符型常量是单引号内的字符，如‘a’、‘b’等，一个字符占用一个字节。对于不可以显示的控制字符，可以在该字符前面加一个反斜杠“\”组成专用转义字符。利用转义字符可以完成一些特殊功能和输出时的格式控制。常用转义字符表如表 9-3 所示。

表 9-3　常用转义字符表

转义字符	含　义	ASCII码（十六/十进制）
\0	空字符（NULL）	00H/0
\n	换行符（LF）	0AH/10
\r	回车符（CR）	0DH/13
\t	水平制表符（HT）	09H/9
\b	退格符（BS）	08H/8
\f	换页符（FF）	0CH/12
\’	单引号	27H/39
\”	双引号	22H/34
\\	反斜杠	5CH/92

3. 字符串型常量

字符串型常量由双引号内的字符组成，如“ABCDE”、“OK”等。当引号内没有字符时，称为空字符串。请注意字符串常量前面和后面的双引号是界限符，当需要表示双引号字符串时，可以使用转义符号“\”表示如“\”。

在 C 语言中，字符串常量是作为字符类型数组来处理的，所以在存储字符串时，系统会在字符串尾部加上\0 转义字符以作为该字符串的结束符，正因如此，字符串常量“A”和字符常量‘A’是不同的，前者在存储时多占用一个字节的空间。

4. 位标量

位标量是 C51 编译器扩充的一种数据类型，它用关键字 bit 来定义，其值是一个二进制位。在函数中可以包含 bit 类型的参数，函数的返回值也可以为 bit 型。例如：

```
#static   bit   a1            //定义一个静态标量 a1
Extern    bit   b1          //定义一个外部位 b1
bit   func    （bit c1,c2）    //定义一个返回型值的函数 func，包含 2 个位参数 c1 和 c2
{
…
 return（c2）;                  //返回一个位型值 c2
}
```

常量可用在不需要改变其值的场合，如固定的数据表，字库等。常量的定义方式有几种，下面来加以说明。

```
#defineFalse  0x0;            //用预定义语句可以定义常量
#defineTrue  0x1;             //这里定义 False 为 0，True 为 1
                              //在程序中用到 False 编译时自动用 0 替换，同理 True 替换为 1
unsigned int code a = 200;    //这一句用 code 把 a 定义在程序存储器中并赋值
const unsigned  int c = 110;  //用 const 定义 c 为无符号 int 常量并赋值
```

以上两句它们的值都保存在程序存储器中，而程序存储器在运行中是不允许被修改的，所以如果在这两句后面用了类似 a = 100，a + + 这样的赋值语句，编译时将会出错。

9.2.3　Keil C51 的变量

1．变量定义

在程序执行过程中，数值可以发生改变的量称为变量。变量的基本属性是变量名和变量值。一旦在程序中定义了一个变量，C51 编译器就会给这个变量分配相应的存储单元。此后变量名就与存储单元地址相对应，变量值就与存储单元的内容相对应。

在 C51 程序中使用变量必须先对其进行定义，这样编译系统才能为变量分配相应的存储单元。定义一个变量的格式如下：

[存储种类]　数据类型　[存储类型]　变量名

存储种类是指变量在程序执行过程中的作用范围。变量的存储种类有 4 种：自动（auto）、外部（extern）、静态（static）和寄存器（register）。

C51 规定变量名可以由字母、数字和下画线 3 种字符组成，且第一个字符必须为字母或下画线，变量名长度无统一规定，随编译系统而定。

使用时应注意：大写的变量和小写的变量是两个不同的变量，如 SUM 和 sum。习惯上变量用小写表示。另外，变量名除了应避免使用标准 C 语言的 32 个关键字外，还要避免使用 C51 扩展的新关键字。

2．存储器类型

存储器类型就是指该变量在 C51 硬件系统中所使用的存储区域，并在编译时能够准确定位。表 9-4 所示是 Keil C51 所能识别的存储器类型。必须注意的是在 51 单片机芯片中，RAM 只有低 128 位。

表 9-4　Keil C51 编译器所能识别的存储器类型

存储器类型	说　明
data	直接访问内部数据存储器（128B），访问速度最快
bdata	可位寻址内部数据存储器（16B），允许位与字节混合访问
idata	间接访问内部数据存储器（256B），允许访问全部内部地址

续表 9-4

存储器类型	说　明
pdata	分页访问外部数据存储器（256 B），用 MOVX @Ri 指令访问
xdata	外部数据存储器（64 KB），用 MOVX @DPIR 指令访问
code	程序存储器（64 KB），用 MOVC @A + DPTR 指令访问

由此可见，一个变量除了与存储单元相对应外，还与它所在的存储空间有关，即还需要指出其存储类型。例如，语句 char data a 声明了 a 是位于片内低 128 B RAM 区的字符型变量。

需要特别指出的是，变量的存储种类与存储器类型是完全无关的。例如：

static unsiganed char data i； //在内部数据存储器中定义一个静态无符号字符型变量

int　j；　　　　　　　　　//定义一个自动整形变量 j，它的存储器类型由编译模式确定

第一条语句所定义的字符型变量 i，其存储种类为静态，即俗称的静态变量，它的存储器类型为 data，也就是说，这个变量位于 51 单片机芯片内部 RAM 中的低 128 位，即地址为 00H ~ 7FH。

第二条语句所定义的是一个整型变量，由于没有定义存储种类和存储器类型，于是系统默认存储种类为自动，存储器类型由存储器编译模式确定。

3．数据类型

数据的不同格式叫做数据类型，C51 支持的基本数据类型与标准 C 相同（见表 9-5）。

表 9-5　C51 支持的基本数据类型

数据类型		长　度	值　域
字符型（char）	unsigned char	单字节	0 ~ 255
	signed char	单字节	− 128 ~ + 127
整型（int）	unsigned int	双字节	0 ~ 65 535
	signed int	双字节	− 32 768 ~ + 32 767
长整型（long）	unsigned long	4字节	0 ~ 4 294 967 295
	signed long	4字节	− 2 147 483 648 ~ + 2 147 483 647
浮点型（float）	float	4字节	$10^{-38} \sim 10^{38}$
	double	8字节	$10^{-308} \sim 10^{308}$
指针型	普通指针*	1 ~ 3字节	0 ~ 65 535

其中，有符号数据类型可以忽略 signed 标识符，如 signed int 等价于 int，signed char 等价于 char 等。

为了更有效地利用 51 单片机的内部结构，C51 还增加了一些特殊的数据类型，它们分别对应于 bit、sfr、sfr16 和 sbit 4 个关键字。

（1）bit 位型。

bit 位型是 C51 编译器的一种扩充数据类型，利用它可定义一个位变量或位函数，但不能定义位指针，也不能定义位数组。它的值是一个二进制位，不是 0 就是 1。

（2）sfr 特殊功能寄存器型。

51 系列单片机内有 21 个特殊功能寄存器（SFR），分散在片内 RAM 区的高 128 字节，地址为 80H ~ FFH。为了能直接访问这些 SFR，需要通过关键字 sfr 对其进行定义，语法如下：

sfr sfr_ name = 地址常数；

这里 sfr_name 是一个特殊功能寄存器名，“=”后面必须是常数，其数值范围必须在特殊功能寄存器地址范围内，即位于 0x80 ~ 0xFF。例如：

```
sfr P1 = 0x90;           //定义 P1 口地址 90H
sfr PSW = 0xD0;          //定义 PSW 地址 D0H
```

对于 16 位 SFR，可使用关键字 sfr16，语法与 8 位 SFR 相同，定义的地址必须是 16 位 SFR 的低端地址，例如：

```
sfr16 DPTR = 0x82;       //定义 DPTR，其 DPL = 82H, DPH =  83H
```

注意：这种定义适用于所有新的 SFR，但不能定义定时/计数器 0 和 1。

（3）sbit 可寻址位。

在 51 系列单片机中，经常要访问特殊功能寄存器中的某些位，用关键字 sbit 定义可位寻址的特殊功能寄存器的位寻址对象。定义方法有如下 3 种：

① sbit 位变量名 = 位地址；

将位的绝对地址赋给位变量名，位地址必须位于 0x80 ~ 0xFF。例如：

```
sbit CY =  0xD7;           //将位的绝对地址赋给变量
```

② sbit 位变量名 = SFR 名称^位位置；

当可寻址位位于特殊功能寄存器中时，可采用这种方法。其中 SFR 名称必须是已定义的 SFR 的名字，位位置是一个 0 ~ 7 的常数。例如：

```
sfr PSW = 0xD0;
sbit CY = PSW^7;           //定义 CY 位为 PSW. 7，位地址为 0xD0
```

③ sbit 位变量名 = 字节地址^位位置；

这种方法是以一个常数（字节地址）作为基地址，该常数必须在 0x80 ~ 0xFF。位位置是一个 0 ~ 7 的常数。例如：

```
sbit CY = 0xD0^7;         //将位的相对地址赋给变量
```

例如，我们定义 zwe 为位于位寻址区 bdata 的无符号字符型变量，如下所示：

```
unsigned   char   bdata   zwe
```

再用 sbit 定义 zwe 中的每一位，如下所示：

```
sbit    zwe_bit0 = zwe^0
sbit    zwe_bit1 = zwe^1
sbit    zwe_bit2 = zwe^2
sbit    zwe_bit3 = zwe^3
sbit    zwe_bit4 = zwe^4
sbit    zwe_bit5 = zwe^5
sbit    zwe_bit6 = zwe^6
sbit    zwe_bit7 = zwe^7
```

于是我们在程序中就可以分别用 zwe bit0，zwe bitl…zwe bit7 来代表 zwe 变量的第 0

位、第 1 位直至第 7 位。

在 C 语言中，用 signed 表示一个变量（或常数）是有符号类型，unsigned 表示无符号类型。它们表示数值范围不一样。必须注意的是因为有符号运算比无符号运算耗资源，因此应尽可能使用无符号数。

另外需要注意的是，C51 支持的多字节数据都是按照高字节在前，低字节在后的原则安排的，即一个多字节数，比如 int 型，在内存单元中存储顺序为高位字节存储在地址低的存储单元中，低位字节存储在地址高的存储单元中。

注意 sbit 和 bit 的区别：sbit 定义特殊功能寄存器中的可寻址位；而 bit 则定义了一个普通的位变量，一个函数中可包含 bit 类型的参数，函数返回值也可为 bit 类型。

在 C51 中，为了用户处理方便，C51 编译器把 51 单片机的常用特殊功能寄存器和特殊位进行了统一定义，并存放在一个 reg51.h 或 reg52.h 的头文件中，当用户要使用时，只需要在使用之前用一条预处理命令# include <reg51. h>把这个头文件包含到程序中，然后就可使用特殊功能寄存器名和特殊位名称了。

4．存储器模式

定义变量时如果省略存储器类型，Keil C51 编译系统则会按编译模式 SMALL、COMPACT 或 LARGE 所规定的默认存储器类型去指定变量的存储区域。无论什么存储模式都可以声明变量在任何的 51 单片机存储区范围，然而把最常用的命令放在内部数据区可以显著地提高系统性能。

SMALL 存储模式把所有函数变量和局部数据段放在 51 单片机系统的内部数据存储区，因此对这种变量的访问数据最快。但 SMALL 存储模式的地址空间受限。在写小型的应用程序时，变量和数据放在 data 内部数据存储器中是很好的，因为访问速度快，但在较大的应用程序中 data 区最好只存放小的变量、数据或常用的变量（如循环计数、数据索引），而大的数据则放置在别的存储区域，否则 data 区就很容易溢出。

COMPACT 存储模式中把变量定位在 51 系统的外部数据存储器中。外部数据存储段可有最多 256 字节（一页），这时对变量的访问是通过寄存器间接寻址（movx @Ri，A）进行的。采用这种编译模式时，变量的高 8 位地址由 P2 口确定，因此，在采用这种模式的同时，必须适当改变启动程序 STARTUP.A51 中的参数 PDATASTART 和 PDATALEN，用 L51 进行连接时还必须采用连接控制命令 PDATA 来对 P2 口地址进行定位，这样才能确保 P2 口为所需要的高 8 位地址。

LARGE 存储模式中，所有函数和过程的变量以及局部数据段都被定位在 51 单片机系统的外部数据存储器中，外部数据存储器最多可有 64 KB，这要求用 DPTR 数据指针来间接地访问数据，因此，这种访问方式效率并不高，尤其是对于 2 个或多个字节的变量，用这种方式访问数据程序的代码将可能会很大。

变量还分为全局变量和局部变量。全局变量是在任何函数之外说明的、可被任意模块使用的、在整个程序执行期间都保持有效的变量；局部变量在函数内部说明，只在本函数或功能块以内有效，在该函数或功能块以外则不能使用它。局部变量可以与全局变量取同样的名字，此时，局部变量的优先级将高于全局变量，即同名的全局变量在局部变量使用的函数内部将被暂时屏蔽。

5．重新定义数据类型

Keil C51 支持的基本数据类型有 char、int 和 float 等，除了这些数据类型外，用户还可以根据自己的需要，用关键字 typedef 对数据类型重新定义，重新定义方法如下：

typedef　已有的数据类型　新的数据类型名；

在这里“已有的数据类型”指的是 C 语言中所有的数据类型，包括结构、指针和数组等。“新的数据类型名”可以按用户的习惯或根据任务的需要来决定。关键字 typedef 的作用只是将 C 语言中已有的数据类型作了置换,因此可用置换后的新数据类型名来进行变量的定义。举例如下：

```
typedef   int   counter;          /*将 counter 定义为整型*/
counter i, j;                    /*将 i , j 定义为整型*/
```

9.2.4　C51 的指针

C51 作为标准 C 的扩展，它的指针与标准 C 的指针几乎一样，都可以简单理解为“存储某个地址的变量”。C 语言中指针变量的一般定义形式为：

类型标识符　* 变量名；

例如：char　*ip；

上述代码定义了一个指向字符型值的指针变量 ip。

为了表示指针变量与它所指向的变量地址之间的关系，C 语言为指针运算专门设置了两种运算符：

（1）&运算符：这是取地址运算符，返回其后所跟操作数的地址，如：

```
int  i, *ip;
ip = &i;
```

将变量 i 的地址（注意不是 i 的值）赋予 ip。如果 i 的地址是 30H，那么赋值后 ip 的值就是 30H。

（2）*运算符：把它的操作数当地址来对待，并访问那个地址以便操作所需要的值。

例如：

```
i = 15;
ip = &i;
j = *ip;
```

则 j 中存放的也是 15，因为 ip 指向 i 的地址，*ip 把 ip 中存放的值作为地址，然后取这个地址（即 i 的地址）中的值，最后赋值给 j。也就是说，*ip 也表示变量 i。

由于单片机编程中会涉及多种存储区域，例如 data、idata 和 xdata 等。这是与在 PC 上使用的标准 C 编程不一样的地方，后者只涉及一种 RAM），因此在 C51 里定义指针还需要额外指明两个问题：① 指针变量自身位于哪个存储区域；② 该指针的值代表的是哪个存储区域里的地址。

9.2.5　Keil C51 的构造类型

1．结　构

结构是将若干个不同类型的数据变量有序地组合在一起而形成的一种数据的集合体。组成该集合体的各个数据变量称为结构成员，整个集合体使用一个单独的结构变量名。结构中的各个变量之间有着密切的联系，它们用来描述一个事物的几个方面，但它们并不一定属于同一种类型。

结构类型的一般定义格式为：

```
struct 结构名
  {成员分量};
```

花括号中的成员分量就是组成这个结构类型的各数据项，其定义形式为：

类型标识符　　成员分量名

例如，定义一个由三个结构元素 year、month、day 组成的日期结构类型 date，格式如下：

```
struct  date
{
 int   year;
 char   month, day;
}
```

定义好结构类型后，就可以用它来定义结构变量，就像定义其他类型的变量一样，如：

```
struct    date   d1, d2;
```

上面是先定义结构类型，再用结构类型定义结构变量。我们也可以在定义结构类型的同时定义结构变量，如：

```
 struct   date
{
 int   year;
 char   month, day;
}d1, d2;
```

定义了结构变量后，就可以对它进行赋值、存取和运算了。我们不能对结构整体进行操作，只能分别引用结构变量的各分量，引用的形式为：

结构变量名.成员分量名

如：

```
d1.year = 2004;
sum = d1.day + d2.day;
```

这里的“.”是成员运算符，具有最高的优先权。

2．联　合

前面介绍的数据类型有一个共同的特点，即不同数据类型的数据各自占有一定的内存空间，彼此不互相复用重叠。Keil C51 中还有一种数据类型，它可以使各种类型的数据共同使用同一块内存空间，只是在时间上交错开，以提高内存的利用效率，这种数据类型叫联合，也有人称之为共同体。

联合说明和定义的格式如下：

```
union[联合名]
{
  数据类型    成员名;
  数据类型    成员名;
  …
}[联合变量名];
```

联合的意义就是把联合的成员都存储在内存的同一地方，也就是说在一个联合中，可以在同一个地址开始的内存单元中放进不同数据类型的数据，例如可以像下面的例子一样，将一个 float 型变量、一个 int 型变量、一个 char 型变量放在同一个地址开始的内存单元中：

```
union  data
{
  float  i;
  int  j;
  char  k;
}a, b, c;
```

也可以把类型定义与变量定义分开，即先定义一个 union data 类型，再将 a、b、c 定义为 union data 类型的变量。例如：

```
union  data
{
  float  i;
  int  j;
  char  k;
};
union data a, b, c;
```

联合类型与结构类型的定义方法是很相似的，只是将关键字 struct 改成 union，但是在内存的分配上两者却有本质的区别。结构变量所占用的内存长度是其中各个元素所占用内存长度的总和；而联合变量所占用的内存长度是其中最长元素的长度。必须注意，一个联合的所有联合成员都存放在同一地址开始的存储单元里，但在任何一个给定的时间，只能有其中的一个成员被选中留在联合中，因此在程序中，必须保证不能同时使用联合的不同成员，以免内存中的数据被冲乱掉。

与结构变量类似，联合也是通过对其联合元素的引用来实现联合变量的引用的。引用联合元素的一般格式是：

联合变量名. 联合元素或联合变量名—>联合元素

3. 枚　举

在实际问题中，有些变量的取值被限定在一个有限的范围内。例如，一个星期只有七天，一年只有十二个月，一个班组只有十个人。如果把这些量说明为整型、字符型或其他类型显然是不妥当的。为此，C 语言提供了一种称为“枚举”的类型，它实际上是一个有名字的某些整型数常量的集合，这些整型数常量是该类型变量可取的所有的合法值，即在“枚举”类型的定义中列举出所有可能的取值。被说明为该“枚举”类型的变量取值不能超过定义的范围。应该说明的是，枚举类型是一种基本数据类型，而不是一种构造类型，因为它不能再分解为任何基本类型。

枚举在日常生活中很常见，例如，表示星期的 SUNDAY，MONDAY，TUESDAY，WEDNESDAY，THURSDAY，FRIDAY，SATURDAY，就是一个枚举。

枚举的定义应当列出该类型变量的可取值，其形式为：

```
enum   枚举名
{
  标识符[ = 整型常数],
  标识符[ = 整型常数],
  …
  标识符[ = 整形常数],
}枚举变量;
```

枚举的定义和说明也可以分为两步完成：

```
enum    枚举名  {枚举变量表};
enum    枚举名    枚举列表;
```

例如：

```
enum   weekday {sun,mon,tue,wed,thu,fri,sat}d1, d2;
```

或

```
enum   weekday {sun,mon,tue,wed,thu,fri,sat};
enum   weekday d1, d2;
```

在枚举值表中应罗列出所有可用值，这些值也称为枚举元素。枚举变量只能取枚举说明结构中的某个标识符常量。例如上面的例子中，该枚举名为 weekday，枚举值共有七个，即一周中的七天。凡被说明为 weekday 类型变量的取值只能是七天中的某一天。

9.3　单片机汇编语言与 C 语言程序设计对照

C 语言是一种编译型高级程序设计语言，它兼顾了多种高级语言的特点，并兼备汇编语言的功能。因此越来越多的人喜欢用 C 语言来编写单片机的应用程序。

我们可以用下面的例子来得到直观的体验。

为了让单片机从 P1 口的第 0 位线上输出一个方波信号，可用汇编语言简单地编写下列程序：

```
LOOP:  CPL     P1.0
       NOP
       SIMP    LOOP
       END
```

我们也可以用 C51 语言写出完成同样功能的程序如下：

```
#include <reg52.h>
#include <stdio.h>
#include <intrins.h>
sbit clk = P^0;
main（  ）
{
    do
    {
     clk = !clk;
     _nop_（  );
    }
 while（1）;
}
```

在 Keil C51 环境中，经编译后再反汇编，可以得到与前面用汇编程序编出的一样的程序，两者的机器代码完全相同。由此可见，汇编语言程序和 C 语言程序所生成的机器代码，长度完全相同或者很接近，也就是说，C51 的代码效率很高，而汇编语言的可读性显然不如 C 语言。

当然，要用 C 语言编写出高效的程序，有时也需要一定的技巧，我们也可以在编写调试 C51 程序时，不时将它转换为汇编语言，或注意观察编译后产生的代码长度，找出最佳的编程方法，使其效率达到最高。

9.4 C51 与汇编语言的混合编程

C51 语言提供了丰富的库函数，具有很强的数据处理能力，可生成高效简洁的目标代码，在绝大多数场合采用 C51 语言编程即可完成预期的任务。尽管如此，有时仍需要采用一定的汇编语言程序，如对于某些特殊的 I/O 接口地址的处理、中断向量地址的安排、提高程序代码的执行速度等。为此，C51 编译器提供了与汇编语言程序的接口规则，按此规则可以方便地实现 C51 语言程序与汇编语言程序的相互调用。

为简化起见，本节仅讨论在 C51 中调用汇编函数和在 C51 中嵌入汇编代码两种方法。

9.4.1 在 C51 中调用汇编程序

要实现在 C51 函数中调用汇编函数，需要了解 C51 编译器的编译规则。下面我们从一个实例入手，介绍有关内容，即在两个给定数据中选出较大的那个数据，其程序源代码如下：

```
//以下代码在 main.c 文件中实现
void max （char a，char b）;    //由汇编语言实现
main（   ）
{
    char a = 30,b = 40,c;
```

```
    c =  max  (a, b );
}
```

在上面的主函数中，void max（char a，char b）函数是在下面的汇编文件中实现的

；以下代码在汇编文件 max. asm 中实现：

```
        PUBLIC_MAX
        DE   SEGMENT   CODE
        RSEG   DE
_MAX：  MOVA，R7              ；取第一个参数
        MOV30H，R5            ；取第二个参数
        CJNE   30H，A，TAG
 TAG：  JC    EXIT
        MOVR7，R5
EXIT：  RET
        END
```

从上面的例子可以看出，要想使以汇编语言实现的函数能够在 C 程序中被调用，需要解决下面 3 个问题：

（1）程序的寻址，在 main.c 中调用的 max（　）函数，如何与汇编文件中的相应代码对应起来；

（2）参数传递，从 main.c 中传递给 max（　）函数的参数 a 和 b，存放在何处可使汇编程序能够获取它们的值；

（3）返回值传递，汇编语言计算得到的结果，存放在何处可使 C 语言程序能够获取。

程序的寻址是通过在汇编文件中定义同名的“函数”来实现的，例如上面汇编代码中的：

```
        PUBLIC_MAX
        DE   SEGMENT   CODE
        RSEG   DE
 _MAX：  …
```

在上面的例子中，“_MAX”与 C 程序中的 max 相对应。在 C 程序和汇编语言之间，函数名的转换规则见表 9-6 所示。

表 9-6　函数名的转换规则

C程序的函数声明	汇编语言的符号名	解　释
void func（void）	FUNC	无参数传递或不含寄存器参数的函数名不做改变地传入目标文件中，名字只是简单地转换为大写形式
void　func　（　char）	_FUNC	带寄存器参数的函数名转为大写，并加上“_”前缀
void func　（void） reentrant	_?　FUNC	重入函数须使用前缀“_？”

传递参数的简单办法是使用寄存器，这种做法能够产生精练高效的代码，具体规则见表 9-7。

表 9-7　参数传递规则

参数类型	char	int	long, float	一般指针
第1个参数	R7	R6，R7	R4～R7	R1，R2，R3
第2个参数	R5	R4，R5	R4～R7	R1，R2，R3
第3个参数	R3	R2，R3	无	R1，R2，R3

例如在前面的例子语句 void max（char a，char b）；中，第一个 char 型参数 a 放在寄存器 R7 中，第二个 char 型参数 b 放在寄存器 R5 中。因此在后面的汇编代码中，就是分别从 R7 和 R5 中取这两个参数：

```
…
_MAX: MOV  A, R7        ; 取第一个参数
      MOV  30H, R5      ; 取第二个参数
```

汇编语言通过寄存器或存储器传递参数给 C 语言程序。汇编语言通过寄存器传递参数给 C 语言的返回值见表 9-8。

表 9-8　汇编语言返回值

返回值	寄存器	说　明
bit	C	进位标志
（unsigned） char	R7	
（unsigned） int	R6，R7	高位在R6，低位在R7
（unsigned） long	R4～R7	高位在R4，低位在R7
float	R4～R7	32位IEEE格式，指数和符号位在R7
指针	R1，R2，R3	R3存放寄存器类型，高位在R2，低位在R1

在前面的例子中，汇编程序就是通过把两个数中较大的一个保存在寄存器 R7 中返回给 C 函数的。

9.4.2　在 C51 中嵌入汇编代码

在 C51 函数内嵌入汇编代码，可以有 3 种不同的方法。

方法 1　直接在函数体内的每个汇编语句前加“asm”预编译指令，例如：

```
void reset__data (void)
{
  asm          MOV   R1, #0AH
  asm   LOOP:  INC   A
  asm          DJNZ  R0, LOOP
  return;
}
```

方法 2　把 asm 作为关键字，后续的汇编语句用大括号括起来即可，例如：

```
  void reset__ data （void）
{
  asm
{
          MOV   R1,  #0AH
LOOP:     INC   A
          DJNZ  R0,  LOOP
}
  return;
}
```

方法 3　在 C 模块内通过语句"# pragma"嵌入汇编代码，例如：

```
  void reset （void）
{
        #pragma  asm
        MOV  R1，# 0AH
LOOP：INC      A
        DJNZ  R0，LOOP
        #pragma  endasm
        return;
}
```

应当指出的是，上述嵌入汇编代码的 C 函数需要对 Keil 编译器进行一定设置后才能正常编译，具体设置办法可参见相关文献。

9.4.3　汇编程序调用 C 程序

在汇编程序中调用 C 程序的方法与在 C 程序中调用汇编程序的方法基本相同，也是先用 C51 编写出程序的主体，在程序中加入#pragma src（*.a51）控制命令，或在工程项目窗口中设置"Generate Assembler SRC File"和"Assemble SRC File"选项，编译模块文件，得到相应的 a51 文件，按要求改写汇编代码。这样做是把汇编程序与 C 程序的接口和各种段的安排都交给编译器处理，减少编写程序的工作量。

下例是一个在 C 程序中调用汇编程序而在汇编程序中又调用 C 程序的实例，全部用寄存器进行参数传递，在汇编程序中定义了 2 字节的局部变量 MMP。汇编模块文件名为 afunc.asm，汇编程序中接口与段的安排由编程者编写，其调用的 C 模块文件名为 funcl.c，模块程序如下：

func1.c 模块文件，c 函数名 fun（　）。

```
#define uchar   unsigned   char
uchar   func1（uchar a）                  //用寄存器传递无符号字符变量 a
{
  uchar    b = 100;
```

```
 uchar   c;
 return ( c = b/a );                          //函数返回值
}
//afunc.asm 模块文件，有两字节的整形变量参数返回
PUBLIC_AFUNC                                  //定义公共符号，“_”表示有参数传递
EXTRN  CODE ( _FUNC1 )                        //外部函数 func1 声明，“_”表示有参数
                                              传递
? PR?  Afunc? AFUNC  SEGMENT  CODE           //定义程序代码段
PUBLIC                                        //定义公共符号，为局部变量的公共符号
LLT  SEGMENT  DATA  OVERLAYABLE              //定义可覆盖局部数据段
RSEG  LLT
PPP:
MMP:DS                                        //定义局部变量字节，MMP 为局部变量，
                                                2 两字节
RSEG? PR? afunc? AFUNC                          //程序代码段
afunc:                                        //以下为汇编程序
MOV     MMP + 1,R7                            //C 程序传递的整型变量参数
MOV     MMP.R6
CLR     C
MOV     A,MMP + 1
RLC     A
MOV     MMP + 1,A
MOV     A,MMP
RLC     A
MOV     MMP,A
MOV     A,MMP + 1
ADDC    A,#OOH
MOV     MMP + 1,A
MOV     R7,MMP + 1                            //无符号字符参数传递
LCALL   func1                                 //C 程序的调用
MOV     R7,MMP + 1
MOV     R6,MMP
RET
END
```

9.4.4　Proteus 与 Keil C51 的联调

支持单片机系统的仿真是 Proteus VSM 的一大特色。Proteus VSM 将源代码的编辑和编译整合到同一设计环境中，这样使得用户可以在设计中直接编辑代码，并可容易地查看到用

户对源程序修改后对仿真结果的影响。目前 Proteus VSM 只嵌入了 51 单片机汇编器，尚不支持高级语言的调试。但 Proteus VSM 支持第三方集成开发环境 IDE，目前支持的第三方 AT89C51IDE 有 Keil μVision3 IDE。对于 proteus 6.9 或更高的版本，在安装盘里有 vdmagdi 插件，或者可以到 LABCENTER 公司下载该插件，安装该插件后即可实现与 Keil μVision3 IDE 的联调。

（1）假若 KeilC 与 Proteus 均已正确安装在 C:\Program Files 的目录里，把 C:\Program Files\Labcenter Electronics\Proteus 7 Professional\MODELS\VDM51.dll 复制到 C:\Program Files\keilC\C51\BIN 目录中。

（2）用记事本打开C:\Program Files\keilC\C51\TOOLS.INI文件，在[C51]栏目下加入：TDRV5 = BIN\VDM51.DLL （"Proteus VSM Monitor-51 Driver"）。其中“TDRV5”中的“5”要根据实际情况写，不要和原来的重复。

步骤（1）和（2）只需在初次使用设置。

（3）进入KeilC μ Vision3集成开发环境，创建一个新项目（Project），并为该项目选定合适的单片机CPU器件（如：Atmel公司的AT89C51）及加入KeilC源程序。

源程序如下：

```
#define LEDS 6
#include "reg51.h"
//led 灯选通信号
unsigned char code Select[] = {0x01,0x02,0x04,0x08,0x10,0x20};
unsigned char code LED_CODES[] =
 {   0xc0,0xF9,0xA4,0xB0,0x99,//0-4
     0x92,0x82,0xF8,0x80,0x90,//5-9
  0x88,0x83,0xC6,0xA1,0x86,//A,b,C,d,E
  0x8E,0xFF,0x0C,0x89,0x7F,0xBF//F,空格,P,H,.,-   };
void main（）
{
 char i = 0;
 long int j;
 while（1）
 {
  P2 = 0;
  P1 = LED_CODES[i];
  P2 = Select[i];
  for（j = 3000;j>0;j--）; //该 LED 模型靠脉冲点亮，第 i 位靠脉冲点亮后，会自动熄灭。
                    //修改循环次数，改变点亮下一位之前的延时，可得到不同的显示效果。
  i+ +;
  if（i>5） i = 0;
 }
}
```

（4）单击“Project 菜单/Options for Target”选项或者点击工具栏的“option for target”按钮，弹出窗口，点击“Debug”按钮，出现如图 9-2 所示页面。

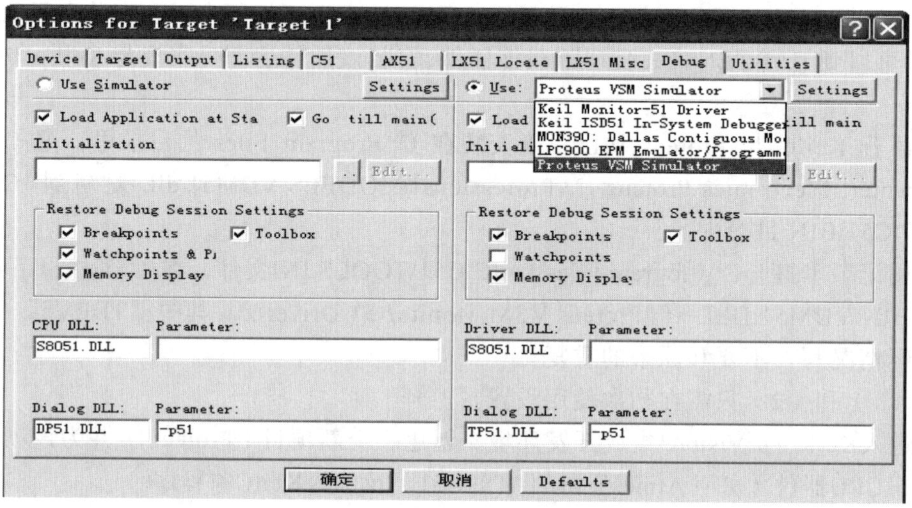

图 9-2　Debug 页面设定

在出现的对话框里在右栏上部的下拉菜单里选中“Proteus VSM Monitor-51 Driver”。并且还要点击一下“Use”前面表明选中的小圆点。

再点击“Setting”按钮，设置通信接口，在“Host”后面添上“127.0.0.1”，如果使用的不是同一台电脑，则需要在这里添上另一台电脑的 IP 地址（另一台电脑也应安装 Proteus）。在“Port”后面添加“8000”。设置好的情形如图 9-3 所示，点击“OK”按钮即可。最后将工程编译，进入调试状态，并运行。

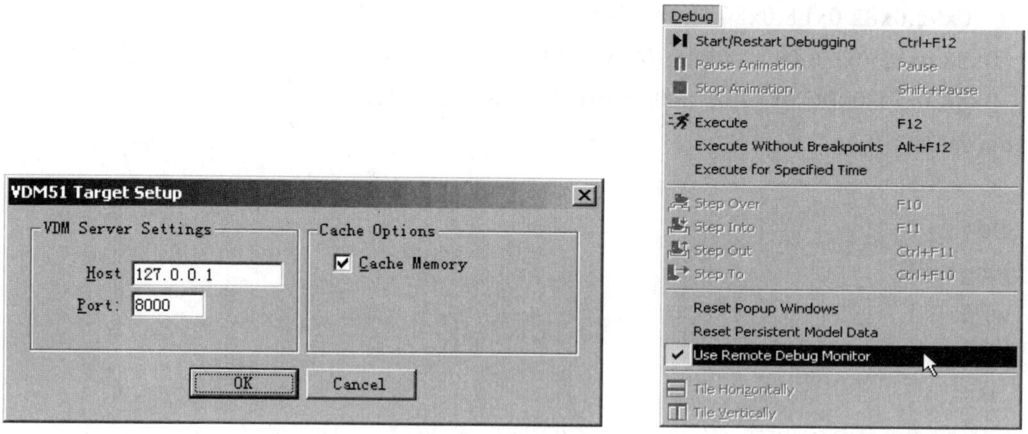

图 9-3　通信设置

（5）Proteus的设置。

进入Proteus的ISIS，鼠标左键点击菜单“Debug”，选中“use romote debuger monitor”，此后，便可实现KeilC与Proteus连接调试。

在图形编辑窗口内，将鼠标置于单片机上，单击鼠标右键，选中该对象，单击鼠标左键，进入对象属性编辑页面，如图 9-4 所示。在“Program File”中，通过打开按钮，添加程序执行文件。

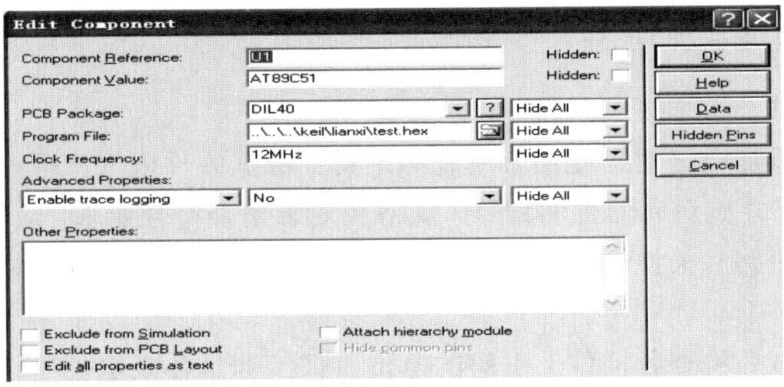

图 9-4　设置 KeilC 添加执行文件

（6）KeilC与Proteus连接仿真调试。

单击仿真运行开始按钮，我们能清楚地观察到每一个引脚的电频变化，红色代表高电平，蓝色代表低电平。

9.5　单片机应用系统调试

在完成了目标系统样机的组装和软件设计以后，便进入系统调试阶段。用户系统的调试步骤和方法是相同的，但具体细节则和所采用的开发系统以及目标系统选用的单片机型号有关。

9.5.1　硬件调试方法

单片机应用系统的硬件调试和软件调试是分不开的，许多硬件故障是在调试软件时才发现的。但通常是先排除系统中明显的硬件故障后才和软件结合起来调试。

1．常见的硬件故障

（1）逻辑错误。样机硬件的逻辑错误是由于设计错误和加工过程中的工艺性错误所造成的。这类错误包括：错线、开路、短路、相位错等几种，其中短路是最常见也较难排除的故障。单片机的应用系统往往要求体积小，从而使印制板的布线密度高，由于工艺原因造成引线之间的短路。开路常常是由于印制板的金属化孔质量不好或接插件接触不良引起的。

（2）元器件失效。元器件失效的原因有两个方面：一是器件本身已损坏或性能差，诸如电阻电容的型号、参数不正确，集成电路已损坏，器件的速度、功耗等技术参数不符合要求等。二是由于组装错误造成的元器件失效，如电容、二极管、三极管的极性错误，集成块安装的方向错误等。

（3）可靠性差。系统不可靠的因素很多，如金属化孔、接插件接触不良会造成系统时好时坏，经不起振动；内部和外部的干扰、电源纹波系数过大、器件负载过大等会造成逻辑电平不稳定。另外，走线和布局的不合理等也会引起系统可靠性差。

（4）电源故障。若样机中存在电源故障，则加电后将造成器件损坏，因此电源必须单独调试好以后才加到系统的各个部件中。电源的故障包括：电压值不符合设计要求；电源引出线和插座不对应，各电源之间的短路，变压器功率不足，内阻大，负载能力差等。

2. 硬件调试方法

（1）静态测试。

第一步在样机加电之前，先用万用表等工具，根据硬件电气原理图和装配图仔细检查样机线路的正确性，并核对元器件的型号、规格和安装是否符合要求。应特别注意电源的走线，防止电源之间的短路和极性错误，并重点检查扩展系统总线是否存在相互间的短路或与其他信号线的短路。

第二步是加电后检查各插件上引脚的电位，仔细测量各点电位是否正常，尤其应注意单片机插座上的各点电位，若有高压，联机时将会损坏仿真器。

第三步是在不加电情况下，除单片机以外，插上所有的元器件，用仿真插头将样机的单片机插座和仿真器的仿真接口相连。这样便为联机调试做好了准备。

（2）联仿真器调试。

在静态测试中，只对样机硬件进行初步测试，可排除一些明显的硬件故障。目标样机中的硬件故障主要靠联机调试来排除。静态测试完成后分别打开样机和仿真器电源就可开始联机调试。

对实验系统板进行调试，通常要使用单片机开发系统。开发系统都带有一个仿真插头，可直接插入目标系统（实验板）的 CPU 插座上，代替目标板上的 CPU 对其系统功能进行模拟。由于开发机系统除自身具有显示功能外，大多数开发系统都和 PC 机进行通信，借用 PC 机的键盘和显示器以及程序开发功能对目标实验板进行仿真调试，以动态运行方式确认原理设计是否正确，各部分功能及相应逻辑是否合理，是否符合设计要求。

借用开发机，不仅可测试系统设计的硬件原理及功能，也可进行相应软件调试，并能固化程序来完成整个开发过程。利用开发机对实验板的硬件检查，常常按其功能及 I/O 通道分别编写相应简短的实验程序，来检查各部分功能及逻辑是否正确。其主要步骤有：

3. 检查各地址译码输出

通常，地址译码输出是一个低电平有效信号。因此在选到某一个芯片时（无论是内存还是外设）其选片信号用示波器检查应该是一个负脉冲信号。由于使用的时钟频率不同，其负脉冲的宽度和频率也有所不同。注意在使用示波器测量实验板的某些信号时，要将示波器电源插头上的地线断开，这是由于示波器测量探头一端连到外壳，在有些电源系统，保护地和电源地连在一起，有时会将电源插座插反，将交流 220 V 直接引到测量端而将实验板全部烧毁，并且会殃及开发机。

以 51 系列开发为例，如一片 6116 存储芯片地址为 2000H～27FFH，则可在开发机上执行如下程序：

```
LP:   MOV    DPTR，#2000H
      MOVX   A，@DPTR
      SJMP   LP
```

程序执行后，就应从该 6116 存储器芯片的选片端看到等间隔的一串负脉冲，就说明该芯片选片信号连接是正确的，即使不插入该存储器芯片，只测量插座相应选片管脚也会有上述结果。

用同样的方法，可将各内存及外设接口芯片的选片信号都逐一进行检查。如出现不正确，就要检查片选线连线是否正确，有没有接触不好或错线、断线现象。

4．测试扩展 RAM 存储器

用仿真器的读出/修改目标系统扩展 RAM 或 I/0 口的命令，将一批数据写入样机的外部 RAM 存储器，然后用读样机扩展 RAM 或 I/0 口的命令读出外部 RAM 的内容，若对任意的单元读出和写入的内容一致，则该 RAM 电路和 CPU 的连接没有逻辑错误。若存在写不进、读不出或读出和写入内容不一致的现象，则有故障存在，故障原因可能是地址、数据线短路，或读写信号没有加到芯片，或 RAM 电路没有加电，或总线信号对 ALE、$\overline{WR}$、$\overline{RD}$ 的干扰等。此时可编一段程序，循环地对某一 RAM 单元进行读和写。例如：

```
STRT：MOV    DPTR，#ADRM    ；ADRM 为 RAM 中一个单元地址
      MOV    A，#OAAH
LOOP：MOVX   @DPTR，A
      MOVX   A，@DPTR
      SJMP   LOOP
```

连续运行这一段程序，用示波器测试 RAM 芯片上的选片信号、读信号和写信号以及地址、数据信号是否正常，以进一步查明故障原因。

5．测试 I/O 口和 I/O 设备

I/O 口有输入和输出口之分，也有可编程和不可编程的 I/O 接口差别，应根据系统对 I/O 口的定义进行操作。对于可编程接口电路，先用读出修改命令把控制字写入命令口，使之具有系统所要求的逻辑结构。然后分别将数据写入输出口测量或观察输出口和设备的状态变化（如显示器是否被点亮，继电器、打印机等是否被驱动等），用读命令读输入口的状态，观察读出内容和输入口所接输入设备（拨盘开关、键盘等）的状态是否一致。如果对 I/O 口的读写操作和 I/O 设备的状态变化一致，则 I/O 接口和所连设备没有故障，如果不一致则根据现象分析故障原因。可能的故障有：I/O 电路和单片机连接存在逻辑错误、写入的命令字不正确、设备没有连好等。

6．测试程序存储器

使样机中的 EPROM 作为目标系统的程序存储器，再用命令读出 EPROM 中内容，若读出内容和仿真开发系统中的一致则无故障，否则有错误。一般在目标系统中只有一片 EPROM，若有故障很容易定位。

7．测试晶振和复位电路

用选择开关，使目标系统中晶振电路作为系统晶振电路，此时系统若正常工作，则晶振电路无故障，否则检查一下晶振电路便可查出故障所在。按下样机复位开关（如果存在）或样机加电应使系统复位，否则复位电路也有错误。

8．检查按键输入及显示电路

某些按键直接读入状态，可按开关量输入进行检查。若是扫描键盘，则要编写相应的键盘扫描程序，并逐一按键，在显示器上显示相应的代码。

显示器检查根据设计的是扫描显示还是静态显示，是硬件七段译码还是软件七段译码来编写相应的检查程序。硬件七段译码将要显示字符的 BCD 代码直接送到七段字形译码驱动器上，软件译码就是根据要显示的字符数字，去查一个字形代码表从中取出字形代码送到该显示器的字形代码锁存器。在检查时，要将七段 LED 显示器从 0～9 逐一检查，对有些特殊字符需要时也要进行检查，以防丢段或连线有错。

9.5.2　软件调试方法

1．常见的软件错误类型

（1）程序失控。这种错误的现象是当以断点或连续方式运行时，目标系统没有按规定的功能进行操作或什么结果也没有，这是由于程序转移到没有预料到的地方或在某处死循环所造成的。这类错误的原因有：程序中转移地址计算错误；堆栈溢出；工作寄存器冲突等。在采用实时多任务操作系统时，错误可能在操作系统中，没有完成正确的任务调度操作，也可能在高优先级任务程序中，该任务不释放处理机，使 CPU 在该任务中死循环。

（2）中断错误。不响应中断：CPU 不响应任何中断或不响应某一个中断。这种错误的现象是连续运行时不执行中断服务程序的规定操作，当断点设在中断入口或中断服务程序中时碰不到断点。错误的原因有：中断控制寄存器（IE、IP）的初值设置不正确，使 CPU 没有开放中断或不允许某个中断源请求；或者对片内的定时器、串行口等特殊功能寄存器和扩展的 I/O 编程有错误，造成中断没有被激活；或者某一中断服务程序不是以 RETI 指令作为返回主程序的指令，CPU 虽已返回到主程序但内部中断状态寄存器没有被清除，从而不响应中断；或由于外部中断源的硬件故障使外部中断请求无效。

循环响应中断：这种错误是 CPU 循环地响应某一个中断，使 CPU 不能正常地执行主程序或其他的中断服务程序。这种错误大多发生在外部中断中。若外部中断（ $\overline{INT0}$ 或 $\overline{INT1}$ ）以电平触发方式请求中断，当中断服务程序没有有效清除外部中断源（例如 8251 的发送中断和接收中断，在 8251 受到干扰时，不能被清除）或由于硬件故障使中断源一直有效使 CPU 连续响应该中断。

（3）输入输出错误。这类错误包括输入输出操作杂乱无章或根本不动作，错误的原因有：输入输出程序没有和 I/O 硬件协调好（如地址错误、写入的控制字和规定的 I/O 操作不一致等）；时间上没有同步；硬件中还存在故障。

（4）结果不正确。目标系统基本上已能正常操作，但控制有误动作或者输出的结果不正确。这类错误大多是由于程序中计算的错误引起的。

2．软件调试方法

软件调试与所选用的软件结构和程序设计技术有关。如果采用实时多任务操作系统，一般是逐个任务进行调试。在调试某一个任务时，同时也调试相关的子程序、中断服务程序和一些操作系统的程序。若采用模块程序设计技术，则逐个模块（子程序、中断程序、I/O 程序等）调好以后，再连成一个大的程序，然后进行系统程序调试。下面举例说明软件的调试方法。

（1）程序跳转错。这种错误的现象是程序运行不到指定的地方，或发生死循环，通常是由于错用了指令或设错了标号，如：

```
        ORG    0000H
STRT:   CLR    C
        MOV    A，#0FOH
LPI:    INC    A
        JNC    LPI
        MOV    DPTR，#7FFFH
```

这段程序的目的是为了延迟一段时间，由于 INC A 指令执行后的结果不影响任何标志，所以 JNC LPI 这条指令执行后总是转跳到 LPI，结果发生了死循环。可将 JNC LPI 改为：CJNE A，#00H，LPI。

（2）程序错误。对于计算程序，经过反复测试后，才能验证它的正确性。例如调试一个双字节十进制加法程序，该子程序的功能是将 31H、30H 和 33H、32H 单元内的 BCD 码相加，结果送 34H、33H、32H 单元。

```
STRT:   MOV    R0，#32H
        MOV    R1，#30H
        MOV    R6，#02H
        CLR    C
LOOP1:  MOV    A，@R0
        ADDC   A，@R1
        DA     A
        MOV    @R0，A
        INC    R0
        INC    R1
        DJNZ   R0，LOOP1
        CLR    A
        MOV    ACC.0，C
        MOV    @R0，A
LOOP2:  RET
```

调试这个程序时，先将加数写入单片机的 30H～33H 单元内，然后设置断点至 LOOP2，以 STRT 开始进行这个程序至断点，观察 34H～32H 的内容是否正确。若存在错误，再用单步方式从 STRT 开始逐条运行指令，并不断观察单片机的状态变化，进一步查出错误原因。

计算程序的修改视错误性质而定。若是算法错误，则是根本性错误，应重新设计该程序；若是局部的指令有错，修改指令就可以了。

如果用于测试的数据没有全部覆盖实际计算的原始数据的类型，调试没有发现的错误可能在系统运行过程中暴露出来。

（3）动态错误。用单步、断点仿真运行命令，一般只能测试目标系统的静态功能。目标系统的动态性能要用全速仿真命令来测试，这时应选中目标机中晶振电路工作。系统的动态性能范围很广，如控制系统的实时响应速度、显示器的亮度、定时器的精度，等等。若动态性能没有达到系统设计的指标，有的原因是由于元器件速度不够造成的；更多的是由于多个任务之间的关系处理不恰当引起的。

（4）加电复位电路的错误。排除硬件和软件故障后，将 EPROM 和 CPU 插上目标系统，若能正常运行，应用系统的开发研制便完成。若目标机工作不正常，主要是加电复位电路出现故障造成的。如 AT89C51 没有被初始复位，则 PC 不是从 0000H 开始运行，故系统不会正常运行，必须及时检查加电复位电路。

9.6 单片机应用系统设计举例

9.6.1 智能温度计设计

采用 DS18B20 和 AT89C51 单片机设计温度测量系统，温度测量范围在 – 55 ~ + 125℃度之间，用数码管进行温度显示。

1．DS18B20 数字式温度传感器

DS18B20 是美国 DALLAS 公司生产的一线式数字温度传感器，具有 3 引脚 TQ-92 小体积封装形式；测温范围为 – 55 ~ + 125 °C，可编程为 9 ~ 12 位 A/D 转换精度，测温分辨率可达 0.062 5 °C，被测温度用符号扩展的 16 位数字量方式串行输出；其工作电源既可在远端引入，也可采用寄生电源方式产生；多个 DS18B20 可以并联到 3 根或 2 根线上，CPU 只需一根端口线就能与诸多 DS18B20 通信，占用微处理器的端口较少，可节省大量的引线和逻辑电路。DS18B20 内部结构如图 9-5 所示。

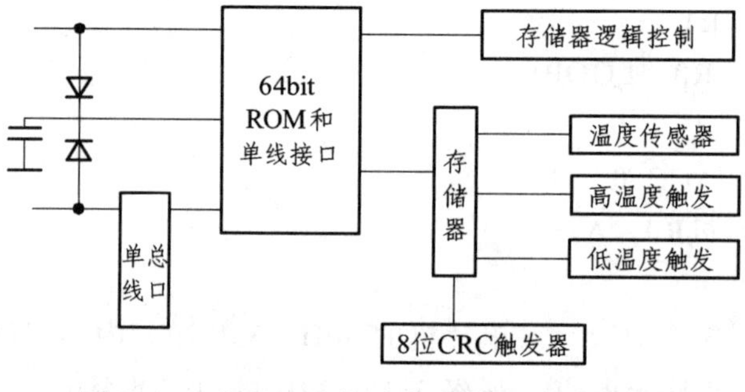

图 9-5　DS18B20 温度传感器组成结构图

DS18B20 的一线工作协议流程是：初始化→ROM 操作指令→存储器操作指令→数据传输。其工作时序包括初始化时序、写时序和读时序。

2．硬件设计

打开 Proteus ISIS，在 Proteus ISIS 编辑窗口中添加元件后按绘图程序绘制的电路图。

3．源程序设计

DS18B20遵循单总线协议，每次测量必须具有4个过程：① 初始化；② 传送ROM指令；③ 传送RAM命令；④ 数据交换。

源程序：

```
#include <reg51.h>
#include <intrins.h>
#define uchar unsigned char
uchar tempint,tempdf;                    //温度整数部分和小数部分
sbit TMDAT  =  P3^7;                     //根据实际情况设定
sbit ld7 = P1^7;                         //初始化成功标志 led
sbit ld6 = P1^6;                         //负温度标志 led
sbit point = P0^7;                       //小数点显示
uchar f;                                 //负温度标志

    code unsigned char ledmap[] = {0xC0, 0xF9, 0xA4, 0xB0, 0x99, 0x92, 0x82, 0xF8, 0x80,
0x90, 0xBF};
                    //7 段数码管 0 ~ 9 数字的共阳显示代码和负号位代码（最后一位）

void set_ds18b20 ( );                    //初始化 DS18B20 子程序
void get_temperature ( );                //获得温度子程序
void read_ds18b20 ( );                   //读 DS18B20 子程序
void write_ds18b20 ( uchar command );    //向 DS18B20 写 1 字节子程序
void delayms ( uchar count );            //延时 count 毫秒子程序
void disp_temp ( );                      //显示温度子程序

void main ( )
{
    SP = 0x60;                           //设置堆栈指针
    while ( 1 )
    {
        get_temperature ( );             //获得温度
        if ( tempdf≥ = 7 )
         {                               //0.5 度精度显示
            tempdf = 5;
         }
```

```
            else
             {
                 tempdf = 0;
             }
            disp_temp ( );                              //显示温度
        }
}

void set_ds18b20 ( )
{
    while ( 1 )
    {
        uchar delay,flag;
        flag = 0;
        TMDAT = 1;
        delay = 1;
        while ( --delay );
        TMDAT = 0;                              //数据线置低电平
        delay = 250;
        while ( --delay );                      //低电平保持 500 μs
        TMDAT = 1;                              //数据线置高电平
        delay = 30;
        while ( --delay );                      //高电平保持 60 μs
        while ( TMDAT = = 0 )                   //判断 DS18B20 是否发出低电平信号
        {
            delay = 210;                        //DS18B20 响应，延时 420 μs
            while ( --delay );
            if ( TMDAT )                        //DS18B20 发出高电平初始化成功，返回
            {
                flag = 1;                       //DS18B20 初始化成功标志
                ld7 = 0;                        //初始化成功 LED 标志
                break;
            }
        }
        if ( flag )                             //初始化成功，再延时 480 μs，时序要求
        {
            delay = 240;
            while ( --delay );
            break;
```

```
}
    }
}
void get_temperature ( )                //温度转换、获得温度子程序
{
    set_ds18b20 ( );                    //初始化 DS18B20
    write_ds18b20 ( 0xcc );             //发跳过 ROM 匹配命令
    write_ds18b20 ( 0x44 );             //发温度转换命令
      disp_temp ( );                    //显示温度，等待 A/D 转换
    set_ds18b20 ( );
    write_ds18b20 ( 0xcc );             //发跳过 ROM 匹配命令
    write_ds18b20 ( 0xbe );             //发出读温度命令
    read_ds18b20 ( )                    //将读出的温度数据保存到 tempint 和 tempdf 处
}

void read_ds18b20 ( )
{
    uchar delay,i,j,k,temp,temph,templ,f;
    j = 2;                              //读 2 位字节数据
    do
    {
    for ( i = 8;i>0;i-- )               //一个字节分 8 位读取
    {
        temp>> = 1;                     //读取 1 位右移 1 位
        TMDAT = 0;                      //数据线置低电平
        delay = 1;
        while ( --delay );
        TMDAT = 1;                      //数据线置高电平
        delay = 4;
        while ( --delay );              //延时 8 μs
        if ( TMDAT )                    //读取 1 位数据
            temp| = 0x80;
        delay = 25;                     //读取 1 位数据后延时 50 μs
        while ( --delay );
    }
    if ( j = = 2 )                      //读取的第一字节存 templ
        templ = temp;
    else
        temph = temp;                   //读取的第二字节存 temph
```

```
    }while（--j）;
    f = 0;
    if ((temph & 0xf8）! = 0x00）        //若温度为负的处理，对二进制补码的处理
    {
        f = 1;                          //为负温度 f 置 1
        ld6 = 0;
        temph = ~temph;
        templ = ~templ;
        k = templ + 1;
        templ = k;
        if（k > 255）
        {
            temph + + ;
        }
    }
  else
  {f = 0; ld6 = 1; }
    tempdf = templ & 0x0f;      //将读取的数据转换成温度值，整数部分存 tempint,
                                  小数部分存 tempdf
    templ》 = 4;
    temph《 = 4;
    tempint = temph|templ;
}

void write_ds18b20（uchar command）
{
    uchar delay,i;
    for（i = 8; i>0; i--）              //将一字节数据一位一位写入
    {
        TMDAT = 0;                      //数据线置低电平
        delay = 6;                      //延时 12 μs
        while（--delay）;
        TMDAT = command&0x01;         //将数据放置在数据线上
        delay = 25;                     //延时 50 μs
        while（--delay）;
        command = command》1            //准备发送下一位数据
        TMDAT = 1;                      //发送完一位数据，数据线置高电平
    }
}
```

```
void disp_temp ( )
{
    uchar tempinth,tempintl,cnt;
    tempinth = tempint/10;                    //整数高半字节
    tempintl = tempint%10;                    //整数低半字节
    cnt = 200;                                //循环显示 200 次
    while ( --cnt )
     {
     if ( f= = 1||d6 = = 0 )
        { P2 = 0x00;
      P0 = ledmap[10];
      P2 = 0x01;
     }
     delayms ( 1 );
     if ( tempinth = = 0 )
        {
         //P2 = 0x00;
         delayms ( 1 );
         goto loop;
        }
   P2 = 0x02;
     P0 = ledmap[tempinth];                    //开十位
     delayms ( 1 );
     loop:P2 = 0x04;
   P0 = ledmap[tempintl];                      //开个位
     delayms ( 1 );
     point = 0;                                //小数点显示
     delayms ( 1 );
     P2 = 0x08;
     P0 = ledmap[tempdf];                      //开十分位
     delayms ( 1 );
  }
}
void delayms ( uchar count )                  //延时count ms子程序
{
    uchar i,j;
    do
    {
```

```
        for ( i = 5; i>0; i-- )
        for ( j = 98; j>0; j-- );
    }while ( --count );
}
```

4. 程序调试与运行结果

（1）生成运行的HEX文件。

按照前面所介绍的Keil C51 μVision3 IDE使用方法对系统建立项目，选定合适的单片机AT89C51，创建一个测温的新文件，并将上述的源程序进行编辑和选项操作进行编译生成测温的HEX文件。

（2）调试与仿真。

在Proteus ISIS编辑窗口中选取AT89C51元件，编辑元件属性，选择在Keil C51下生成的测温HEX文件并生成设计的DSN文件，对程序进行调试和仿真。

9.6.2 铁路机车轴温报警装置设计

1. 系统概述

随着铁路提速范围的不断扩大，对运输安全的技术保障提出了更高的要求。如何充分利用列车轴温监测装置，提高探测预报质量，防止车辆热轴漏报、误报，对保证列车运行安全具有重要意义。

传感器的选择及信号传输方法为了克服传统的模拟型温度传感器精度低、抗干扰能力差、多点测量不便串行通信等弱点，为满足高速列车的需要，采用新型数字式传感器 DS18B20，将其安装于每一个测温点，可一次测出所安装位置的温度值。利用传感器内部全球唯一的地址代码及预先编制好的传感器编码，将每一个测温点的温度值和安装位置传输到单片机，通过单片机集中分析、处理，并将各测温点的温度值按每变化 2 °C 记录一次的方式记录下来，以便对轴承进行故障分析。如上所述 DS18B20 的测温范围为 – 55 ~ 125 °C，并可通过程序设定 9 ~ 12 位的分辨率，精度为 ± 0.5 °C。它的输出为数字信号，并以串行单总线方式通讯，易于实现多点测量，并使系统简化。

系统可对高速铁道列车机车的轴箱轴承、牵引电机轴承、抱轴轴承以及车辆的轴箱轴承的温度进行在线监测，能实时显示温度及轴位，并当温度超标时报警，还能存储各测点的最大升温率和对应时间，所有的存储信息都可随时查询,还可转存于 IC 卡，用于管理和分析。

2. 系统的特点

（1）采用高精度数字化温度传感器，新的温度标定及数据处理方法，选用高精度数字化温度，传感器直接输出二进制数，系统为全数字化电路，抗干扰能力强。

（2）系统采用模块化设计，可扩展性强。能用于机车的 38 路轴温监测，也可用于车辆的 10 路轴温监测。装置具有自检功能，无论在初始化或正常工作中，当某传感器开路或短路时，都可显示或报警提示；以定点、循检两种方式显示；具有IC卡接口，能把数据转存于IC卡上。

（3）主机与接线盒之间采用双根单总线串行方式传输数据，车下各个接线盒之间采用环行接线，不会因某一处中断而影响正常工作，因此系统工作可靠。

3．系统的硬件构成

轴温报警系统的硬件构成如图9-6所示，传感器布置图如图9-7所示。EEPROM用于存储各个传感器的编号，可以改写和读取，掉电后编号不消失；IC卡用于读出存储的报警和温变率数据。

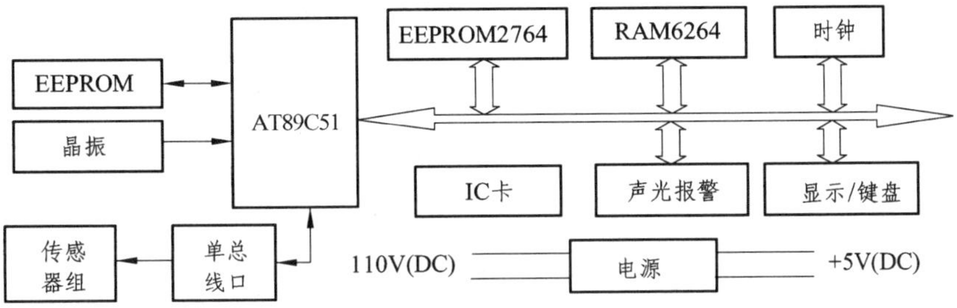

图9-6 机车轴温报警硬件结构图

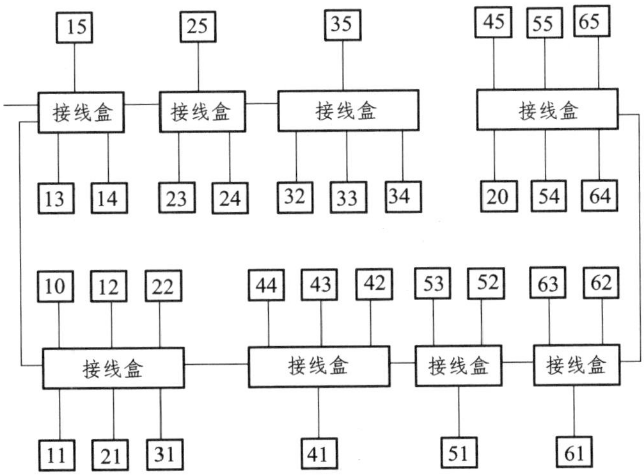

图9-7 轴温监测装置传感器布置图

注：图中两位数字表示温度传感器的编号，其中10、20是环境温度传感器，其他温度传感器的编号中，十位数字代表轴位号，个位数字代表位置号。个位数字编号中，1、5是轴箱轴承温度传感器，2、4是电机轴承温度传感器，3位是空心轴套温度传感器。

传感器与主机数据传输温度测点达38个，为了提高数据传输的可靠性和节省连线，传感器和主机之间采用双根单总线串行数据传输。必须保证这种总线上同时只能接收或发送一个传感器的数据，而其他传感器必须处于禁止状态，否则总线无法正常工作。在传感器安装之前，将每一个传感器分别唯一地连接在总线上，分别读出每个传感器ROM中的唯一编号，存入主机的EEPROM中，存储对应的轴位号。监测时，主机利用传感器ROM中的唯一编号，采用依次叫号的方式，呼叫哪个传感器，哪个就完成温度转换和数据传输，而其他传感器则处于禁止状态，这样保证了每个测点的温度都能唯一准确地传送给主机。

4. 系统软件

主程序的简化流程如图 9-8 所示。自检程序判断传感器等硬件是否完好。设置程序的核心是传感器编号设置，需发送指令码，分别读出传感器的内部编号，并从键盘上输入它的轴位号，均存入主机的 EEPROM 中。监测程序的核心是主机与传感器的单总线串行通讯，主机发送某个测点的传感器编号，只有它响应进行温度转换，然后主机接收其温度数据并进行判断处理，而其余传感器则处于禁止状态。查询程序可将存储的温变率和报警事件数据依次显示出来，并可转存于 IC 卡，供观察和分析。

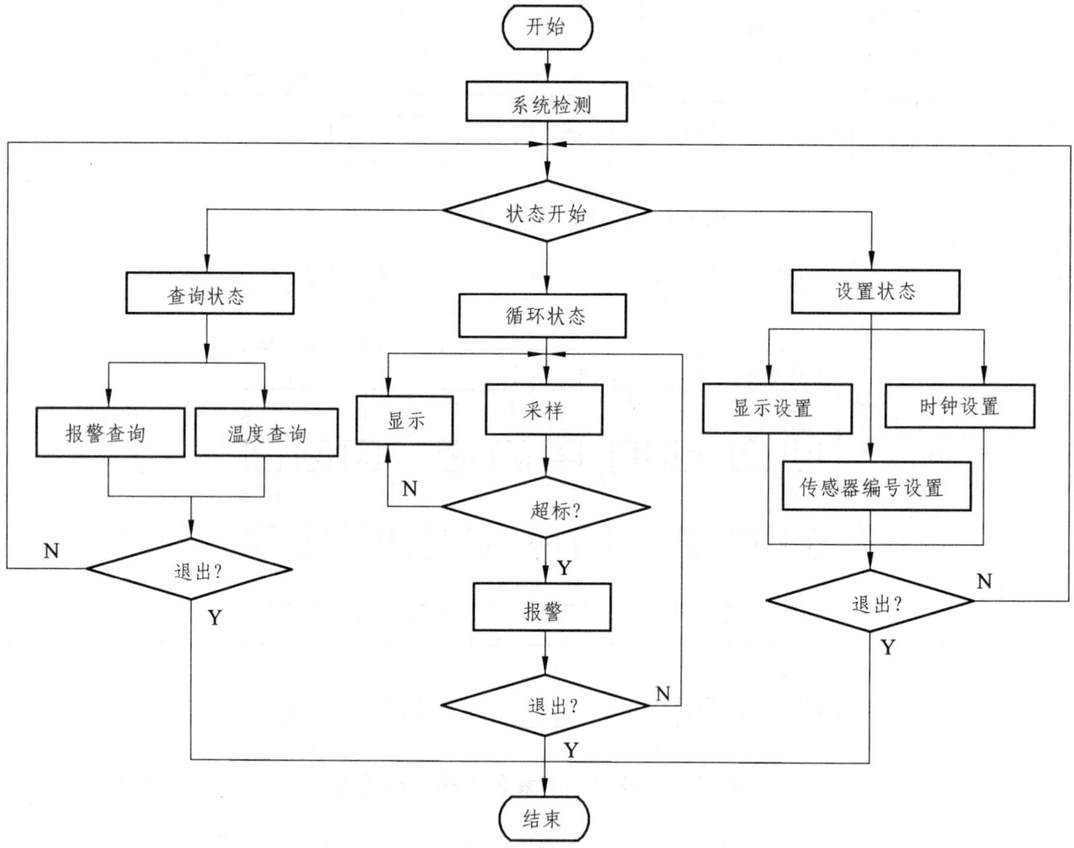

图 9-8　系统主程序简化流程

5. 可靠性和抗干扰设计

铁路高速机车的牵引额定功率为 9 600 kW，其上存在多种大功率电气设备，如驱动电机（6 × 1600 kW）、变压器、制动器、主断路器、整流机组、空压机组和空调等。机车上存在多种电压：网电压为 27.5 kV（AC），主要做功设备使用电压为 380 V（AC）控制，监测电路使用电压为 110 V（DC）。机车受电弓的起落、前大灯的开关和其他大功率设备的起停等影响会产生很大的电源干扰和磁辐射干扰，因此对监测系统的抗干扰能力和可靠性提出了很高的要求，否则系统便不能正常工作。本系统作为应用于高速机车上的单片机系统，抗干扰能力是其能否在实际应用中正常工作的关键。系统采用了以下抗干扰措施：

（1）提高系统电源的抗干扰能力。

机车上大功率设备的动作对 110 V（DC）供电电源产生的瞬时干扰会进入监测系统，影响系统正常工作，例如前大灯打开时，干扰有时可以使小继电器自动吸合。系统电源将 110 V（DC）转换为 5 V（DC），并根据抗干扰的要求对其进行专门设计。电源的输入和输出端加有参数适当的磁环来吸收、抑制干扰，并在输入端加装参数适当的滤波器来减弱干扰。

（2）系统主板的抗干扰设计。

将主电路板上的电源线和地线加粗，并使地线有效接地，可以使瞬态干扰的能量很快释放。除机壳屏蔽外，在主电路板和电源板之间加有屏蔽钢板，并将主板上驱动蜂鸣器等部件的三极管改为小继电器。运行试验表明，三极管的基极受干扰后容易导通，使蜂鸣器误报警。改进后，蜂鸣器的误报警和主机的乱码显示现象彻底被消除。

（3）系统软件的抗干扰设计。

系统软件具有自复位能力，当受强干扰导致程序混乱时，系统能自动复位，初始化后继续正常工作。传感器为低功耗（5 μA），当主机与测点较远时，瞬态干扰偶尔会使传输的数据畸变，测不出温度数据。系统软件对没有测到数据的测点采用多次测量，由于测温仅需 200 ms，所以偶尔的多次测量对系统的监测周期影响不大。

6．总　结

采用新型数字式温度传感器，利用单根串行总线传输数字信号等新技术，设计的新型高速机车轴温监测系统具有测温精度高、抗干扰能力强、工作稳定可靠的特点，满足了高速机车的需要。运行结果证明了其可行性和实用性，也可应用于其他类型的高速机车和车辆。这套系统对高速机车的安全运行具有重要作用。

9.6.3　基于 TAX2 的列车轮轨润滑系统设计

1．概　述

铁路列车轮轨润滑可以明显减少轮轨的磨损，大大延长车轮和钢轨的使用寿命，减少能源的不必要损耗，减少机车车辆和线路维修工作，减少脱轨倾向，提高铁路运行的安全性，降低轮对的扭振，提高机车车辆运行的平稳性。为了充分利用资源，提高信息化和控制的自动化水平，利用机车既有的机车安全信息综合监测装置 TAX 箱（以下简称 TAX）获取机车当前的速度和位置等信息，通过计算机控制算法计算自动控制喷脂的过程。为此，设计一种基于 TAX2 轮轨润滑的嵌入式控制方案，用该方案实现的系统既节省附加设备和费用，又提高了喷脂的可靠性和精度，同时也提高了信息的综合利用率。

2．轮轨润滑系统的组成及功能

轮轨润滑控制装置由轮轨控制器、电控阀、喷头、油脂罐和风路系统等组成，其组成原理如图 9-9 所示。

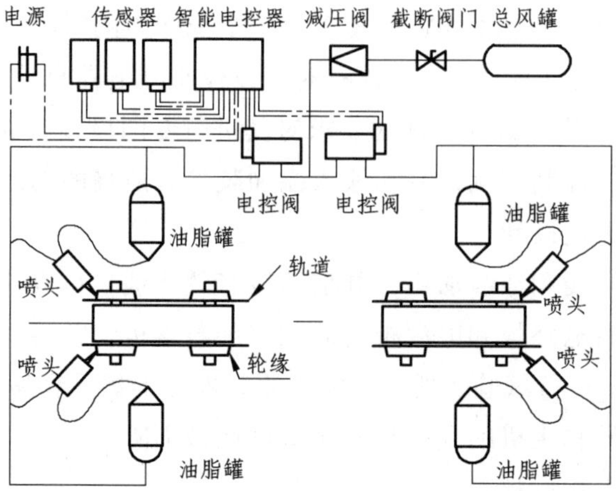

图 9-9　轮轨润滑控制装置系统图

列车走行、弯道信号等信息，由电控器的 CPU 进行运算判断，若达到喷脂条件，则控制器接通电控阀电源，电控阀接通机车风路。一路风将油脂罐里的油脂压入喷头内的储脂槽，另一路风推动喷头柱塞运动并将储脂槽里的定量油脂呈雾化状由喷嘴喷射到轮缘根部，并随机车动轮的转动将油脂传到钢轨内侧，从而达到轮轨减磨的目的。电控阀得电工作约 2 s 后由电控器关闭电控阀电源，电控阀切断风路，喷头停止喷脂,此时电控阀至喷头之间、电控阀至油脂罐之间管路内的压缩空气经电控阀排气口排出。喷头柱塞在复位弹簧作用下复位。由于油脂罐进气口安装有单向阀，油脂罐内部始终为正压，可为复位后的喷头柱塞储脂槽补充油脂，并为下一个周期做好准备。

TAX2 型机车安全信息综合平台是将一些与机车运行有关的辅助安全信息及数据传输设备，以标准插接模块单元的结构置于工作平台中，一方面该工作平台中的通信记录单元获取监控装置的时间、公里标、速度和车次及列车运行实时信息，另一方面通过装置中的信息传输单元，可以将列车运行的信息实时的传送给各个模块单元。

利用机车已有的 TAX 型开放式信息平台上留有的备用单元模块,采用统一的硬件规范和软件通信协议，设计基于 51 单片机 AT89C51 的功能模块，该模块通过信息平台传送的列车实时信息来判断并控制喷脂。本方案的信息来源可靠性高，并且模块集中化、系统化，便于分析和统一管理。根据要求，系统组成功能框图如图 9-10 所示。

3．系统硬件设计

为完成系统功能，整个系统主要硬件模块包括：CPU（ATEMEL AT89C51）；TAX 信息平台（通过 RS-485 通信提供机车实时运行信息）；压力检测模块（线性光隔离放大电路）；A/D 转换模块；电空阀控制模块（控制电空阀输出，防误动及前向和后向电空阀动作）；状态显示模块；IC 卡转储及地面数据处理模块；机车换向和选向模块及手动实验模块等组成。系统以嵌入式单片机 AT89C51 为核心，辅以外围功能电路，组成在列车安全信息平台下的控制功能模块。

（1）隔离的 RS-485 接口电路。

TAX 通信接口要求各检测单元都应采用带有电位隔离的 RS-485 通讯接口芯片，且须保证当自身工作状态不正常时，不会影响系统其他部分的正常通讯。

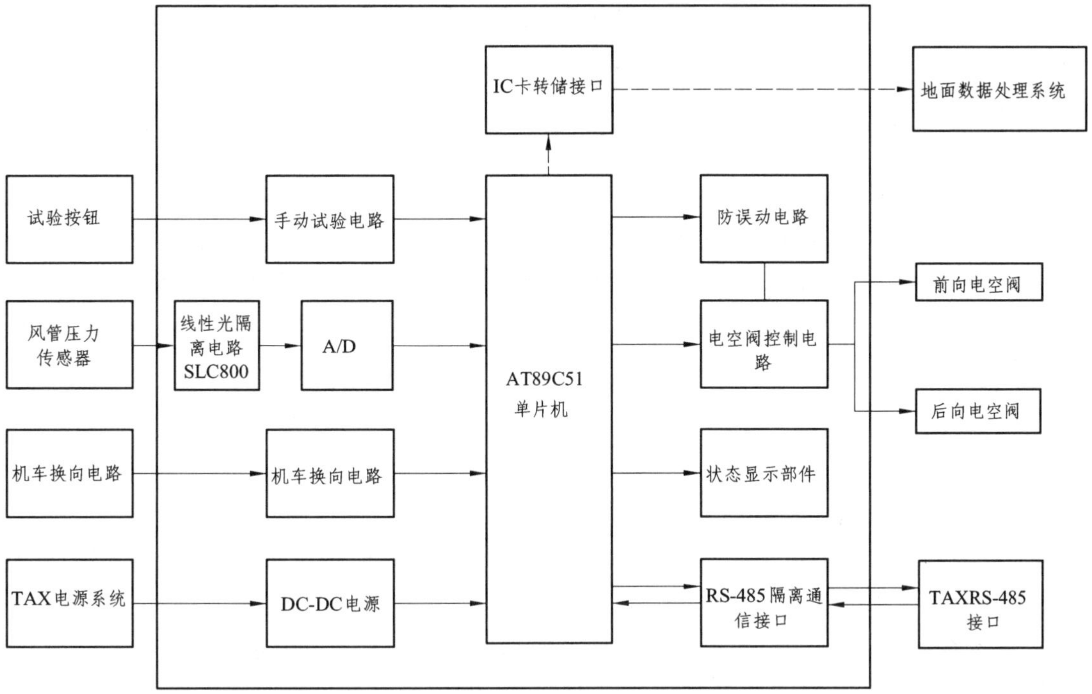

图 9-10　系统功能框图

MAX1480B 是完全电隔离的 RS-485 通信数据接口。信号和电源通过隔离阻挡层传递。电源由逻辑侧（非隔离侧）通过中心抽头变压器传递到阻挡层的隔离侧，通过阻挡层的信号经由光耦合器传到逻辑侧。它一般具有隔离几千伏峰值的能力，能使检测单元的数据不受干扰，也使本系统出现故障而不影响其他单元。

轮轨润滑系统模块的列车运行实时信息是从 TAX 型信息平台的信息数据总线上获取的。TAX 型信息平台的通信记录单元能通过 RS-485 串行通信方式从监控装置获取年月日、时分秒、公里标、运行速度、机车号、车次、区段号、车站号、列车员编组等信息，并将这些信息通过另一个 RS-485 接口每隔 50 ms 周期的传送到装置内数据总线上，数据波特率为 28.8 Kbps。

（2）风管压力检测电路设计。

TAX 要求各检测单元的对外输入/输出信号在电气上需保证与检测单元本身电源及系统电源隔离。而且压力传感器的输出为变化的模拟量，所以必须将此信号进行线性隔离，SLC800 型精密线性光耦合器具有高传输增益稳定性，带宽高（＞200 kHz），隔离电压峰值高等特点，因此采用精密线性光耦隔离器 SlC800。

为了判断机车喷脂是否成功，及时对故障作出判断，在喷脂电磁阀的气流管处加一压力传感器，当喷脂时电磁阀开启，压力传感器检测到电磁阀的气压值的变化，并且随着压力的变化传感器输出的电流量值也随之变化，通过对这一值的变化来判断喷脂是否成功。这一参数的引入有效地提高了电磁阀故障判断的准确性，而且在现场安装时方便检测。因为 TAX 对各个单元插件的安全要求完全电气隔离，即电源隔离、通信接口隔离、对外输入/输出信号隔离。因此传感器电流量在引入到模块内必须做信号隔离处理，而且因为这是一个不断变化的模拟量，所以需要线性隔离，且隔离芯片需采用两套不同的供电系统保证电源隔离，以实现完全电气隔离。将隔离后的模拟信号直接引入到处理器 AT89C51 的 A/D 接口，进行 A/D 处理并通过软件比较，判断是否喷脂成功。

（3）喷脂控制电路。

机车在不同方向上运行时，分别由不同方向的供气电空阀控制不同方向的喷脂。方向选择电路的设计就是以判断和控制使电控器实现与机车运行方向一致。机车喷脂时，电空阀开启电压是 110 V，模块完全采用 CPU 来进行判断、控制，实现系统喷脂的集成化、智能化。系统设计了喷脂控制电路来实现弱电控制强电，同时本电路也有效地防止了电空阀在系统上电或复位时的乱喷现象，增强了系统的可靠性。

4. 系统软件设计

（1）软件设计原则。

由于系统的运行环境较恶劣，所以对它的稳定性，抗干扰性要求非常高。软件系统严格按照软件开发规范来编制。

① 软件编制应符合[GB 8566—88]《计算机软件开发规范》的要求。

② 装置上电后，各计算机部件应能对硬件进行自检，并应能对程序代码进行检查。

③ 软件应有较强的抗干扰能力，对程序运行异常后应有自恢复措施。

针对这样的要求，为了防止列车震动或者由车载电源波动引起的扰动，在软件编制中，做出了以下防范措施：

① 对不使用的中断，在跳转区直接 RET，这样可以避免电压波动时，发生误中断并将程序跑飞；

② 程序存储器不使用的地方写入无条件跳转 JMP 0000H，也就是软复位，使程序跑飞时，可以自动复位，重新开始正常工作。当然程序中还使用了许多避免其他故障的方法。

（2）通信数据处理。

软件的输入数据是从车载监测装置 TAX 设备通过 RS-485 隔离通信串口协议传送来的。对于软件协议，我们参考株洲所设计文件中关于 TAX 技术条件文档中有关部分。

正常情况下，通讯记录单元（主机）每隔 50 ms 周期地向各检测单元（从机）发送统一内容的列车运行情况信息，每组 40 个字节，内含月日、时分秒、公里标、实速、车次、机车号、车站号、区段号、司机（副司机）号、总重、计长、辆数等信息，各检测单元（从机）都应同时接受此组信息，并不断刷新自己的坐标系统。在发送上述信息的同时，通讯记录单元还应发送需与其通讯的检测单元的代号（从机地址）。与该代号相同的检测单元在接收成功后应在 5 ms 内转为发送态，并开始反馈其要求通讯记录单元（主机）进行记录的信息，所有反馈的信息应在 15 ms 内发送完毕。从机从接收到第一个字节开始，若在 30 ms 内未接收完主机发送的 40 个字节，应强制转换到重新接收地址的状态。

（3）喷脂控制处理。

TAX 发送数据对定时有以下若干限定：① 装置每隔 50 ms 发送一次数据，每组 40 个字节；② 从机接收第一个字节后 30 ms 内未接收完 40 个字节，应强制重新接收；③ 从机发送第一个字节后，15 ms 内未发送完所有反馈字节，应强制重新接收；④ 从机在接收成功后，5 ms 内应转换到发送反馈信息状态；⑤ 控制电磁阀喷油延迟 2 s。

本系统设计的改进之处就在于它与以往的自动润滑喷脂系统不同，采用定距离喷脂的方法，因此，在接收到的 40 个字节中公里标最为重要。主要就公里标的分离进行讨论。当然，信息中第一个字节为本板地址，车次字节，列车的上下行字节以及最后一个字节的检查都是十分重要的。程序的主体流程如图 9-11 所示。

从规范给出的40个字节的信息表来看，公里标位于发送数据的第16 ~ 18字节，低位在前，高位在后。程序的处理过程是：先依次接收以39H（本机地址码）开头的40个字节，然后根据最后一个字节做检查和，如果检查和出现问题，那么放弃这组数据重新等待下一组的开始；如果检查正确无误，那么这组数据就被保存在RAM区中从0060H开始的一段空间内，直接按照查表的方式，将有用的数据直接保存到另外空间就可以继续接收了。每接收成功一次数据，就将新获得的公里标与上次获得的公里标做差，然后再用设定好的距离去减这个差值，得到的一个值，可以知道这个值表示的是离预定距离还有多远就要再次喷油。每次做完这些操作，然后就要对这个结果进行判断，如果小于等于零，表示已经到达了预定位置，开始喷脂，并将预定距离值再复原，这里预定值设定为400 m；如果结果大于零，那么表示还未到预定位置，程序直接转入下一次接收过程。

5. 系统的抗干扰设计

机车的干扰源较多，运行环境恶劣，为提高系统抗干扰能力，我们在软硬件方面做了大量的工作，所有的芯片均采用工业级芯片，增加了防 EMI 滤波模块，它既能有效地抑制电源系统内的骚扰信号传入装置，又能大大衰减装置工作时本身的骚扰信号传向电源或通过电源线向空间辐射。采用 DC/DC 变换电路将机车 110 V 的直流电压变为控制系统所需要 5 V 电压,DC/DC 变换电路可实现机车电源电压在 65 ~ 180 V 波动时其输出电路的电压依然为 5 V。EMI 和 DC/DC 变换电路可有效防止系统因电源扰动带来的干扰和控制系统电压的波动。同时增加了电源电压监控电路，当电源电压低时，电源监控电路自动复位单片机，可有效地防止系统因为电压低而死机或程序跑飞的情况发生。控制器的输出接口电路采用光电耦合器件，将控制电路和输出电路隔离开，避免外界电源干扰；输出控制管采用高性能的场效应管并附加有抗干扰电路，使装置能够可靠工作。

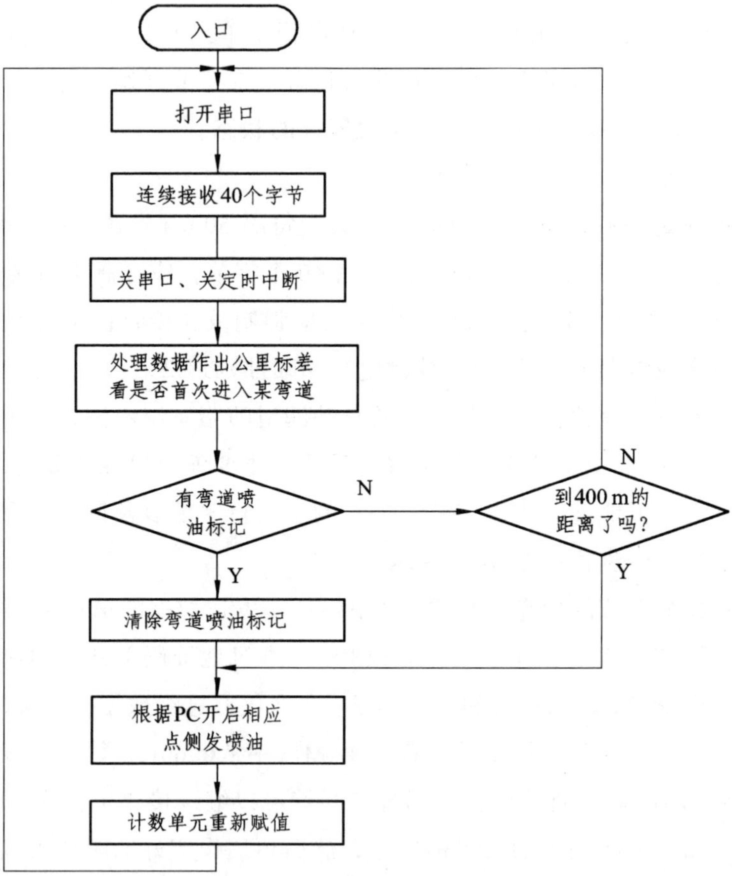

图 9-11　主体程序流程图

6．总　结

该装置综合应用了计算机软硬件技术，实现了机车轮轨润滑的科学自动控制，提高了装置的可靠性，同时提高了机车运行的安全系数。在应用过程中，取得了良好的效果，可以满足机车在不同的运行区间和环境下可靠运行。实践证明，该装置具有很好的控制精度，完全能够满足机车轮轨润滑的要求。

9.7　单片机应用系统设计总结

单片机应用系统的研制步骤和方法不同于通用微机系统（如 PC），大体可分为总体设计、硬件电路的构思设计、软件设计调试几个阶段。

总体设计包括确立应用系统的功能特性指标、单片机的选型（硬件平台）、软件的编写和支持工具（软件平台）。

Keil C51 软件是目前最流行的开发 51 系列单片机的软件工具。Keil C51 提供了包括 C 语言编译器、宏汇编、连接器、库管理和一个功能强大的仿真调试器等在内的完整开发方案，通过一个集成开发环境（μVision3 IDE）将这些部分组合在一起。

Proteus 软件可以对基于微控制器的设计连同所有的周围电子器件一起仿真。用户甚至可以实时采用诸如 LED/LCD、键盘、RS-232 终端等动态外设模型来对设计进行交互仿真。Proteus 支持的微处理芯片（Microprocessors Ics）包括 51 系列、AVR 系列、PIC 系列、HC11 系列、ARM7/LPC2000 系列以及 Z80 等。

Proteus VSM 支持第三方集成开发环境 Keil C5 1IDE，两者联调可以提高开发效率，降低开发成本。

使用开发系统可以实时进行仿真、调试和固化程序，尤其对单片机应用系统的调试更加需要开发系统的协助。

习　题

1. 单片机仿真器的作用是什么？选择一个好的仿真器有哪些要求？
2. 请解释 ISP 和 IAP？具有 ISP 和 IAP 功能的单片机有什么好处？
3. 单片机系统的编程语言有哪几种？单片机的 C 语言有哪些优越性？
4. 在 Proteus ISIS 环境中使用 AT89C51 设计一个“走马灯”电路，并编写 C51 程序，然后在 μVision3 环境下编译调试。要求实现 Proteus VSM 与 μVision3 的联调。

附录　51 单片机指令表

附表 1　数据传送指令

十六进制代码	助记符	功能	对标志位影响				字节数	周期数
			P	OV	AC	CY		
E8～EF	MOV A，Rn	Rn→A	√	×	×	×	1	1
E5	MOV A，direct	（direct）→A	√	×	×	×	2	1
E6，E7	MOV A，@Ri	（Ri）→A	√	×	×	×	1	1
74	MOV A，#data	Data→A	√	×	×	×	2	1
F8～FF	MOV Rn，A	A→Rn	×	×	×	×	1	1
A8～AF	MOV Rn，direct	（direct）→Rn	×	×	×	×	2	2
78～7F	MOV Rn，#data	Dat→Rn	×	×	×	×	2	1
F5	MOV direct，A	A→（direct）	×	×	×	×	2	1
88～8F	MOV direct，Rn	Rn→（direct）	×	×	×	×	2	1
85	MOV directl，direct2	（direct2→（directl）	×	×	×	×	3	2
86，87	MOV direct，@Ri	（Ri）→（direct）	×	×	×	×	2	2
75	MOV direct，#data	Data→（direct）	×	×	×	×	3	2
F6，F7	MOV @Ri，A	A→（Ri）	×	×	×	×	1	1
A6，A7	MOV @Ri，direct	（direct）→（Ri）	×	×	×	×	2	2
76，77	MOV @Ri，#data	data→（Ri）	×	×	×	×	2	1
90	MOV DPTR，#datal6	datal6→DPTR	×	×	×	×	3	2
93	MOVC A，@A＋DPTR	（A＋DPTR）→A	√	×	×	×	1	2
83	MOVC A，@A＋PC	PC＋1→PC，（A＋PC）→A	√	×	×	×	1	2
E2，K3	MOVX A，@Ri	（Ri）→A	√	×	×	×	1	2
E0	MOVX A，@DPTR	（DPTR）→A	√	×	×	×	1	2
F2，F3	MOVX @Ri，A	A→（Ri）	×	×	×	×	1	2
F0	MOVX @DPTR，A	A→（DPTR）	×	×	×	×	1	2
C0	PUSH direct	SP＋1→SP，（direct）→（SP）	×	×	×	×	2	2
D0	POP direct	（SP）→（direct），SP-1→SP	×	×	×	×	2	2
C8～CF	XCH A，Rn	A←→Rn	√	×	×	×	1	1
C5	XCH A，direct	A←→（direct）	√	×	×	×	2	1
C6，C7	XCH A，@Ri	A←→（Ri）	√	×	×	×	1	1
D6，D7	XCHD A，@Ri	A0～A3←→（Ri）0～3	√	×	×	×	1	1

附表 2 算术运算指令

十六进制代码	助记符	功 能	对标志位影响				字节数	周期数
			P	0V	AC	Cy		
28～2F	ADD A， Rn	A + Rn→A	√	√	√	√	1	1
25	ADD A， direct	A + （direct）→A	√	√	√	√	2	1
26，27	ADD A， @Ri	A + （Ri）→A	√	√	√	√	1	1
24	ADD A， #data	A + （data）→A	√	√	√	√	2	1
38～3F	ADDC A， Rn	A + Rn + CY→A	√	√	√	√	1	1
35	ADDC A， direct	A + （direct） + CY→A	√	√	√	√	2	1
36，37	ADDC A， @Ri	A + （Ri） + CY→A	√	√	√	√	1	1
34	ADDC A， #data	A + （data） + CY→A	√	√	√	√	2	1
98～9F	SUBB A， Rn	A-Rn-CY→A	√	√	√	√	1	1
95	SUBB A， direct	A-（direct）-CY→A	√	√	√	√	2	1
96，97	SUBB A， @Ri	A-（Ri）-CY→A	√	√	√	√	1	1
94	SUBB A， #data	A-data-CY→A	√	√	√	√	2	1
04	INC	A + 1→A	√	×	×	×	1	1
08～0F	INC Rn	Rn + 1→Rn	×	×	×	×	1	1
05	INC direct	（direct） + →（direct）	×	×	×	×	2	1
06，07	INC @Ri	（Ri） + 1→（Ri）	×	×	×	×	1	1
A3	INC DPTR	DPTR + 1→DPTR					1	2
14	DEC A	A-1→A	√	×	×	×	1	1
18～lF	DEC Rn	Rn-1→Rn	×	×	×	×	1	1
15	DEC direct	（direct）→（direct）	×	×	×	×	2	1
16，17	DEC @Ri	（Ri）-1→（Ri）	×	×	×	×	1	1
A4	MuL AB	A·B→AB	√	√	×	0	1	4
84	DIV AB	A/B→AB	√	√	×	0	1	4
D4	DA A	对A进行十进制调整	√	×	√	√	1	1

附表 3　逻辑运算指令

十六进制代码	助记符	功　　能	对标志位影响				字节数	周期数
			P	OV	AC	CY		
58 ~ 5F	ANL A， Rn	A∧Rn→A	√	×	×	×	1	1
55	ANL A， direct	A∧（direct）→A	√	×	×	×	2	1
56，57	ANL A， @Ri	A∧Ri→A	√	×	×	×	1	1
54	ANL A， #data	A∧data→A	√	×	×	×	2	1
52	ANL direct， A	（direct）∧A→（direct）	×	×	×	×	2	1
53	ANL direct， #data	（direct）∧data→（direct）	×	×	×	×	3	2
48 ~ 4F	ORL A， Rn	A∨Rn→A	√	×	×	×	1	1
45	ORL A， direct	A∨（direct）→A	√	×	×	×	2	1
46，47	ORL A， @Ri	A∨（Ri）→A	√	×	×	×	1	1
44	ORL A， #data	A∨data→A	0	×	×	×	2	1
42	ORL direct， A	（direct）∨A→（direct）	×	×	×	×	2	1
43	ORL direct， #data	（direct）Vdata→（direct）	×	×	×	×	3	2
68 ~ 6F	XRL A， Rn	A⊕Rn→A	√	×	×	×	1	1
65	XRL A， direct	A⊕（direct）→A	√	×	×	×	2	1
66，67	XRL A， @Ri	A⊕（Ri）→A	√	×	×	×	1	1
64	XRL A， #data	A⊕data→A	√	×	×	×	2	1
62	XRL direct， A	（direct）⊕A→（direct）	×	×	×	×	2	1
63	XRL direct， #data	（direct）⊕data→（direct）	×	×	×	×	3	2
E4	CLR A	0→A	√	×	×	×	1	1
F4	CPL A	$\overline{A}$→A	×	×	×	×	1	1
23	RL A	A循环左移一位	×	×	×	×	1	1
33	RLC A	A带进位循环左移一位	√	×	×	√	1	1
03	RR A	A循环右移一位	×	×	×	×	1	1
13	RRC A	A带进位循环右移一位	√	×	×	√	1	1
C4	SWAP A	A半字节交换	×	×	×	×	1	1

附表 4　位操作命令

十六进制代码	助记符	功　能	对标志位影响				字节数	周期数
			P	OV	AC	CY		
C3	CLR C	0→CY	×	×	×	√	1	1
C2	CLR bit	0→bit	×	×	×		2	1
D3	SETB C	1→CY	×	×	×	√	1	1
D2	SETB bit	1→bit	×	×	×		2	1
B3	CPL C	$\overline{CY}$→CY	×	×	×	√	1	1
B2	CPL bit	bit→bit	×	×	×		2	1
82	ANL C， bit	CY∧bit→CY	×	×	×	√	2	2
B0	ANL C， /bit	$\overline{CY}$∧bit→CY	×	×	×	√	2	2
72	ORL C， bit	CY∨bit→CY	×	×	×	√	2	2
A0	ORL， C， /bit	$\overline{CY}$∨bit →CY	×	×	×	√	2	2
A2	MOV， C， bit	bit→CY	×	×	×	√	2	1
92	MOV， bit， C	CY→bit	×	×	×	×	2	2

附表 5　控制转移指令

十六进制代码	助记符	功　能	对标志位影响				字节数	周期数
			P	OV	AC	CY		
&1 addr 7~0（注）	ACALL addr11	PC+2→PC， SP+1→SP， PCL→（SP）， SP+1→SP， PCH→（SP）， addr11→PC10~0	×	×	×	×	2	2
12	LCALL addrl6	PC+3→PC，SP+1→SP，PCL→（SP），SP+1→SP，PCH→（SP），addrl6→PC	×	×	×	×	3	2
22	RET	（SP）→PCH，SP-1→sP，（SP）→PCL，SP-1→SP	×	×	×	×	1	2
32	RETI	（SP）→PCH，SP-1→SP，（SP）→PCL，SP-1→SP，从中断返回	×	×	×	×	1	2
Δ1	AJMP addr11	PC+2→PC，addrll→PC10~0	×	×	×	×	2	2
02	LJMP addrl6	addrl6→PC	×	×	×	×	3	2
80	SJMP rel	PC+2→PC， PC+rel→PC	×	×	×	×	2	2
73	JMP @A+DPTR	（A十DPTR）→PC	×	×	×	×	1	2
60	JZ rel	PC+2→PC，若A=0，PC+rel→PC	×	×	×	×	2	2

续附表 5

十六进制代码	助记符	功　能	对标志位影响 P	OV	AC	CY	字节数	周期数
70	JNZ rel	PC + 2→PC，若A不等于0，则PC + rel→PC	×	×	×	×	2	2
40	JC rel	PC + 2→PC，若CY = 1，则PC + rel→PC	×	×	×	×	2	2
50	JNC rel	PC + 2→PC，若CY = 0，则PC + rel→PC	×	×	×	×	2	2
20	JB bit，rel	PC + 3→PC，若bit = 1，则PC + rel→PC	×	×	×	×	3	2
30	JNB bit，rel	PC + 3→PC，若bit = 1，则PC + rel→PC	×	×	×	×	3	2
10	JBC bit，rel	PC + 3→PC，若bit = 1，则0→bit，PC + rel→PC					3	2
B5	CJNE A，direct，rel	PC + 3→PC，若A不等于（direct），则PC + rel→PC；若A<（direct），则1→CY	×	×	×	×	3	2
B4	CJNE A，#data，rel	PC + 3→PC，若A不等data，则PC + rel→PC；若A小于data，则1→CY	×	×	×	√	3	2
B8 ~ BF	CJNE R，#data，rel	PC + 3→PC，若Rn不等于data，则PC + rel→PC；若Rn小于data，则1→CY	×	×	×	√	3	2
B6 ~ B7	CJNE @Ri，#data，rel	PC + 3→PC，若Ri不等于data，则PC + rel→PC；若Ri小于data，则1→CY	×	×	×	√	√	2
B8 ~ DF	DJNZ Rn，rel	Rn-1→Rn，PC + 2→PC，若Rn不等于0，则PC + rel→PC	×	×	×	√	2	2
D5	DJNZ direct，rel	PC + 2→PC，(direct)-1→(direct)，若(direct)不等于0，则PC + rel→PC	×	×	×	√	3	2
00	NOP	空操作	×	×	×	×	1	1

注：$* = a_{10}a_9a_8l$；$\Delta = a_{10}a_9a_0l$。

参 考 文 献

[1] 李朝青. 单片机原理及接口技术. 北京：北京航空航天大学出版社，1999.
[2] 李广弟. 单片机基础. 北京：北京航空航天大学出版社，1994.
[3] 陈光东. 单片微型计算机原理与接口技术. 武汉：华中理工大学出版社，1999.
[4] 余永权. Flash单片机原理及应用. 北京：电子工业出版社，1997.
[5] 刘笃仁. 在系统可编程技术及其器件原理与应用. 西安：西安电子科技大学出版社，2000.
[6] 顾滨. 单片微计算机原理、开发及应用. 北京：高等教育出版社，2000.
[7] 王幸之. 单片机应用系统抗干扰技术. 北京：北京航空航天大学出版社，2000.
[8] 蒋兆远等. 新型高速单片机原理及其应用系统设计. 北京：铁道出版社，2004.
[9] 房小翠. 单片机实用系统设计技术. 北京：国防工业出版社，1999.
[10] 谢筑森. 单片机开发与典型应用设计. 合肥：中国科学技术大学出版社，1997.
[11] 宋建国. AVR单片机原理及应用. 北京：北京航空航天大学出版社，1993.
[12] 薛均义. 单片机微型计算机及其应用. 西安：西安交通大学出版社，1997.
[13] 黄遵熹. 单片机原理接口与应用. 西安：西北工业大学出版社，1997.
[14] 周佩玲，吴耿峰，万炳奎编. 十六位微型计算机原理·接口及其应用. 合肥：中国科学技术大学出版社，1995.
[15] Barry B.BREY. 80x86、奔腾机汇编语言程序设计. 金惠华，曹庆华，李雅倩，译.北京：电子工业出版社，1998.
[16] 汤竞南，沈国琴. 51单片机C语言开发与实例. 北京：人民邮电出版社，2008.
[17] 李华，王思明，张金敏. 单片机原理及应用. 兰州：兰州大学出版社，2001.
[18] 王迎旭. 单片机原理与应用. 北京：机械工业出版社，2004.
[19] 李建忠. 单片机原理与应用. 西安：西安电子科技大学出版社，2008.
[20] 万福君，潘松峰. 单片微机原理系统设计与应用. 合肥：中国科学技术大学出版社，2001.
[21] 王思明，张金敏，王睿明. 基于嵌入式单片机AVR8535的列车轮轨润滑系统. 自动化与仪器仪表，2006（2）：25-27.
[22] 张周锁，胥永刚，何正嘉. 新型高速机车轴温监测系统的研究与开发. 西安交通大学学报，2001，35（3）：280-283.
[23] 和振兴，石广田. 新型列车轴温监测报警装置的研究. 兰州铁道学院学报（自然科学版）2003，22（3）：108-111.